舗装技術者のための
建設機械の知識

福川 光男 編著
（一社）日本建設機械施工協会 監修

建設図書

「舗装技術者のための建設機械の知識」発刊にあたって

　昨年，本書の著者・福川氏からコピーの冊子をいただきました．それは，同氏が，業界雑誌の「舗装」で2006年10月号から2009年7月号まで29回にわたり執筆された一連の「講座」の原稿でした．その内容は，舗装工事のイロハから最新技術に至るまで，極めて丁寧に説明されており，このまま眠らせてしまうのは惜しいと考え，書籍としての出版をお薦めしました．このたび，「舗装技術者のための建設機械の知識」として発刊されることになったことはまことに喜ばしいことです．

　世の中に舗装に関する書籍は数多あります．少し大きな書店の専門書コーナーに行けば，数冊は見つかります．しかしながら，それらの多くは，舗装の構造や材料について記載したものです．舗装工事を担う人にとって，それらを学ぶことはもちろん重要ですが，それだけでは，実際の施工を行うことができません．舗装工事の手順やそこで使用する建設機械の種類，それら機械の使用方法や施工上の留意点を知ることはできず，それらは現場に出て実践で覚えざるをえないからです．本書は，舗装を工事の視点から解説した希有な書籍です．

　舗装工事では，様々な建設機械が使用されます．その中には，一般土工でも使用される機械もありますが，多くの機械は舗装専用の機械で，舗装工事のために開発された物です．このため，舗装用機械が有している個々の機能は，舗装にとって全て意味があるものです．それを理解して使うのと，知らずに使うのでは，作業の効率，精度，品質に自ずと差が出てきます．建設機械を最大限活用して施工を行うためには，個々の機械が有する機能とその使い方を理解する必要があります．そのためにも本書は非常に有用なテキストと言えます．

　本書の第12章では，最近導入が進んでいる情報化施工が紹介されています．舗装は，もともと最も機械化が進んだ工種といえます．工場で製品が作られるようにシステマティックに舗装が作られていきます．それでも従来施工では人力に頼る作業がありました．水糸や丁張りを目印に，機械のオペレータの技量に頼りながら，所定の精度を有した舗装を作っていました．情報化施工では，それら人手に頼っていた作業の多くがICTで置き換えられました．福川氏は，舗装工事においていち早くICTを導入して，現在の情報化施工を作り上げて来られました．この章の説明は，同氏のその経験に基づいて書かれています．このため，単に機能を紹介するだけではなく，その必要性や基本的な考え方が明確に記載されており，情報化施工を学ぶにも最適なテキストと言えます．

　第13章には，舗装の神髄が示されています．ICTを導入して情報化施工のトップランナーにまで進化した「舗装」ですが，将来に向けてさらなる進化を遂げる必要があります．この章では，舗装工事の将来の改善の必要性と改善策を考える上での基本的な考え方や留意点が示されています．舗装という工事を自ら進化させ，その隅々まで知り尽くした同氏の舗装に対する思いが全て詰まった内容です．

　舗装は，市民生活と社会活動を支える施設です．舗装の不具合は，事故を誘発するだけでなく，社会の安定的な発展を阻害します．その整備に携わる技術者と実務者は，より良い舗装の実現を目指して日々努力することが求められます．本書は，その努力を支えるテキストです．舗装に関わられる皆様に自信をもってお薦めする一冊です．

一般社団法人 日本建設機械施工協会

副会長　建山　和由

序

　我々が食する料理を調理する場合において，品質の高い高級食材を使用しても調理者の技量によってその味は大きく左右される．モノづくりにおいても同様に，道路構築作業における舗装工事についても品質の高い使用資材が揃っていても適正な施工手順，管理が不備であれば，完成品質，工期および施工コストパフォーマンスに大きな影響を与える．

　特に舗装工事は一般土木工事と異なり，加熱混合物や水和反応混合物などを使用するため，加熱，乾燥，分級，水和反応を伴い，著しく作業時の時間制約を受ける．このような特質をもった舗装工事ではあるが，道路の構築は現在の陸上物流運搬手段の主流である道路交通インフラ整備には欠かせない重要事項である．

　道路舗装の施工にあたっては，各種の機能を併せ持つ施工機械を駆使して効率的な作業を行う．そのため舗装技術者は，機械の機能構造を把握したうえで最適な運用を図る必要がある．

　しかし，近年舗装工事施工体制の傾向としては経営体制のスリム化が求められており，工事作業の一部，または大部分を専門施工業者に依存していたり，主だった施工機械をレンタルする傾向にある．果たしてこの体制・傾向が依頼した専門施工業者の技術力の見極め，レンタル施工機械の適正選択力，そして施工技術の蓄積，新たな技術開発力に繋がるのか著者は疑問に感じるところである．

　さらに，舗装施工技術は舗装用材料の特質を活かして，道路舗装以外にも各種構造物の構築作業に活用されており，例えば遮水機能を必要としたダム，堤防等にも使用されている．

　その際，どのような施工機械を使用するのか？舗装用汎用機械は転用可能なのか？どのように改造すれば利用できるのか？各機械メーカーの取扱い説明書には，機械維持に関する内容が主で，施工に関する説明はほとんど記載されていない．

　そこで，著者は長年施工機械技術者として高速道路，空港滑走路，自動車高速周回路，大型ダムフェーシング工事，そして海外大型プロジェクト工事など多くの舗装関連工事への従事経験を基に，この「舗装技術者のための建設機械の知識」を執筆した．

　本書は大掛かりな施工システムから利便性の高い小道具まで，写真，図等を用いて分かりやすく各種の施工機械の構造，機能，使用上の留意点等を加味した内容で執筆しており，舗装関連技術者の皆様に施工時の参考になれば幸いである．

　本書の構成は用途別機械ごとに章立てし，参考に過去に運用された施工システムや機種および海外で運用されている機種も含め解説を行い，さらに，少々，マニアックであるが章末に関連する要素機能を‘メカコラム’として書き添えている．

　2020年7月

　　　　　　　　　　　　　　　　　　　　　　　　　　　　　　　福川光男

目　次　CONTENTS

第1章　第2章　第3章　第4章　第5章　第6章　第7章　第8章　第9章　第10章　第11章　第12章　第13章

目　次　CONTENTS

第1章
第2章
第3章
第4章
第5章
第6章
第7章
第8章
第9章
第10章
第11章
第12章
第13章

目　次　CONTENTS

第1章
第2章
第3章
第4章
第5章
第6章
第7章
第8章
第9章
第10章
第11章
第12章
第13章

第1章

舗装関連機械の特色

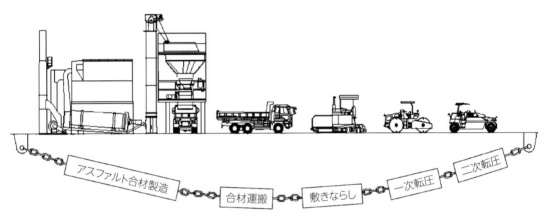

後戻りできない経過時間的制約を受ける連続連鎖施工形態
工場生産手段との相違点と生活圏隣接の施工作業環境配慮，使用材
料特性からの限られた作業時間制約，一般土木工事には無い加熱作
業工程等，道路構築作業における舗装用機械の必要機能を解説する．

1

は じ め に

'モノ作り'として品質，価格，納期は基本原則であるが，我々建設業においても，常に工場における一般製造業との生産性が比較され，その遅れと合理化の必要性が論じられている．そこで，本書では客観的にその生産手順を比較して特質を抽出し，生産手段として用いられる舗装関連建設機械の活用方法を述べ，生産性の合理化に繋げていきたい．

1-1　一般製造業との製造方法の比較

　工場などでの製造ラインは人為的に作られた理想的な作業環境の中で対象加工物のワーク（Work）がライン上に配置された工業用ロボットのツール（Tool）間を，あらかじめセットされたプログラムに準じて移動し，定められた位置で加工，部品の取付けを行っている．

　この場合，作業対象物のワークと加工手段としてのツールとの相関座標位置は容易に求めることができ，設計どおりに工業用ロボットによる直接的な加工，取付けが可能となる．

　一方，道路構築作業を含む土木建設現場では，対象加工物である地盤の上をツールである建設機械が移動しながら構築作業を行っていく．加工前のワークの上を移動しながらの作業であるため，ツールの位置を定めることは困難であり，相互の相関位置の把握は測量作業を伴う間接的手法に委ねなければならない（**図-1.1**）．また，特に道路舗装作業用建機においては作業の特質上，現場間の容易な移動性が求められ，さらに，対象地盤を一般製造業の工場のごとく上屋で囲い作業環境を整えることはほとんど不可能なため，天候状況等を考慮したツールの使用，作業の工程管理，現場の品質管理が求められる．これらの多岐にわたる制約に対応して，生産性の合理化を進めていくためには，最適なツール（建設機械）の選択と使用方法を熟知する必要がある．

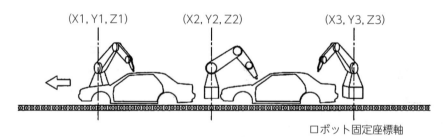

(a) 製造業：Toolが固定されているため，必要な座標が得やすい

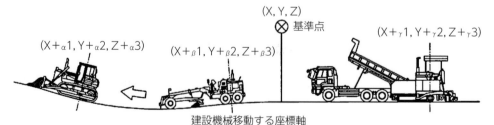

(b) 建設業：Tool（座標軸）が移動するため，相対位置座標の設定が困難

図-1.1　生産手段の違いによる作業座標の設定方法

1-2 舗装作業の特質と舗装用建設機械

　道路構築作業における舗装の施工は，作業環境，使用材料性状による時間的制約のある工程が前後に連鎖する連続した形態の施工であり，一般機械化土工のように材料性状による時間的制約が少ない並列作業が可能な形態とは異なる特質がある．アスファルト混合物（熱可塑性）やセメントコンクリート（水和反応）を用いた舗装面の構築作業過程においては，材料を加工に最適な性状状態で整形作業を行い，時間経過とともに安定した性状機能を発揮させる．すなわち，作業においては，対象混合物の性状を一定に保つため，それぞれの機械の作業負荷変動を抑え，連続性のある工程（タイムテーブル）が望まれる．また，直列作業形態である故に途中の作業工程（プロセス）に1か所でも支障を来せば，その構築作業は成立しなくなり，経過時間の制約を受ける舗装作業においては，関連作業を工程途中で中断した場合には，補修が不可能なため事後の作業を継続することができない（**図-1.2**）．この場合，作業が完了した箇所まで敷きならした混合物の撤去や廃棄を余儀なくされる．特に，作業工程の後半での支障は損失が大きくなる．

図-1.2 後戻りできない経過時間的制約を受ける連続連鎖施工形態

アスファルト合材製造　合材運搬　敷きならし　一次転圧　二次転圧

　例えば，アスファルト舗装作業工程における敷きならし作業の後の転圧作業において，スチールローラの散水装置の不具合により転圧作業ができなかった場合には，転圧が完了していない箇所までの敷きならされた混合物を撤去する作業が必要になる．スチールローラは前工程の路盤の転圧作業にも使用されるので，ローラの主機能は十分であっても，路盤構築作業にはローラへの散水装置は使用しないので，事前の機能チェックは必要である．

　このようなトラブル事例は意外に多いと考えられる．ゆえに，舗装工事については品質，工程，原価管理に大きな影響を与えるおのおののプロセス管理が重要となる．

1-2-1　移動性機能

　作業内容により施工用機械には移動性機能が要求されており，移動手段に応じて機能が区分されている．特に供用中の道路の補修工事に関しては時間的，空間的制約を受けるため，素早い移動性能が要求される．

1）作 業 速 度

　対象地盤である路床，路盤の上を作業を行いながら作業機械（装置）を移動させる速度であり，センチ単位の分速のもの（アスファルトフィニッシャ等）から，機種によってはキロメートル単位の作業に応じた適切な速度域を有するもの（タイヤローラ等）があり，作業負荷の変動に影響されにくい安定した作業速度を得るためには高出力（トルク）が要求される．

2）移動速度（自走速度）

　作業移動（モータグレーダの後進移動），作業間（段取り替え，レーン変更）移動または保管箇所から施工現場への移動のための自走による短距離移動等，それぞれに適した速度が要求される．時には，公道を走行する場合もあり，作業速度と移動速度の比率は大きいときで1：40以上の場合もあり，油圧駆動回転数の有効可変領域のみでは対応不可能なので機械的変速装置（副変速機—Sub-transmission）を組み合わせて，広い変速レンジを可能にしている（**図-1.3**）．

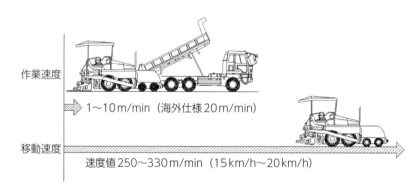

作業速度

1～10m/min（海外仕様20m/min）

移動速度

速度値250～330m/min（15km/h～20km/h）

図-1.3　作業速度と移動速度の違い

3）可搬機能（運搬の容易性）

　自走不可能な機種，あるいは自走不可能な距離等の条件がある場合は，トレーラなどの運搬車両によって搬送する必要が生じる．その際，機体重量，寸法の積載制限内（**図-1.4**）に必要な作業機能を収めなければならない．

　特にトンネル，橋梁，きつい縦断勾配を通過しなければならないことが多い我が国では，通行車両の諸元の制限による積載制限は道路法のほかに道路交通法，道路運送車両法に基づいて細かく規制されている．ゆえに，搬送可能な寸法にするためのアタッチメント類の分解組立て

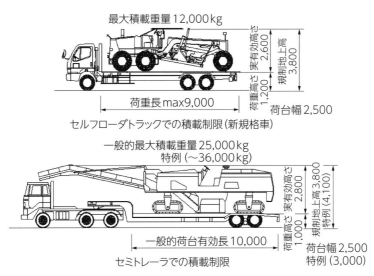

最大積載重量12,000kg

荷重長max9,000

荷台幅2,500

実有効高さ2,600

規制地上高3,800

荷重高さ1,200

セルフローダトラックでの積載制限（新規格車）

一般的最大積載重量25,000kg
特例（～36,000kg）

一般的荷台有効長10,000

荷台幅2,500
特例（3,000）

実有効高さ2,800

規制地上高3,800
特例（4,100）

荷重高さ1,000

セミトレーラでの積載制限

図-1.4　通行許可申請（セミトレーラ）を含む道路関連建設機械の一般的な輸送規制の概念（単位：mm）

作業の容易性が求められる．

　その最も代表的な機構がアスファルトフィニッシャの施工幅員可変スクリード装置である．現場到着後直ちに施工幅に拡張することができ，また施工中の幅員を容易に変えられる機構を有する一方で，最小幅員に変更することにより運搬を容易にすることができる（**図-1.5**）．

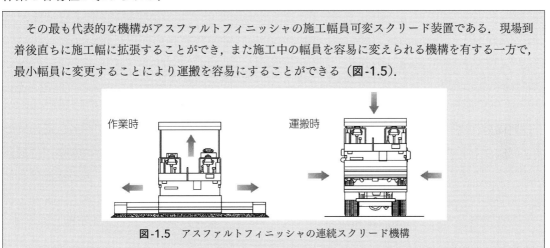

作業時

運搬時

図-1.5　アスファルトフィニッシャの連続スクリード機構

1-2-2　加熱対応機能

　アスファルト混合物の生産，舗装作業における関連機械は熱対応機能を備えており，一般の建設機械とは異なる一面を有している．アスファルト混合物の製造に当たっては一般の製造工場と同様，設備等の充実により，バラツキの無い品質管理が可能である．しかし，混合物を敷きならすアスファルトフィニッシャにおいては，現場の限られた条件下で加熱混合物を取り扱うことから，種々の対策がとられている．特にスクリードと呼ばれる成形装置を加熱するため，装置の熱膨張によるひずみの処理が行われている．近年は電気ヒータも用いられ，温度制御も

確実に実施できるようになってきた.

1-2-3　高精度施工機能

　精密型枠を使用したコンクリート構造物，高品質な工場生産部材を加工し組み立てる建築物の構築方法とは異なり，道路舗装用建設機械には道路自体の機能である車両の荷重に耐える支持力と，車両がスムーズに走行するための平たん性を確保するための各種機能が付加されている.

　例えば，路盤の構築作業において使用されるモータグレーダは，長いホイールベースとタンデム機構の駆動輪によって路盤材を平たんに敷きならす機能に優れた構造を有している.　上層の舗装用混合物を敷きならす舗装機械は，フィードバック機能を持つ厚さ調整機構ならびに締固め機構が備わっている.　さらにこれらの機構の油圧駆動部に電磁バルブを組み込み，あらかじめ設置された高さ基準物をセンサにてトレースすることができるmm単位の制御機構が現在では一般化され普及している.　このようなシステムは，その必要性が高かったためアスファルトフィニッシャ開発の早い時期からセンサ類の開発とともに採用されているものである.

1-2-4　生活圏内隣接作業（作業環境制約）

　道路構築作業および補修作業は市街地で行われることが多く，隣接する生活圏内への作業環境に配慮する必要があり，用いられる建設機械にも防音，防塵，防振機構などの機能が付加されている.　これらの特質を備えた道路構築用建設機械類は多様化，高度化する道路機能構造と厳しくなる作業環境に対応するため，新しい機能が次々と付加されていくであろう.　また，新しい工法の普及と対応機械の開発が進む一方，今後ますます分業化される施工形態に対して，いかに合理的な運用を行うか，マネージメント力が求められる.

──メカコラム──

　現在，道路網が整備されているので，道路構築用建設機械の運搬は容易になっているが，1970年頃までは，建設機械の長距離輸送は鉄道輸送による場合も多かった.　トラック輸送においては荷台の長手方向に前後進して積み降ろしを行うが，貨車輸送の場合にはプラットホームから無蓋貨車（トム，トキ）に横積みをしなければならず技能を必要としたため，担当の社員が積込みを手伝っていた.　モータグレーダの積込みには前輪のリーニング機構を活用して長い機体を貨車荷台にうまく収めていた.　特に，運転席の高いタイヤローラの積み下ろし作業では頭上の送電架線との接触に注意したものである.

第2章

路床・路盤用機械

モータグレーダの施工中
道路舗装の基盤となる路床・路盤の構築用機械として搬入された材
料を平滑に敷きならす機械，改良路盤材製造プラントおよび現位置
混合による改良関連機械を解説する．

第1章では，建設業における製造作業の特徴を作業環境や制約条件，作業形態などから解説し，これらに適応するため，舗装用建設機械には様々な工夫がなされていることを紹介しました.

第2章からはそれぞれの機械について，より具体的に掘り下げて紹介していきます．以下は路床・路盤用機械についてです.

2-1 ソイルプラント，クローラスタビライザ，ライムスプレッダ

はじめに

国土の中央部を脊梁山脈が走る我が国の地形では，有効利用可能な土地の面積が多いとは言えない．路床などの構築作業においても，置換え工法に必要な良質土の不足やプレロード工法に必要な長い載荷時間をとれないなどの制約を受け，容易でない状況である．このため，良質な路盤材が求めにくい場合も含め，安定材との混合による土質改良工法が多く用いられ，諸外国には無い独自性のある工法，機械が使用されている.

道路構造の基盤となる路床・路盤の構築作業における処理工法を大別すれば，対象土を定められた場所で処理する定置混合（プラント）方式と，対象土の上を処理機が自走しながら行う現位置（路上）混合（自走スタビライザ）方式の2つの方式がある.

2-1-1 ソイルプラント

あらかじめ定められた場所で処理した混合材を，使用する箇所に運搬して施工する定置混合方式には，現場外（Off-Site）に設置して処理能力が大きく，高い品質が得られる固定プラント方式と，小規模な処理量を現場内（On-Site）でこなし，容易に設置，撤去が可能な移動プラント方式（モービルタイプ）とがある（**図-2.1**）.

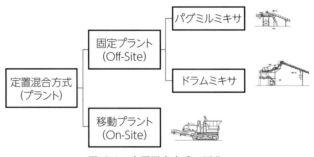

図-2.1 定置混合方式の区分

1）固定プラント方式（Off-Site）

ミキサに現地発生主材と補足材，安定材（セメントなど）を定められた比率で投入し，含水比調整のための加水をしながら混合する．混合材の計量は，おのおののショベル投入ビンまた

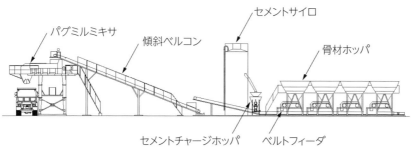

図-2.2　パグミルミキサタイプ

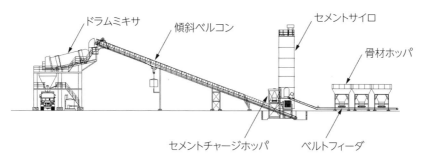

図-2.3　ドラムミキサタイプ

　はストックヤードに直接取り付けられたフィーダをキャリブレーションカーブ（事前に調査しておく）に従って調整することによって行われる．安定材の設計値に対する割増係数も現位置混合の自走スタビライザを用いる方法より小さく取れる．

　比較的高い品質が得られるので高規格道路等の改良路盤材の製造用として使用されている．ただし，添加安定材は，粉状あるいは粒状で形状が一定しているので計量精度を確保しやすいが，主材の形状，含水比は変化しやすく，供給量の調整をフィーダのみの1系統で行うのでは，運転中に正確な供給量を感知することが不可能である（ベルトスケールの装着はないので）．フィーダの選定（アスファルトプラント付帯設備の項で詳細に述べる）と主材の品質管理を基にした操作・調整は，混合物の品質に直接影響を与える重要なものである．また，使用する山砂などに土塊が多く含まれている場合には，定量排出ビンフィーダのホッパ上部に土塊除去用のバーを取り付ける必要がある．さらに，降雨による含水量の変動を常にチェックして供給水量の調整をする必要もある．

　ミキサは形状によりパグミルミキサタイプ（**図-2.2**）とドラムミキサタイプ（**図-2.3**）がある．

①パグミルミキサタイプ（能力100〜300t/h）

　二軸のパグミルミキサ（**写真-2.1**）は混合対象材料に土塊などが混入した場合に粉砕する機能があり，混合性能はドラムミキサより優れる．連続混合（コンティニュアス）ミキサタイプであるため，ダンプへの積込みに際して，ダンプの入替え時にプラントをその都度停止することは，品質管理上好ましくなく，連続した積込みを心掛けるべきである．また，積込み時の混

写真-2.1　二軸のパグミルミキサ内部

合材の分離防止を図るために搬出ベルトコンベヤ先端に取り付けられたチャージビンに溜めて，一気にゲートを開き排出させる作業を繰り返して積み込む．決して排出ゲートを開放したままで積み込んではならない．

―メカコラム―

　ダンプの入替え時，敷地に余裕がある場合には，ダンプの荷台と逆方向に向いたダンプの荷台が背中合わせでミキサ排出ゲート下を前後進にて通過できる通路を確保すると，運転を中断することなく素早いダンプの入替えが可能になる．

---

②ドラムミキサタイプ（200～600 t/h）

　比較的粘性の低い砂質系の材料を多量に混合する場合に適している．パグミルミキサに比べ，大きな混合能力の割に必要動力は少なくてすむ．また，回転ドラムによる反転落下混合であるため（写真-2.2），装置の摩耗度合いも小さく経済的である．反面，破砕能力はほとんど無いので土塊などが多く含まれている場合には適さない．対象材料性状がある程度限定され，混合性能もパグミルミキサより劣る面がある．

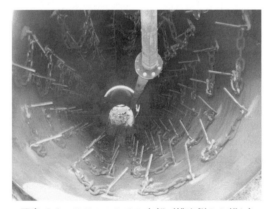

写真-2.2　ドラムミキサの内部（排出側から望む）

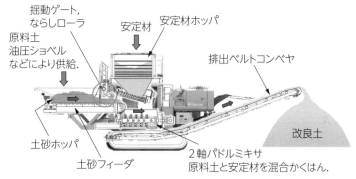

図-2.4　クローラトラクタに搭載されたタイプ

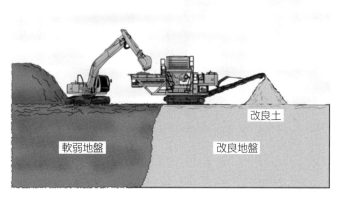

図-2.5　クローラトラクタに搭載されたタイプの施工状況

2）移動プラント方式（On-Site）

　ここでは我が国で使用されているクローラトラクタに搭載されたタイプ（**図-2.4, 5**）について述べる．添加する安定材の飛散など環境上現位置での混合作業が不可能な場合，別の場所で混合し，飛散の心配がなくなった混合物を対象現場に敷きならす．または，現場敷地内より対象材料を搬出させないで小規模な土壌の改良処理をする場合に，現場エリア内に搬入させて使用する．この装置は，安定材の供給装置が装備されており，比較的精度良く計量できるが，性状が安定していない対象土の定量供給の精度は，装置のスペース上の制約もあり，定量搬出機能にも限界がある．そのため，スケルトンバケットショベルやモービルスクリーンなどを用いた含有土塊除去などの事前処理が必要な場合もある．

2-1-2　現位置（路上）混合方式（自走スタビライザ）（In-Place）

　ロードスタビライザ，自走スタビなどと呼ばれている．トラクタに装備された混合装置により対象面上を移動しながらあらかじめ散布された安定材を混合処理する工法であり，路床部分

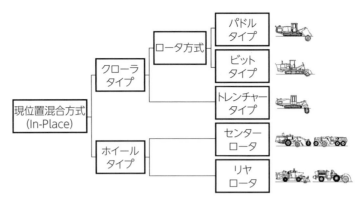

図-2.6　現位置混合方式の区分

　の土質改良，強化路盤の構築，そして再生路盤工法にも使用される．対象面の支持力，対象土質，必要混合深さなどによってそれぞれ適した機能を持った種々のモデルがある（**図-2.6**）．

　また，この工法では使用される安定材を添加する方法として，混合前に自走式の散布装置（ライムスプレッダ）によって必要量を対象面に均一散布する方法が一般的に用いられている．

1）クローラタイプ

　路床土の土質改良用として深い混合能力を備え，低い接地圧でも走行する．足回りは，低い接地圧（低いもので37kPa）を得るために幅広のシューを備えたクローラトラクタに混合装置が装備されており，均一な接地圧になるように混合装置とエンジンはバランスのとれた配置となっている（**図-2.7**）．対象現状土のコーン指数が小さく，数値上では処理用重機のトラフィカビリティを確保できない場合でも，表面土の乾燥状態によっては走行面は大きな指数になりトラフィカビリティが確保できる．また，ブルワークのように作業によって発生する走行反力は，スタビライザの場合，混合ロータを自転させるため，あまり必要とせず，かなり低い値でも混合作業が可能である．ただし，このような場合には，必要以上に対象土表面を乱さないよう，作業中の急旋回などの操作は厳禁であり，前後進の走行作業を主にするべきである．混合装置はトレンチャタイプ（**写真-2.3**）のものとロータタイプ（**写真-2.4**）のものがある．トレンチャ

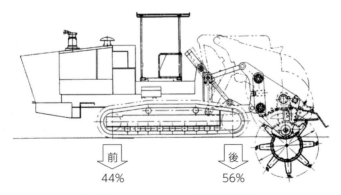

図-2.7　クローラタイプの接地圧配分

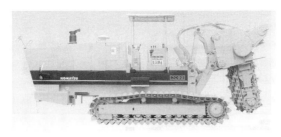

写真-2.3　トレンチャタイプのロードスタビライザ

写真-2.4　ロータタイプのロードスタビライザ　　写真-2.5　パドルタイプのロードスタビライザ

タイプのものは，深層混合に対応しやすく，また，対象土に土塊等が混入している場合に破砕する機能を持っているが，構造上チェーンが摩耗しやすい面もある．一方，ロータタイプの混合装置は，軟弱土を対象とした場合，比較的固形物の少ない場合にパドルタイプのロータ（**写真-2.5**）が用いられ，シンプルな形状のため摩耗する箇所も少ない．しかし，ロータ回転軸駆動スプロケットや油圧モータを取り付ける必要があるために，その部分が障害になり地表に出るので有効径は小さくなる．深層混合を可能にするためにはパドルアームを長くする必要があるが，ロータ径が大きくなり，実用的な混合深さを確保するには限界（最大混合深さ50 cm程度）があった．そこで，ロータ駆動軸への入力軸を長くしたオフセット構造としてロータ駆動ギヤケースをロータ径内にセットすることにより，地中に入れ込むことを可能にしつつ有効径率を大幅に増し，小さな径でもトレンチャタイプ並みの深層混合（最大120 cm）を可能にした構造のロータが使用されている（**図-2.8**）．さらに，油圧モータをドラム軸に内蔵させて対応するタイプも開発されている．

　軟弱土を対象としたパドルタイプのロータは，進行方向に対してパドルアームを下方に回転させるダウンカット方式によってロータ回転で発生する反力によりトラクタに上向きに働くモーメントをかけることで，軟弱土上でのトラクタの安定化を図っている（**図-2.9**）．なお，対象土に土塊が含まれている現場でロータタイプを使用するには，ロータアームに破砕用ビットを備えた形状のものが使用されており，ロータの回転方向は進行方向に対して上向きに回転させたアップカット方式でロータの浮上がりを抑え破砕能力を高めている（混合深さは70 cm程度）．

　いずれにせよ，自走スタビライザの混合深さのバラツキを少なくするためには，対象面に凹

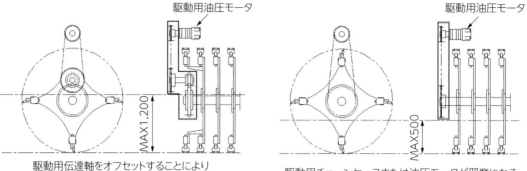

図-2.8　トレンチャタイプ並みの深層混合を可能にした構造のロータと従来のロータ

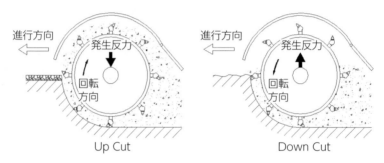

図-2.9　混合ロータの回転方向と発生応力

写真-2.8　バケットミキサ

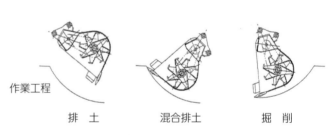

図-2.10　バケットミキサの使用状況

凸がある場合，事前にブルドーザなどを使用して修正しておく必要がある．

　また，ロータのサイドシフト機構は路肩側の処理を容易にしているが，さらに入り組んだ構造物周りの処理には，バックホウショベルのアタッチメントとして開発されているバケットミキサ（**写真-2.8, 図-2.10**）の使用が有効である．

—メカコラム—

　クローラトラクタに装着された自走式スタビライザ（**写真-2.6**）は（クローラに装着した溝掘りトレンチャはあるが），欧米を含む諸外国では見られない形状で我が国特有のモデルである．特に混合ロータが左右に70cm程度シフト可能なモデルは諸外国には皆無である．我が国は2003年に建設機械国際規格ISO/TC195のSoilstabilizers ISO15688にこのモデルを追加登録し承認された．諸外国でこの種の工法が採用されるためには，国際規格に登録されることが必要である．海外での使用実績はまだ少ないものの，空港建設工事にて軟弱地盤の改良に使用された報告がある（**写真-2.7**）．

写真-2.6　自走式のロードスタビライザ

スラバヤ空港拡張工事
誘導路地盤改良工（路床改良）
$t=60$cm（添加剤＝生石灰100〜145kg/m³）
＊生石灰添加量は地盤の自然含水比により調整．
写真-2.7　海外での適用状況

2-1-3　安定材散布装置（ライムスプレッダ）

　自走スタビライザを用いた現位置混合方式では，添加する安定材を対象面にあらかじめ均一な添加量で散布する必要があり，軟弱土を処理する場合には，安定材フレコンパックをクレーン付き湿地バックホウなどで搬入し，必要量を散布させるが，比較的施工量の多い現場で施工の効率化を図るためには，クローラトラクタに架装されたライムスプレッダ（**写真-2.9**）が使用される．この工法の施工能力は，スタビライザの混合能力より，安定材の散布能力に制約される．なぜならば，混合処理作業は連続運転が可能であるが，安定材散布作業プロセスは，①安定材の積込み→②現位置までの自走→③散布作業→④積込み箇所までの回送，までを1サイクルとした作業となる．特に軟弱土を対象とする場合にはその添加量も多く，搬送作業時の自走が可能な接地圧に応じた積込み量にも制限される．サイクルタイムを短縮するためには，安定材のスプレッダへのチャージ時間を短くすることの検討が要になる．安定材の運搬車を施工中のスタビライザの際に寄せることが不可能な場合には，足場の良い所までスプレッダを回送させなければならない．そこで，ローリから直接チャージするか，あらかじめ設置されたサイロから入れるか，またはパックで搬入された物をクレーンにて投入する．チャージの方法はス

写真-2.9　クローラトラクタに架装されたライムスプレッダ

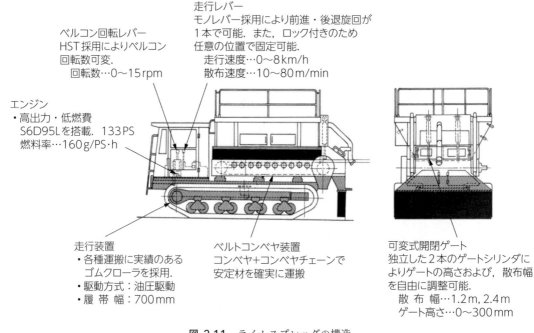

図-2.11　ライムスプレッダの構造

プレッダの運搬距離とチャージの必要時間，使用量，必要経費などを考慮して選択する必要がある．散布装置は，安定材タンク底部に組み込まれたベルトフィーダのベルト速度と，その排出ゲートの高さを調節することによって，安定材を移動速度に合わせた連続容積計量し，散布する構造となっている（**図**-2.11）．スクリュウフィーダとロータリ計量フィーダを組み合わせた機種もある．

前節では路床・路盤用機械のソイルプラントやクローラスタビライザ，ライムスプレッダについて，構造的な特徴を交えながら詳しく解説しました．ここでは，ロードスタビライザ（ホイール式スタビライザ），安定材定量供給装置について掘り下げて解説します．

2-2　ロードスタビライザ（ホイール式スタビライザ），安定材定量供給装置

2-2-1　ロードスタビライザ（ホイール式スタビライザ）

　自走式スタビライザの原型はロータリテーラを取り付けた農耕用トラクタが改良されたものであり，当初，簡易舗装や路盤強化工法に使用されていた．その後，鉱山用に開発された耐摩耗性に優れた岩掘削用ビットを建設機械用ビットに改良して用いたことにより，道路用スタビライザが登場した．例えば，欧米のモデルは土質改良も可能な幅広のタイヤが装着されたホイールタイプが主流であり，農業用トラクタと同様に混合ロータをトラクタ後部に取り付け，小回りがきき構造物端部からの処理を行うことができるリヤロータタイプ（**写真**-2.10）がある．また，ホイールベース中間に混合ロータを取り付けたセンターロータタイプは，全輪駆動式（**写真**-2.11）とグレーダのような外見の後輪タンデム駆動式（**写真**-2.12）に分別できる．

　リヤロータタイプは機動性が高く，エンジンや操作部分がロータの前に位置しているため破砕，混合時に発生する粉塵の影響を受けにくい利点がある（**図**-2.12）．

　しかし，混合時の負荷変動によりロータが上下動しやすい面もある．一方センターロータタ

写真-2.10　リヤロータタイプのロードスタビライザ

写真-2.11　センターロータタイプのロードスタビライザ（全輪駆動式）

写真-2.12　センターロータタイプのロードスタビライザ（後輪タンデム駆動式）

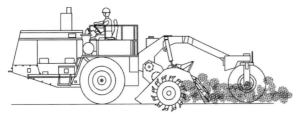

エンジン操作部への粉じんの影響が少ない

ロータフードの位置と混合状況が確認しやすい

図-2.12　タイプの違いによる粉塵の影響

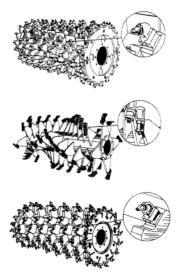

図-2.13　混合用ビットの形状と配列

イプは，構造物端部からの施工はできないが，ホイールベースのほぼ中間位置でロータ反力を受けるので，構造上安定した混合深さ管理が可能であり，既設アスファルト舗装の破砕を必要とする再生路盤工法に適している．また後輪タンデム駆動式のモデルは運転席がロータの後方に位置するため，ロータ位置調整と混合処理状態を確認できる利点がある．

　ロードスタビライザの混合用ビットは路床土の改良から路盤の強化処理，アスファルト舗装を破砕する機能を持たせて再生路盤工法を実施するなど，工法に合わせて最も適した形状の物（**図-2.13**）が選択され使用されている．

　いずれの形状のビットも先端に耐摩耗鋼が付いており，ロータアームまたはドラムに直接溶接，またはボルトにて固定されたビットホルダの穴に打ち込んで取り付ける構造（外すときは逆方向に打撃を加える）となっており，ビットのみを容易に交換できるホルダが採用されている（**図-2.14**）.

　アスファルト舗装を破砕して再生強化路盤を構築する工法（再生路盤工法）では，既設舗装

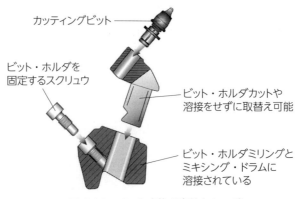

カッティングビット

ビット・ホルダを
固定するスクリュウ

ビット・ホルダカットや
溶接をせずに取替え可能

ビット・ホルダミリングと
ミキシング・ドラムに
溶接されている

図-2.14　ビット交換が容易なホルダ

サイドシフト用
ガイドシリンダ

サイドシフト幅

写真-2.13　サイドシフト機能を備えた混合ロータ

を破砕し細粒化するため，フード内に打撃バーを装着しているモデルもある．また，施工時に
フードのリヤゲートの開度を調整することにより，破砕された既設材料をフード内に滞留させ
て細粒化を促進させるものもある．いずれにしても，強力なトルクによって破砕材が充満して
いるフード内で高速回転させるため，ビットの摩耗状況を常に確認する必要があり，この確認
を怠りホルダまで摩耗させてしまうと，高額な修理費が必要となる．外国製のものでは，強力
な破砕処理能力を発揮させることを優先させるために油圧を介さず，エンジン出力軸よりダイ
レクトにロータを回転させる駆動方式を採用して機械的パワーロスを減じている機種もある．
しかし，その構造ゆえに，混合ロータのサイドシフト機構を設けることは困難であり，路肩側
の処理ができない箇所は他の補助機械で処理しなければならない．我が国では土地の有効利用
や構造物際への雨水等の流入を防ぐため，しっかりした路肩処理機能が必要であり，国産の自
走スタビライザはクローラタイプ，ホイールタイプを含め混合ロータのサイドシフト機能が備
わっている（**写真**-2.13）．
　路盤の改良などで加水調整が必要な場合には路面にあらかじめ必要量を散水車などで加水す
るが，大量に加水する場合には散水車を並行して走行させ，ホースを連結して必要水量を混合
フードの中に直接噴射加水させる方法もある．

2-2-2　安定材散布（供給・添加）装置

　使用される安定材の形態は，粉体，粒状，液状（常温，加熱）等があり，散布装置は工法や
目的に合わせ様々な装置が開発され使用されている．例えば，既設路面を破砕，混合する再生
路盤工法においては，作業環境を配慮した施工方法の採用や省エネルギーを目的とした施工方
法が普及し始めている．

写真-2.14　トラック架装型安定材散布装置

写真-2.15　スタビライザ一体型安定材散布装置

1）セメントスプレッダ（ホイールタイプ）

　構造は2-1-3にて記述したライムスプレッダと同じであるが，トラックに架装したモデル（**写真-2.14**）は安定材の運搬と定量散布ができる機能を持っている．また，牽引式のタイプもあるが，両モデルとも我が国での使用実績はほとんどなく，粉体の安定材を対象路面に散布する場合には風による飛散が避けられない．そこで，ロードスタビライザに安定材タンクと定量計量装置を装備し，ロータフード直前に撒き出し，混合させることにより，飛散を防ぐモデルも開発されている（**写真-2.15**）.

2）セメントスラリー供給装置

　セメント系安定材を使用して強化路盤を構築する際には，骨材は最適な湿潤状態でなければならない．そこで安定材を加水してスラリー状にし，スタビライザ混合フード内に設計必要量を直接散布させるシステムがある（**図-2.15**）．この方法であれば，粉体状の安定材の飛散を懸

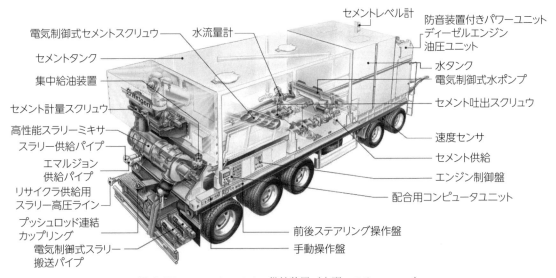

図-2.15　セメントスラリー供給装置（大型スラリーマシン）

写真-2.16　セメントスラリー供給装置を用いた乾燥地域における施工

写真-2.17　現位置再生路盤工法の施工

念することもなく，加水により骨材を湿潤状態にさせることも同時に可能である．また，散布直前にスラリー状にするため，安定材の固化機能の減衰も防げる．このシステムは，乾燥地域で用水の供給が困難な場合には湿潤用加水量の使用効率を高めることができる（**写真-2.16**）．我が国内では，大規模工事の施工頻度が少ないので，材料単価は高いが飛散しにくい防塵処理した安定材を使用する場合が多く，大型スラリーマシンの使用実績は報告されていない．

3）アスファルト乳剤添加装置

　アスファルト乳剤を用いた安定処理工法は，混合後の乳化用水分の脱水作用による残留アスファルトの凝固作用を利用して，たわみ性を有する特徴がある．安定材としてセメントと水との化学反応による凝固作用を利用したものと比べて，通行車両の繰返し荷重によるクラックの発生の心配がない工法として，主に簡易舗装向けに15 cm程度の混合深さで使用され，我が国では1965年ごろから盛んに施工されてきた．その後70年代に入ると傷んだ既設舗装面を破砕しながら路盤と混合することが可能な（混合深さ40～50 cm）モデルが開発され（**写真-2.17**），省資源工法として現位置再生路盤工法（Cold-In-Place Recycling）が盛んに行われるようになった．

　現在では，資源の有効利用をさらに高めるため，対象路面の既設アスファルト舗装部分はプラントによって再加熱利用されるので，切削によって撤去された後の路盤を強化安定処理する工法として用いられている．アスファルト乳剤による現位置再生路盤工法は一般に安定度を高めるためにセメントを2～3％添加し，CAE（Cement-Asphalt-Emulsion）工法として施工され

写真-2.18　乳剤ローリとスラリーマシンとの連結

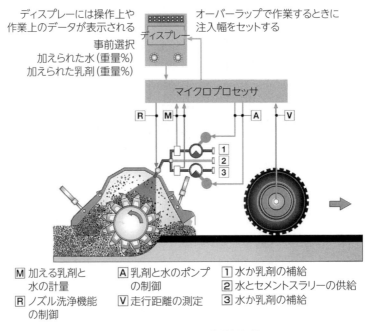

図-2.16　乳剤添加量自動制御装置

ている．セメントの添加はライムスプレッダを使用するのが一般的であるが，前述のスラリーマシンを連結してセメントスラリーを添加する場合もある（**写真-2.18**）．現位置再生路盤工法は機械の作業速度に合わせて，連結されたアスファルト乳剤ローリから乳剤の供給量を制御する必要があり，添加量の制御は非常に重要な項目である．そこで，作業速度に応じてポンプの回転数を比例制御して添加量を調整する「乳剤添加量自動制御装置」が取り付けられている（**図-2.16**）．

4）フォームドアスファルト添加装置

　加熱された天ぷら油の中に数滴の水を落とすと水はパチパチと飛び跳ね急激に気化して蒸発してしまう．同じことを加熱したアスファルトを用いて行えば，水が気化することによる急激な膨張作用によってアスファルトは泡状（フォーム）になる．例えば，160℃のアスファルトに2%程度の水を添加すると約10～15倍に容積が膨張する．この作用によって，アスファルト

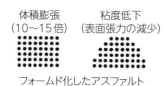

アスファルト
（150℃程度）

水
⇩
⇧
エア

体積膨張
（10〜15倍）
粘度低下
（表面張力の減少）

フォームド化したアスファルト

湿潤骨材

混合後
表面積の大きな細粒
分の方がフォームド
アスファルトと接触す
る機会が多いため，
細粒分により多くの
アスファルトが被覆
される．

転圧後
転圧されると細粒
分を被覆している
アスファルトがつ
ぶされ，接着剤と
して粗骨材同士を
結合させる．

図-2.17　フォームドアスファルトの生成フロー

写真-2.19　フォームドアスファルト混合物の加熱

の持つ粘性および表面張力を減少させ，常温で湿潤状態の骨材と泡状のアスファルトとを混合させて安定処理させるのがフォームドアスファルト工法である．なお，混合時にはフォーム化されたアスファルトは粗骨材を被覆せず，細粒分とフィラービチュメンを形成し，混合物中に小さな塊となって均一に分散する．このフィラービチュメンが，締固め時に粗骨材間を点溶接のように固着して，強度を発揮する（図-2.17）．アスファルトによる骨材への被膜作用は無いので，混合物がアスファルト被膜によって真っ黒になることはないが，プロパンバーナなどで混合物表面を加熱すると，加熱されたアスファルトが滲み出て混合物中にアスファルトが含有されていることが分かる（写真-2.19）．

　この工法は，加熱装置を使用しないので，経済的であり二酸化炭素の発生量を削減できる．また，放熱時間や反応時間を待つ必要がないので，転圧が終了すれば直ちに強度が発現できる利点もある．我が国を含む諸外国での省資源，省エネルギー工法の代表的なものとして注目されており，この特長を活用して路盤強化対策，再生路盤工法，工事用仮設道路，大規模農道防塵対策，など多方面に用途が拡大されている．さらに強度を増すためにセメントなどを添加する工法も我が国では一般的になりつつあり，CFA（Cement-Foamed-Asphalt）工法として普及が始まっている（写真-2.20〜22）．

　ストレートアスファルトを使用するので，同じアスファルト分の添加量の場合，アスファルト乳剤を使用する工法より乳化に必要な40％近い水の分だけ安定材の運搬量は少なくてすむ．しかし加熱された液状アスファルトを使用するので，アスファルト専用ローリを使用した温度

写真-2.20　汎用ロードスタビ（CAT RR-250）にフォームド装置（カナダSO-TER社）を取り付けたシステム.

写真-2.21　フォームド装置を内蔵したコマツGS500. ロータサイドシフト機能付き.

写真-2.22　ドイツ，ビルトゲン社WR2500ロードリサイクラ. ノズルの電気ヒータ加熱装置付き. 最も生産台数が多い機種.

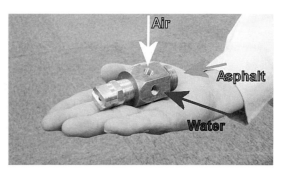

写真-2.23　膨張用特殊チャンバ

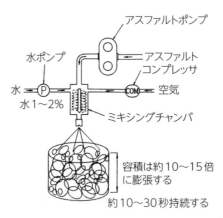

図-2.18　ノズルからのフォームドアスファルト噴射

管理が必要である.

　フォームドアスファルトの製造方法は，フォームドアスファルト生成用特殊チャンバ（**写真-2.23**）の中にアスファルトが注入されると同時に，チャンバの左右より膨張用水と圧搾空気が注入され，チャンバの中で混合されて，アスファルトをフォーム化しノズルから噴出される（**図-2.18**）.

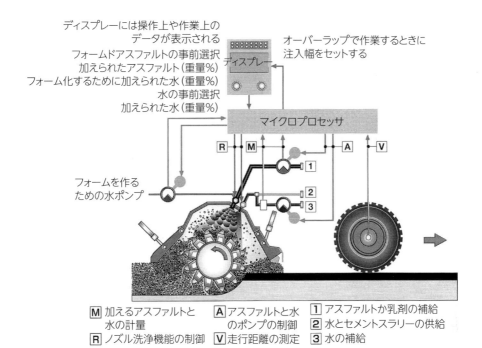

図-2.19　フォームドアスファルト添加量自動制御装置

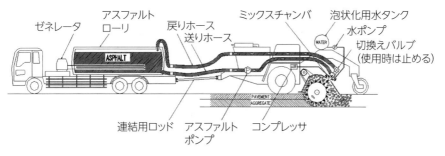

図-2.20　供給ローリとフォームドスタビライザの連結

生成されたフォームドアスファルトは等間隔で設置された複数のチャンバのノズルからスタビライザ混合フード内に噴射される（**図-2.19**）．ロータ幅に合わせて複数のチャンバノズルが取り付けられたスプレーバーの構造は加熱アスファルトを扱うため，製造メーカーによって電気ヒータを内蔵したタイプや，加熱アスファルトを循環させるタイプなどがある．また，フォームドアスファルトの添加量は作業速度に合わせて設計量のアスファルト吐出量を比例制御させて自動調整を行っている（**図-2.19**）．また，混合幅員の調整は噴射ノズルを閉じることによって行う．

　アスファルト供給ローリとフォームドスタビライザとの連結状況とアスファルトの供給回路の一例を**図-2.20**に示す．また，作業時の機械連結を無くして，交差点などでの作業を容易にした，アスファルトタンク内蔵タイプも開発されている（**図-2.21**, **写真-2.24**）．

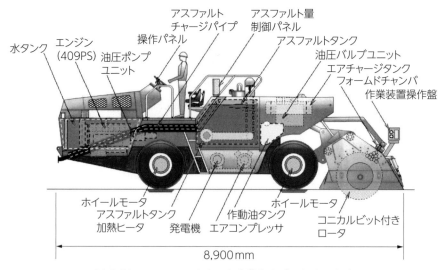

図-2.21　アスファルトタンク内蔵タイプスタビライザ

写真-2.24　施工中のアスファルトタンク内蔵タイプスタビライザ

---**メカコラム**---

　フォームドアスファルト工法は骨材を加熱しない工法であるため，大幅なCO_2削減効果がある．一例として，現位置再生路盤に適用した場合，従来工法の打換え工法と比較して約30％の排出量削減が可能である．また，セメントを添加しない場合には，シートなどの養生によって含水比を一定に保てば，1年近く長期にわたってその機能を保持しており，保管後に敷きならして転圧すれば規定の強度を発現できる特徴があり，用途の幅が広い工法である．

〔参考資料および文献〕
1）菊地：酒井 PM500 ロードスタビライザ，建設機械，p.55，日本工業出版（1992. 7）
2）福川：時代の要求に合致したフォームドスタビ工法，建設機械，p.70，日本工業出版（1990. 10）
3）海老澤ほか：フォームドスタビ混合物の性状及び適用事例，舗装，p.9（1998. 10）
4）ドイツ Wirtgen 社カタログ

これまでは路床・路盤用機械のうちのロードスタビライザ（ホイール式スタビライザ），安定材定量供給装置について掘り下げて解説しました．ここでは，路面を構築するツールとして用いられる建設機械について，その特徴を詳しく紹介します．

2-3　モータグレーダ（その1　機能・構造）

はじめに

　道路の構築作業において，路床の整正作業や路盤材の敷きならし整形作業は，後工程の舗装上層部分の施工品質に直接影響を与える'要'となる，文字どおり基盤となる作業部分である．舗装を構成する層の一つである路盤は，主として上層からの交通荷重を広く均一に分散させて路床に伝える機能と，表層の平たん性を確保できる仕上がり精度が要求される．ここでは路盤を構築するツールとして用いられる下記の建設機械について，それぞれの特性を列挙する．

①ブルドーザ

　高い敷きならし能力を有するものの，構造上仕上げ精度に限界がある（2-4にて解説する3D-MCを用いた場合は異なる）．モータグレーダを使用する粗ならし作業の作業効率を上げるための補助として用いられる場合もある．

②モータグレーダ

　その機能は土工機械の「鉋：カンナ」と言われ，路盤の構築作業に適した構造を有している．ホイールタイプであり機動性に優れ，また幅広い機能を持つため他の工種にも使用できる．ただし，精度良く仕上げるには高度な操作技能が必要である．また，締固め機能は無いので他の転圧機械との併用が必須である．

③トリマ（ファイングレーダ）

　他の機械（ブルドーザ，ローラ，スクレーパなど）で粗ならし，転圧作業を行った後に，余剰の表面（路面）を木工工具の電動カンナのように回転刃が路面をトリミングして仕上げる．グレードコントロール（切削高さ制御）装置も使用でき，高い精度で仕上がるが，併用しなければならない機械も多く，また，余剰材の処理の手間が必要になる（**写真-2.25**）．専用機は我が国での使用例は少なく，北米での使用例が多い．

写真-2.25　トリマ（ファイングレーダ）

④ベースペーバ

　路盤材の撒き出し，敷きならし機能を備えた機械をベースペーバと称している．以前は専用

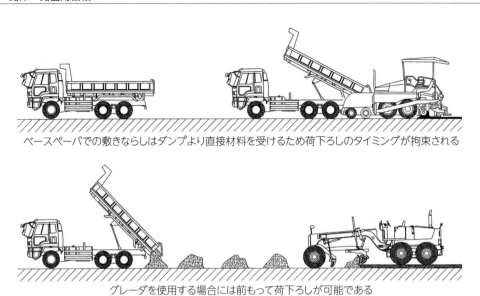

ベースペーバでの敷きならしはダンプより直接材料を受けるため荷下ろしのタイミングが拘束される

グレーダを使用する場合には前もって荷下ろしが可能である

図-2.22　敷きならし方法と荷下ろしのタイミング

機が製造，使用されていたが，最近は耐摩耗性に優れたアスファルトフィニッシャがベースペーバとして転用されている．一般に使用されているモータグレーダと比べ仕上げ精度が高く，材料の粒度バラツキも少なく，スクリード機構により敷きならし密度が得られるため，後工程のローラによる転圧作業による不陸発生を抑制する効果もある．また，端部処理も正確に施工できる利点がある．さらに操作がモータグレーダより容易であるため，特別な操作機能も必要としない．しかし，材料供給を運搬ダンプより直接行うため，材料供給のタイミングに拘束される（事前に路面にダンプアップされた敷きならし材をホッパに積み込む装置もあるが，使用，供給量の調整が難しく，我が国では使用されていない）．

　路盤材やプラントから生産される安定処理材を敷きならす場合には，ペーバの敷きならしの能力が高いため，供給量によって施工出来高が拘束される（**図-2.22**）．ゆえに，材料供給条件が整えれば，モータグレーダを用いた敷きならし作業より，精度の高い敷きならし作業が数倍高い施工能力で発揮できる．空港関連工事や新設の高速道路の路盤施工など大規模工事に使用されている．しかし，モータグレーダに比べ複雑な構造で取得価格も高額であり，また敷きならす材料がアスファルト混合物のように油性分を含まないため，アスファルトフィニッシャとして使用する場合と比べ作業装置各部の摩耗が激しくなり，高額な使用料とメンテナンスコストがかさむことを留意する必要がある．

2-3-1　モータグレーダの機能と構造

　前述のとおり，現在では路盤の構築作業には主にモータグレーダかベースペーバ（主としてアスファルトフィニッシャ）が使用されている．ベースペーバの説明は加熱混合物を敷きなら

す機能を含めて「アスファルトフィニッシャ」編で解説する.

　モータグレーダとは,「自走するホイール式の機械で,前後の車軸間に位置,角度の調整可能なブレードを持ち,さらに前部にプラウ,前後車軸間にスカリファイヤ,後部にリッパを装着することがあり,主として機械の前進動作によって路面の切削,土砂などの整地,法面整形,溝掘りおよび路面のかき起こしなどをするよう設計された機械」(JIS A 8423)である.路床や路盤の施工のほかに砂利道路の補修作業や路面の除雪作業にも使用されている.モータグレーダに関する解説書,説明書は数多く出版されているのであまり内容面で重複しないように心掛けて記述したい.

1）モータグレーダの構造的特徴と機能

　モータグレーダは対象面の平滑な切削や整形作業を行うための「整形機能」とその装置を推進させるための「牽引機能」を有している.

①整形機能

a．平たん性機能

　凹凸のある対象路面上を移動しながら作業を行うため,基軸となる車体が受ける左右および上下揺動運動の影響を少なくする機構がとり入れられている.ブルドーザなどが車体の前部または後部に作業装置を備えているのに対して,モータグレーダは長いホイールベースとそのほぼ中央に作業装置を備えている.前輪はアクスル中央のピンにより左右に揺動することが可能で,また後輪はタンデムドライブ機構により前後に揺動することができる.これらの機構によりブレードの上下動は各輪の上下動のほぼ1/2となり,合成されてさらに1/2となる.ブルドーザとの比較を**図-2.23**に示す.この機構に基づけば,モータグレーダは通過するたびに凹凸が修正されることになる.しかし実作業においては敷きならし材料の粒度分離や作業効率の面から通過回数も制限される.

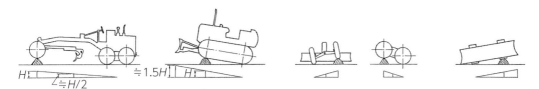

図-2.23　モータグレーダとブルドーザの揺動比較

b．傾斜角整形機能

　縦横断勾配を伴った形状の整形作業において,求められた横断勾配に仕上げるためにはモータグレーダ本体がブレードで整形された対象面を通過する機構となるため,本体が傾けばブレードも一緒に傾くので,後輪のタンデム部分が整形面上に載るまでにブレードの傾斜角を本体の傾き具合に合わせて速やかに修正(戻す)してやる必要がある(**図-2.24**).ただし,側溝掘削のようなオフセット作業の場合には本体が傾かないので,修正は不要である.本体フレームが屈曲するアーティキュレートタイプでは大きなオフセット量を確保することができる(**図-2.25**).

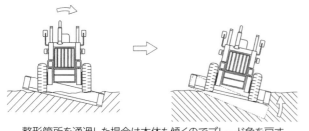

整形箇所を通過した場合は本体も傾くのでブレード角を戻す

図-2.24　縦横断勾配を伴った形状の整形作業

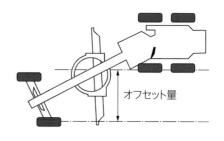

オフセット量

図-2.25　アーティキュレートを用いたオフセット姿勢

c. ブレード切削角

　モータグレーダは，路面を切削したり路盤材を敷きならしたりといった使用目的に合わせた効率的な施工のために，ブレードの切削角が調整できるようになっている．ブレードと地面とのなす角度は小さいほど食い込みがよくなるので，硬い土の切削には寝かせて使用する．一方，路盤材の敷きならしには角度が大きい方が材料の移動がよいのでブレードを起こして使用する．一般的なブレードの切削角度を**表-2.1**に示す．

表-2.1　作業の種類とブレードの切削角度

作　業	切削角度
敷きならし，仕上げ	80°～90°
切削，整形，除雪など一般	40°前後
表土はぎとり	最小

d. ブレード推進角（材料の横移動機能）

　切削，敷きならし作業において，切削材料や過不足を修正した後の余剰材をブレード側面に送り出す機構として，ブレードに推進角をもたせ，モータグレーダ自体の移動によって発生する材料との分力により対象材を横方向に移動させる．路盤材の敷きならし作業におけるブレード推進角による材料の横移動は，横送り対象材の細粒分が下方に移動しやすく，上面の粗粒部分のみが移動し，ブレード端部に集まってしまうこととなる．ゆえに，必要以上にブレードによる材料の移動は行わないほうがよい．材料分離を防ぐには，材料の荷下ろしを敷きならし使用量に合わせて過不足を少なくし，材料の移動量をできるだけ抑える必要がある（**図-2.22**）．これにより効率的な敷きならし作業が可能になる．

②牽引機能（タンデムドライブ機構）

　モータグレーダ特有の機構である．走行面の凹凸による機体の上下，揺動の影響を減ずるタンデム構造により，駆動輪全輪が路面にフィットするため，作業装置が受ける反力に打ち勝つ

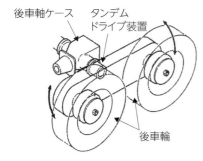

図-2.26　タンデムドライブ装置

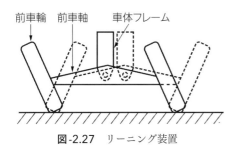

図-2.27　リーニング装置

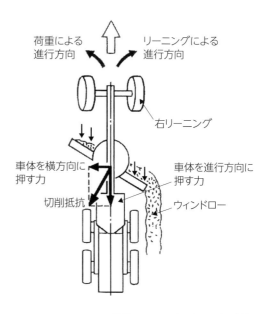

図-2.28　リーニング機構による反力を打ち消す機能

推進力を得るために必要なグリップ力を確保することができる（**図-2.26**）．また，一般車両が備えているような駆動輪の差動機能を省くことで，全輪が同軸で駆動するため空転しにくい．反面，ホイールベースが長いうえに差動装置が省かれているため，本体の回転半径は大きくなる．そこでその欠点を補うために，前車輪を回転する方に傾けるリーニング機構（**図-2.27**）を備えている．この機構を使用すれば回転半径が必要以上に大きくならない．前述したアーティキュレート機構を備えている機種は，車体を屈曲させることにより小回転が可能である．またリーニング機構はブレード作業により発生する分力によって車体が側方に押しやられる力が生じて，前輪が横すべりを起こしやすくなる場合に，その反力を打ち消す機能もある（**図-2.28**）．

2）路盤構築作業における作業手順と作業効率

　路盤を構築する作業においては，繰り返される検測作業や締固め作業を並行して行わなければならない．

─メカコラム─

　モータグレーダの駆動輪の回転トルクはブレード作業の反力に十分勝る能力を備えている．そのため，ブレードの材料抱え込み量が多い場合などに必要以上に駆動輪を回転させると，スリップしてしまい，タンデム部分が沈み込むため，仕上げ整形時には整形精度に影響を与えてしまう．また切削作業の場合には，ブレードの押付け反力に応じた操作を行わないと駆動輪の接地圧が低くなり，グリップ力が落ちスリップしやすくなる．この行為を頻繁に繰り返すとタイヤトレッドの摩耗を早めてしまう．

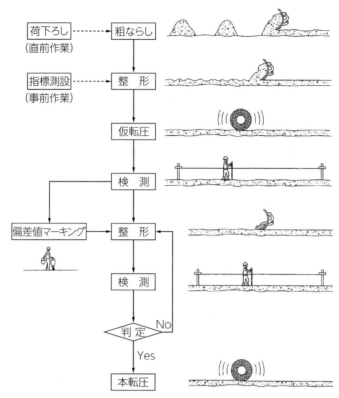

図-2.29　モータグレーダを用いた路盤材敷きならし作業手順

①作 業 手 順

　モータグレーダを使用した一般的な路盤材敷きならし作業手順を**図-2.29**に示す．この作業において，繰り返して行われる検測作業や補正のための修正値を路面にマーキングする作業（**写真-2.26**）は人が作業エリア内に入り込んで行わなければならず，モータグレーダあるいは転圧ローラとの接触に注意を払わなくてはならない．特に敷きならし作業と並行して行われるローラでの転圧作業は十分な注意を要する．

　締固め機構の無いモータグレーダによる路盤の構築作業では，路盤材搬入ダンプのタイヤ通

写真-2.26　路面へのマーキング作業

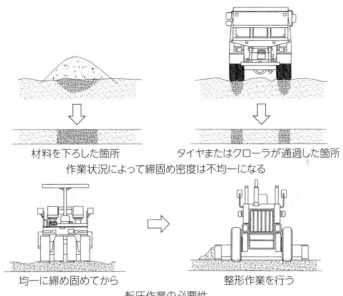

材料を下ろした箇所　　　　　　　タイヤまたはクローラが通過した箇所

作業状況によって締固め密度は不均一になる

均一に締め固めてから　　　　　　整形作業を行う

転圧作業の必要性

図-2.30　整形作業前の転圧作業の必要性

過箇所や，材料を下ろした箇所では密度が異なるため，あらかじめローラによる転圧作業によって均一に規定の密度を確保しておく必要がある．現場によっては敷きならし材料の搬入も並行して行われる場合もある（**図-2.30**）．

②作 業 効 率

　建設機械の作業形態は機種によって**図-2.31**のように異なり，モータグレーダの場合には前進での作業が主になり，前方の視界は確保されているが，後方の視界は構造上死角になるエリアが多く，十分な目視確認作業ができない（**図-2.32**）．一方，作業効率を上げるため，生産自

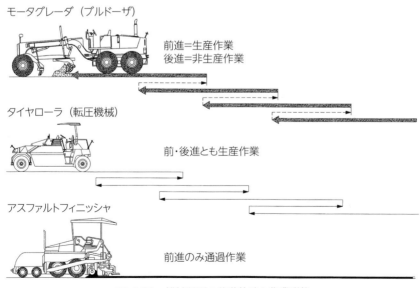

モータグレーダ（ブルドーザ）

前進＝生産作業
後進＝非生産作業

タイヤローラ（転圧機械）

前・後進とも生産作業

アスファルトフィニッシャ

前進のみ通過作業

図-2.31　機械種別の移動軌跡と作業形態

33

図-2.32　後方死角のイメージ

体を伴わない後進する際の移動速度はできるだけ速いほうが良いことになる．その際，前述の
人的作業がエリア内で並行して行われるため，十分な注意と安全対策が必要とされる．

―メカコラム―

　除雪作業などのように高速で作業する場合，ブレードが障害物に当たり過大な力がかかったとき，
ブレード自身またはそれを支えている周辺機器が損傷しかねない．それを避けるために油圧のリリー
フバルブを開放するのでは間に合わないので，電気回路のブレーカにおけるヒューズのような安全装
置が取り付けられている．

①サークルとサークルリバースギアの間にあるシャーピンは，作業時にブレードの回転方向に過大な
　力がかかったときにせん断されることにより，ブレードが自由に回転できる機構である．最近では
　ブレードに過大な力がかかったとき，摩擦クラッチが滑りサークルが回転することによって衝撃を
　吸収し，ブレードを破損から守るブレードスリップクラッチ式もあり，シャーピンの交換が不要で，
　作業効率が上がる利点がある（**図-2.33**）．

②ブレード中央部に異常な力がかかるとテンションボルトまたはシャーピンが切れ，ブレードが後方
　に跳ね上がって逃げるセーフティブレード（**図-2.34**）．

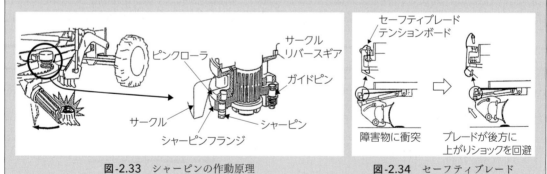

図-2.33　シャーピンの作動原理　　　　　図-2.34　セーフティブレード

〔参 考 文 献〕
1）福川：道路構築における情報化施工への取組み，建設機械，pp.15〜24（2002. 4）
2）WaltMoore Motor-Grader Technology Construction-Equipment Sep 2006.
3）日本建設機械化協会編，建設機械施工ハンドブック（改訂3版）（2006）
4）加藤三重次著：建設機械，技報堂（1971）

前節では，路床・路盤用機械のうちでモータグレーダの機能と構造について解説しました．今回は
その操作制御の仕組みと自動化の動きについて紹介します．

2-4　モータグレーダ（その2 操作制御と自動化）

2-4-1　作業装置の操作内容

　モータグレーダは，その作業内容に応じて7〜12本のレバーを操作して各装置を動かす．作
業内容によっては同時に複数のレバーを操作することもあり，操向ハンドルを回しながら操作
する場合もある．操作時のオペレータの姿勢は，'立ち操作'と'着座操作'があり，整形精度
が求められる場合には'立ち操作'にて行われる．従来の多数のレバー（**写真-2.27**）操作を
改善する試みとして，操行機能を含めたステアリングホイールを無くした左右ジョイスティッ
ク操作機構も開発されている（**写真-2.28**）．

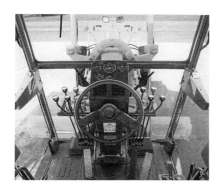

写真-2.27　従来のモータグレーダの運転席

写真-2.28　ジョイスティック操作モータグレーダの運転席

2-4-2　操　作　機　構

　モータグレーダの作業用動力伝達装置には，機械式と油圧式がある．機械式は，エンジンの
動力を減速機，シャフト，歯車，リンク機構などを利用して機械的に伝達する装置であり，動
力の入り・切りはクラッチ操作で行う．この方式は複雑でメカニカルな機構であるが，作業装
置の負荷反力を感じ取ることができ，操作判断がつきやすいという利点がある（**図-2.35**）．し
かし油圧式に比べ，多機能化に対応することやメンテナンスが困難であるなどの理由から，最
近のグレーダでは採用されていない．一方，油圧式はエンジンの動力で油圧ポンプを駆動し，
作動油をステアリング用と作業用のコントロールバルブに送り，各アクチュエータを作動させ
る（**図-2.36**）．この方式は，コントロールレバーを操作して行うため，フィンガーコントロー
ルができ，操作は楽であるが，作業負荷の反力を感じ取ることができないため，操作上の判断

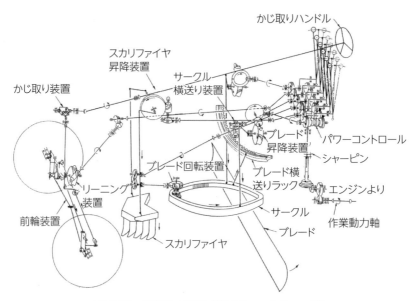

図-2.35　作業動力系統（機械式モータグレーダ）

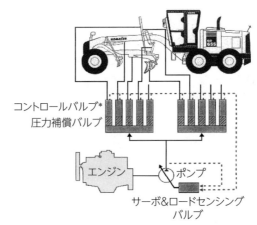

＊7～12本の操作レバーが7～12個のコントロールバルブと
直結されており，各装置を動かす

図-2.36　モータグレーダの操作回路（油圧式）

がつきにくい側面がある．

2-4-3　操作制御方法

　オペレータは前述のとおり，作業に伴って多数の装置を輻輳して操作する必要がある．作業
状況を把握しながらコントロールレバーを主に目視による判断で操作する．さらに，操作中の
機械の状態を音や振動等，人が持つ各種感覚からの情報を駆使した制御が必要になる．例えば，
車を運転する際に状況に応じて変速機のシフトを行うが，その判断はエンジンの回転音や体に

感じる加速度の変化によって，調整し，選択する．モータグレーダの操作においては，さらに
多くの要素を加味しながら，各種の感覚を駆使して選択，判断しなければならない（**図-2.37**）．
この点がモータグレーダの操作が経験を要し，技能伝承の必要性が求められるゆえんである．

1）ブレード高さ，勾配制御

　モータグレーダによる路盤材の敷きならし，整形作業等においては，主として，ブレードの高
さおよび左右のシリンダを作動させての横断勾配の制御が重要となる．さらに整形時に発生す
る切削余剰材をブレード推進角によって側方に送る排土機能も同時に操作しなければならない．
　このブレードの動作機能を**図-2.38**に示す．

①人的操作制御の支援作業

　オペレータが高い位置にある運転台から単独で路盤材の高さとその設計高さを感知し，その

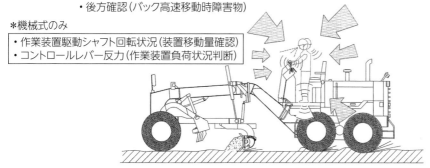

・作業装置動作確認
・作業装置相互干渉確認
・前方，側面確認(操行，作業対象物，障害物)
・指示サイン確認(敷きならし高さ指示読取り)
・指標偏差判断(切削，敷きならし高さ)
・ブレード後方(切削，敷きならし面確認)
・ブレード側面(ウインド量確認)
・ブレードシリンダ伸縮量確認(敷きならし高さ)
・路面移動状況(作業速度)
・後方確認(バック高速移動時障害物)

・エンジン音(切削，敷きならし作業負荷状況判断)
・ブレード切削音(切削対象物硬度判断)
・異常音感知
・指示サイン音感知
・油圧リリーフ音(作業装置負荷状況判断)

・上下動感知(不陸状況判断)
・傾斜感知(機体傾斜変化点確認)
・速度変化感知(タイヤスリップ状況判断)

＊機械式のみ
・作業装置駆動シャフト回転状況(装置移動量確認)
・コントロールレバー反力(作業装置負荷状況判断)

・フロア振動感知(切削負荷状況判断)
・車体揺動感知(タイヤスリップ，不陸状況判断)

図-2.37　人が持つ様々な感覚を駆使しての操作

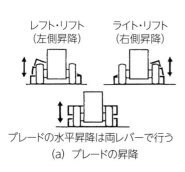
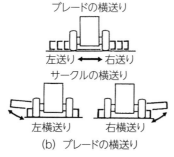
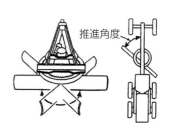

レフト・リフト（左側昇降）　ライト・リフト（右側昇降）

ブレードの水平昇降は両レバーで行う

(a) ブレードの昇降

ブレードの横送り
左送り ←→ 右送り
サークルの横送り
左横送り　右横送り

(b) ブレードの横送り

推進角度

(c) ブレードの回転

図-2.38　ブレードの動作

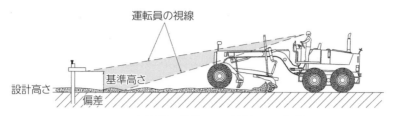

図-2.39　測量杭を基準とする目視による作業

写真-2.29　丁張り・水糸を用いた作業状況

差に対応して，モータグレーダのブレードをコントロールすることは困難である（**図-2.39**）．そこで，道路幅員の両端に事前に設置された丁張りに補助員が水糸を張り，高さをチェックし，石粉などを用いてその差を路面にマーキングし，オペレータに切削深さ，敷きならし高さの指示を与える必要がある（**写真-2.29**）．特に，設計高さの変化点が多い現場では，測量作業により密に丁張りを設置し，マーキングによる情報伝達も頻度を増やす必要がある．

②操作制御支援装置

　　路面へのマーキング等は，補助員らがモータグレーダの作業エリアに入って行うため，施工機械の作業効率が低下する．そこで，施工の合理化を図るため操作を自動制御するシステムが開発され，使用されている．このシステムでは，丁張りの設置やマーキング等の作業が不要になり，施工効率が上がるとともに補助員らが施工機械と接触する危険性も回避できる．

a. 勾配自動補正機構

　　モータグレーダのブレードは単純な動作機構を持つブルドーザの排土板と異なり，横断勾配に合わせて左右の高さを調整し，さらに排土のための推進角にブレードを回転させて調整する．そこで，ブレード回転サークルフレームに傾斜センサを設置し，回転サークル回転軸に設置されたロータリエンコーダからの信号により合成傾斜角を自動補正する機構を有している（**図-2.40**）．

b. 平面レーザコントロールシステム（2D-MC：平面制御）

　　2D–MCは実用的なブレード高さの自動制御システムとして使用されている．作業エリア端部または中央に設置された平面レーザ発光器よりレーザビームを回転させ，制御平面を構成させる．この際，回転軸を傾斜させれば，傾斜角を持った制御平面が構成される．この制御平面に

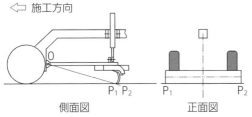

側面図　　　　正面図

ブレードに推進角を付けない場合には上下動による
横断傾斜角度の変化は無い.

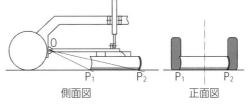

側面図　　　　正面図

ブレードの推進角を付けた場合には，ブレード端部の
ドローバ牽引点からの距離が異なるため，上下動により
ブレードに傾斜角が付く.

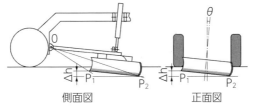

側面図　　　　正面図

さらに縦断勾配がある場合には，ブレードの推進角に
応じてブレード端の高さが異なってくる. このΔhを勾配
自動補正機構で補正している.
（横断勾配についても同様に補正している）

図-2.40　モータグレーダのブレードの切削勾配補正機構

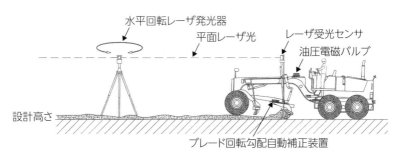

水平回転レーザ発光器
平面レーザ光
レーザ受光センサ
油圧電磁バルブ

設計高さ

ブレード回転勾配自動補正装置

図-2.41　平面レーザコントロールシステム

おけるレーザビームをモータグレーダのブレードに直接取り付けたポストの受光センサにより
高さを感知し，油圧電磁弁を介して片方のブレードリフトシリンダを作動させる. もう片方の
シリンダは前述a.の勾配自動補正機構を使用して追従させる（**図-2.41**）. 作業装置の油圧アク
チュエータを作動させる油圧バルブは，センサから変換された電気信号により作動させるため，
手動用バルブから電磁バルブに交換，あるいは追加設置しなくてはならない.

c. 数値制御によるブレード操作制御システム（3D-MC：立体制御）

　前述したb.のシステムはレーザによる制御平面を受光センサによりトレースして制御する方
法であり，平面だけの制御である. しかし，実際の路面形状は複雑な合成勾配によって構成さ
れている. そこで，現場の設計座標データを制御装置に入力することにより直接モータグレー
ダのブレード高さ，勾配を数値により制御する三次元マシーンコントロール（3D-MC）が開発
され，使用されている. この3D-MCには位置情報を得る手段として人工衛星（GNSS）を使用

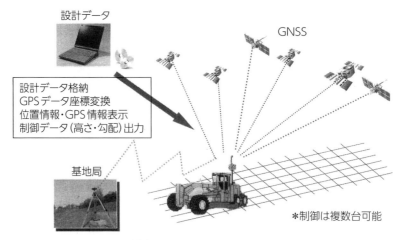

設計データ

GNSS

設計データ格納
GPSデータ座標変換
位置情報・GPS情報表示
制御データ(高さ・勾配)出力

基地局

＊制御は複数台可能

図-2.42　GNSSによる3D–MC

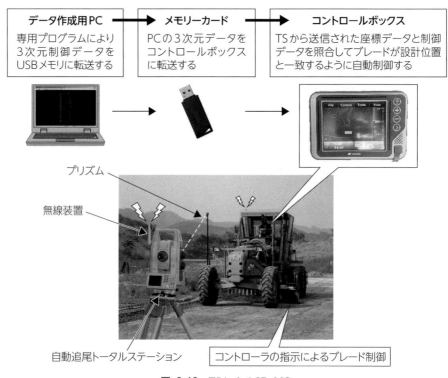

データ作成用PC	メモリーカード	コントロールボックス
専用プログラムにより3次元制御データをUSBメモリに転送する	PCの3次元データをコントロールボックスに転送する	TSから送信された座標データと制御データを照合してブレードが設計位置と一致するように自動制御する

プリズム

無線装置

自動追尾トータルステーション

コントローラの指示によるブレード制御

図-2.43　TSによる3D–MC

する方法（**図-2.42**）と測量器（自動追尾トータルステーション：TS）を使用する（**図-2.43**）二とおりの方法がある．このうち人工衛星を使用したGNSS–3D-MCは米国のGPSに加え，ロシアの衛星GLONASSなど使用可能な衛星が多くなったこともあり，測位精度を高めている．しかし，このシステムの特性上，高さの精度には限界がある．そこで，測量器機能を併用したシステムも実用化されている（**図-2.44**）．一方，測量器を使用したTS–3D-MCは制御精度も高く制御機器の設置方法も比較的容易なので，我が国での施工実績も多くなってきている．し

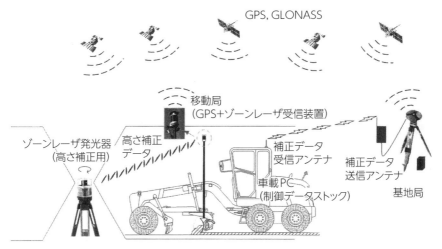

図-2.44 高精度なGPS制御の3D–MCモータグレーダ

写真-2.30 空港滑走路の夜間改良工事

かし，このシステムは追尾用レーザビームの特性上，半径300m以内という制御限界と，制御指示部が被制御部と1：1での対応であるという制限がある．いずれのシステムも従来の作業に必須であった丁張りの設置が不要になり，また，従来路盤材の敷きならし作業に並行して頻繁に行われた高さ検測作業も省くことができるため省力化と，安全性の向上に結びつく．さらにこれらのシステムは，目視によらずにレーザや電波信号を使用するため，暗闇でも何ら支障なく作動させることができるという大きな利点もある．事実，施工時間の厳しい制約を受ける供用中の空港滑走路の夜間改良工事において，大規模な照明設備を仮設することなく，昼間と同様のモータグレーダによる作業を可能にした事例もある（**写真-2.30**）．

―メカコラム―

バイラテラル（Bilateral）機構：負荷感応機能

　モータグレーダの作業装置を操作する際には，作業状況に応じた制御が必要になり，オペレータの各種感覚を駆使した操作判断が行われる．この判断を補助する機能としてバイラテラル機構（負荷感応機能）がある．例えば，機械式モータグレーダの作業用動力伝達機構における操作レバーは，噛み合わせクラッチを直接入り・切りさせる機構となっているため（図-2.45），大きな負荷がかかった場合，その負荷を直接操作レバーに減衰された負荷反力として感じ取ることができる．また，この機構は運転台から，出力軸を直視できるので，その回転量によってブレードのシフト量を予測することもできる．油圧式操作はフィンガーコントロールが可能で操作は楽であるが，負荷情報を読み取りにくい．しかし，前述のように機械式のバイラテラル機構は，多機能化に対応することやメンテナンスが困難であるなどの理由から，油圧式操作に取って代わられ，現在では採用されていない．この人の各種感覚を駆使した操作を支援するバイラテラル機構は，ショベルが地下埋設物と接触することが懸念される掘削作業などに，触覚センサの機構の一部として採用すべく，研究が行われている．

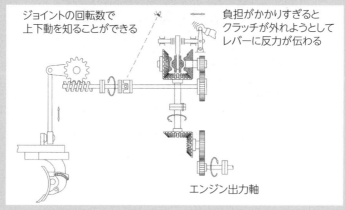

図-2.45　機械式の上下機構とバイラテラル機構をもった負荷制御機構

〔参 考 文 献〕
1）福川：道路構築における情報化施工への取組み，建設機械，pp.15〜24（2002. 4）
2）WaltMoore Motor-Grader Technology Construction-Equipment Sep 2006.
3）（社）日本建設機械化協会編，建設機械施工ハンドブック（改訂3版）（2006）
4）加藤三重次著：建設機械，技報堂（1971）

第3章

アスファルトフィニッシャ

ダンプカー＋フィニッシャ施工中
舗装用加熱混合物（アスファルト合材）などを基盤となる路盤上に
平滑に敷きならす機械で，運搬可能な規格制限内（重量，寸法）に複
数の必要機能を搭載している．構造，機能，締固め機能を持つ独特の
敷きならし高さ（厚さ）制御機構とその自動制御システムを解説する．

アスファルトフィニッシャは，我々にとって欠かすことのできない機械でありながら，その機構や仕組みを分からないまま操作されている方もあるのではないでしょうか．ここではその機構や主にトラクタ部について詳しく解説します．

3-1　機構概要とトラクタ

はじめに

　道路舗装においてアスファルト混合物やセメントコンクリートを敷きならす作業は，後戻りのできない，やり直しのきかない最も重要な作業である．前述したが，舗装作業は各作業工程を時間的制約内に順次こなしていくチェーンプロセス作業である．したがって，前工程において，いかに品質の良い加熱混合物が運搬されて来たとしても，アスファルトフィニッシャでの敷きならし作業のいかんによっては，出来形や品質の劣る舗装が出来上がることとなる．この作業に要求されるのは，交通荷重に耐えるために必要な密度を得るための締固め機能とスムーズな走行を可能とする高い平たん性を得るために必要な敷きならし機能を併せ持つことである．

　各種の材料を敷きならす手段にはコンクリート舗装に用いられる固定スクリード方式とほとんどのアスファルトフィニッシャが採用しているフローティングスクリード方式がある（**図-3.1**）．

　固定スクリード機構は装置の移動時に発生する上下動が直接仕上げ精度に影響する構造であり，移動装置自体に高さ保持機能を持たせている．スクリードは機体の中央に設置されるため，機械の両端に保持，移動装置のスペースが必要になる．

　一方，フローティングスクリード機構は移動装置（牽引）に高さ保持機能は無く，スクリードにその機能が付加されている．この機構ゆえに機械の両端に移動装置のスペースを必要とせず，スクリードを機体後部に配置することで，施工幅員をフレキシブルに変えられる利点がある．またモータグレーダやブルドーザなどの一般土工機械と異なり，敷きならし高さを確保しながら同時に均一な締固め機能を持ち合わせる優れた機構となっている．

固定スクリード機構　　　　　　　フローティングスクリード機構

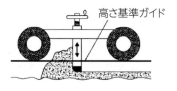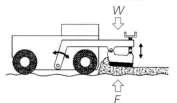

移動体の定められた高さに敷きならし装置を固定させ作業を行う．移動時の車体の上下高さの影響を直接受ける．締固め機能は無い．スクリード幅は，移動体のトレッド以内に収める必要があり，さらに敷きならし部分両端に車輪などの走行装置のスペースが必要．コンクリートフィニッシャに代表される．

移動体によって敷きならし装置を牽引させ，発生する浮力と装置重量とのバランスによって，締固め機能と高さ調整機能を備えている．作業条件の変化に作用される不安定な点がある．移動体の車体の後ろにスクリードが付いているので移動体の車体幅以上の敷きならしが可能になっている．アスファルトフィニッシャに代表される．

図-3.1　敷きならし装置の種類と特色

　我が国ではアスファルトフィニッシャ（Asphalt Finisher）として呼ばれているが，アスファルトペーバ（Asphalt Paver）あるいは，ペーバフィニッシャ（Paver Finishers）とも呼ばれ，アスファルト混合物はもちろん，転圧コンクリート舗装（RCCP）における固練りコンクリートや路盤整形用として砕石を敷きならすベースペーバとしても使用されている．ただし，ベースペーバ仕様機はそれなりの機能を備えており，単に部材を強化してあるばかりでなく，形状においても，細部にわたり路盤材敷きならしに対応したものとなっている．ゆえに，敷きならす対象混合物の性状によるが，ベースペーバとして使用する場合には，その機種が対応機種であるか否か，選択と確認が必要である．

3-1-1　機構概要と合材の流れ

　舗装機械は現場に搬入後，直ちに作業できるものであることが求められる．特に，アスファル

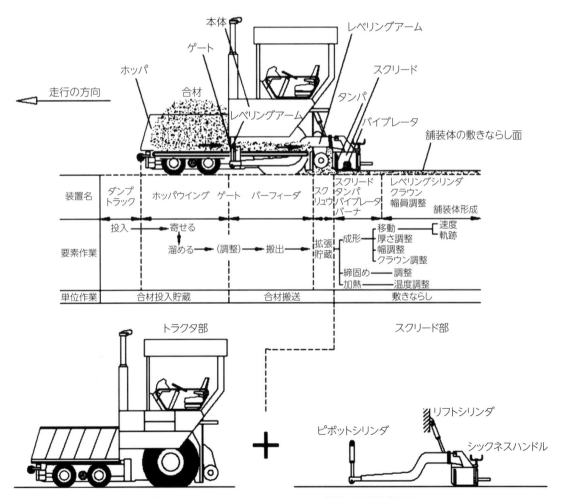

図-3.2　アスファルトフィニッシャの機能と要素作業内容

45

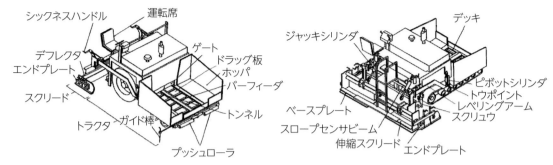

図-3.3　アスファルトフィニッシャの各部の名称

トフィニッシャはこれを運搬する車両の積載制限内で必要な機能を得るための多くの装置を搭載する必要がある（**図-3.2**）.

　このため，一般土工建機に比べ，ハード面（装置）では多種多様のリンク機構と加熱装置，そして，その時代の先端制御機構を採り入れている．一方，ソフト面（操作）では，舗装条件に合わせて各作業装置を最適な状態に調整し，総合的な機能を発揮させなければならない．そのためには，各作業装置の機構を十分に把握する必要がある.

　後述するが，アスファルトフィニッシャには，優れた機能を持つフローティングスクリード機構（1933年米国バーバーグリーン社によって発明された）が採り入れられており，各部の機構に関する試行錯誤，改良，改善が繰り返されて現在の構造になったが，基本的な構造は1941年の開発当時とそれほど変わっていない．**図-3.3** に各部の名称を記す.

3-1-2　機　構　区　分

　アスファルトフィニッシャの機構は複雑なため，トラクタ部（装置牽引機能）とスクリード部（敷きならし機能）の2つの機構に大別して解説する.

1）トラクタ部
①足回り（走行部）

　敷きならし装置を牽引するトラクタ部はタイヤ式とクローラ式とがある（**図-3.4**）．いずれも懸架方式は走行部を路面に密着させるため3点懸架方式を採用している（建設機械はほとんど同方式）．クローラ式は強い牽引力を発揮するため大型機に採用されており，砕石を厚層で敷きならすベースペーパでもその機能を発揮している.

　一方，施工前後の移動を容易にしたタイヤ式は特殊車両として市街地の走行も可能な機種が多い．両機種とも前述したように，作業速度と移動速度との比率は大きい．また，アスファルトフィニッシャの構造的な特徴として，敷きならし装置がトラクタ後部に位置するため，曲線部の施工においてオーバーハングした敷きならし装置はトラクタの走行軌跡とずれが生じてく

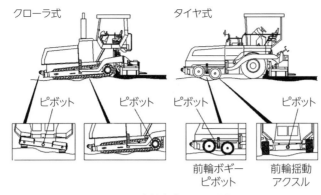

クローラ式　　　　　　　タイヤ式

ピボット　　　ピボット　　ピボット　　　　　　ピボット

前輪ボギー　　　　前輪揺動
ピボット　　　　アクスル

図-3.4　走行方式による区分

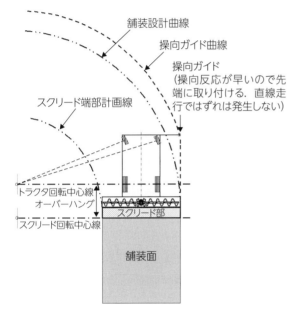

舗装設計曲線

操向ガイド曲線

操向ガイド
（操向反応が早いので先
端に取り付ける．直線走
行ではずれは発生しない）

スクリード端部計画線

トラクタ回転中心線
オーバーハング
スクリード回転中心線
スクリード部

舗装面

図-3.5　敷きならし装置とトラクタ走行軌跡のずれ

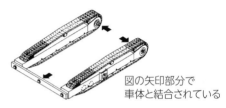

図の矢印部分で
車体と結合されている

図-3.6　三点懸架方式

電磁クラッチ，ブレーキを組み合わせた
ステアリングシステムによるなめらかな操向

機械式ステアリングによるぎこちない操向

図-3.7　操向機構の違いによる操向軌跡

る．ゆえに敷きならし装置を舗装設計曲線に合わせるためには，ずれを考慮したトラクタの操作が必要になる（図-3.5）.

a．クローラ式

　懸架方式はブルドーザ等と同様，三点懸架方式を採用している（図-3.6）. 以前のクローラ駆動方式は，車体上部のデッキに搭載されたエンジンの出力を高低速用サブミッションから最終減速器を介してローラチェーンにてクローラに取り付けられた駆動スプロケットを回していた．操向は，左右の走行クラッチを入り切りし，片方の駆動をロックして進行方向を定めるブレーキ・クラッチ（スキッド）ステアリング方式であり，後方にオーバーハングした敷きならし装置のスクリードに急激な横方向の力が加わる恐れがあった．このためスクリードの端部が設計線に合ったスムーズな曲線を描くことが難しく，出来形や品質にも影響を与える懸念があった．また，ブレーキとクラッチの調整を頻繁に行う必要もあった．

　その後，電磁クラッチやブレーキを組み合わせたシステムとなりフィンガーコントロールが可能となり，間欠的な動作が改善されスムーズな操向が可能となった（**図-3.7**）．しかし，施工能力を増すための大型化により，敷きならす幅員が広い場合や流動性の少ない砕石路盤の敷きならし時には，強力な牽引力が必要になり，従来の片側駆動による操向機構では限界があった．そこで，大型機では左右のクローラの回転差による操向方式により，両方のクローラを駆動させ，強力な牽引力を保持したまま操向できる差動操向システムが採用された．当初，油圧モータでそれぞれの左右クローラを回転させる方式が用いられたが，油圧システムの特質としてスクリードにかかる左右の負荷が異なる場合には直進性が悪く，大型機においても直進性に優れたクラッチブレーキを用いたシステムが引き続き使用されていた．その後，主駆動軸に可変可

―メカコラム―

遊星歯車機構（planetary gear system）

　アスファルトフィニッシャには幾つもの歯車を組み合わせた動力伝達機構が組み込まれており，増減速機構として遊星歯車機構を使用している．このシステムをクローラタイプの操向用として採用した場合にはスムーズな差動操向ができるため，大型の高級機のモデルにはブルドーザへの搭載が始まるより20年も早くアスファルトフィニッシャに採用されている．また，電気的制御機構に比べ信頼性の高い機械的なメカニズムとして「戦車」の操向装置にも使用されている機構である．

　遊星歯車機構は一般的に自動車のオートマチックトランスミッションや，最近ではその特徴ある機能を生かしてハイブリッド車のエンジン動力を走行向けと発電機駆動とに分配するのにも用いられており，そのほかにも各方面で採用されている．

　この機構は**図-3.8**のように太陽歯車（sun gear）を中心として，複数の遊星歯車（planetary gear）が自転しつつ外輪歯車（outer gear）の内側を公転する構造をもった増減速機構であり，遊星歯車を保持して公転運動を取り出す遊星キャリア（planetary carrier）は外輪歯車を回すことによって，太陽歯車からの入力回転数を加減速できる構造になっている．

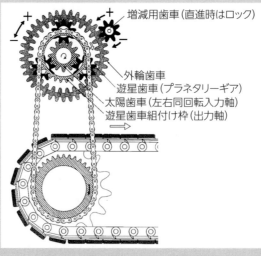

図-3.8　遊星歯車を用いた増減速機構

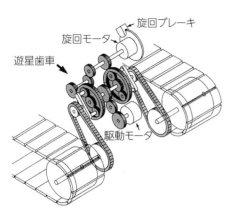

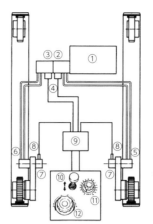

① ディーゼルエンジン
② 右側走行ポンプ
③ 左側走行ポンプ
④ 走行スピードコントロール
⑤ 右側走行モータ
⑥ 左側走行モータ
⑦ スプリング作動ブレーキ
⑧ 回転センサ
⑨ 電子制御装置
⑩ 走行レバー
⑪ 速度コントロール
⑫ ステアリングコントロール

図-3.9 遊星歯車を用いた操向機構   図-3.10 電気的な油圧制御システム

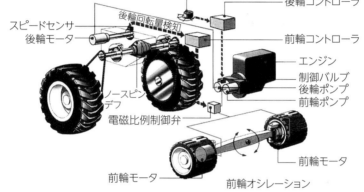

図-3.11 走行距離同調システム

逆の油圧モータと遊星歯車を組み合わせた，直進性に優れる差動操向システムが開発され，採用されるようになった（**図-3.9**）．最近のブルドーザでもこの差動操向システムを採用している．

さらに，最近では複雑な機械的メカニズムに変わり，油圧モータを電気的に制御することにより左右のクローラの回転数を変えたスムーズな操向を可能としている（**図-3.10**）．

b. タイヤ式

牽引力を発揮させるため，後輪は可能な限り大きな径を有している．一方，前輪はホッパの下に位置するため，車輪径が制限される．また，路面の凹凸の影響を緩和するため大型機ではタンデム揺動機構を採り入れた操向装置となっている．さらに牽引力を増すために，操向輪に油圧ホイールモータを組み込んだ機種もある．主動輪である後輪とホッパフレーム下にある操向輪とではホイール径が大きく異なるので，電気油圧サーボ機構を組み込んだ走行距離同調システムが採用されている（**図-3.11**）．

2）プッシュローラ（ダンプトラック接続部）

ダンプトラックによってアスファルトプラントから運ばれた加熱アスファルト合材を，敷き

写真-3.1　トラックヒッチ装置

ならし作業をしているアスファルトフィニッシャに供給するためにダンプトラックの後輪に接触させて移動速度を同調させる装置である．縦断勾配が緩い場合や上り勾配の場合には，ダンプトラックの後輪がプッシュローラに密着するので，後輪からのリヤオーバーハングが極端に短い場合でも，ダンプアップの際のホッパ前部への荷こぼれを防ぎやすい．しかし，縦断勾配が下りの場合には，ダンプトラックは軽くブレーキを掛け，後輪を常にプッシュローラに接触させなくてはならない．この際ブレーキが強すぎると，フィニッシャのトラクタ側に負荷がかかりすぎてしまう．また曲線部での施工において，曲率が小さく幅員の狭い場合には，ダンプトラックの向きが外側になり，前輪が脱輪するか，プッシュローラが片輪しか接触できない場合もある．その場合には無理をせず，再度ダンプの向きを変えるか，ショベルなどを用いて2次供給する必要があり，ホッパ前部への荷こぼれを防がなければならない．海外では大型トレーラダンプを用いることがあるので，後輪を捕捉するトラックヒッチ（Truck Hitch）装置（写真-3.1）を装着しているものもある．

　また，ダンプトラックとの接触は衝撃の無いように心掛ける必要があり，ダンプトラックはプッシュローラ直前で止まり，フィニッシャ側から接触させる．いずれにしても，フィニッシャ前側部に誘導員を配置し，ダンプアップのタイミングを含めた適切な指示が必須である．

3）ホッパ（混合物受入れ，ストック部）

　ホッパは左右のホッパウイングを開き，ダンプトラックから混合物を受け，閉じることによって，ホッパ下部に位置する混合物搬送装置（バーフィーダ）へ混合物を送り込む機能を持っている．受け入れた混合物は一時的にストックされ，順次バーフィーダによって後方のスクリード部に送られる．この際，フィニッシャによる施工を一定速度で連続的に行うために，断続的に受け入れられる混合物のホッパ内での一時ストックをバッファ機能として発揮させるよう，素早くダンプトラックの入れ替えをさせることが望ましい．ホッパウイングは開くことによって，ダンプベッセルを十分に受け入れる幅になり，閉じることによって，運搬時の積載制限内の寸法に収まる．ウイングの開閉のタイミングには配慮が必要であり，ホッパ内にすっかり混合物が無くなってからのダンプトラックの入れ替えは敷きならし材の不足により，フィニッシャ

を止めることになる．また，フィーダ上の混合物が無くなってからの操作は，材料分離によって，フィーダへ粗い材料のみが送り込まれる原因となる．一方，タイミングの早過ぎるウイングの閉操作はウイング先端からフィニッシャ前方への荷こぼれを生じさせ，その処理に危険を伴う予定外の労力と時間を費やさせてしまう（荷こぼれ防止のためのゴム製のウォール取付けや，可動式フロントウイングも使用されている）．

　ホッパボトムには一般的に2連のバーフィーダと，タイヤ式の場合は操向輪アクスルが備えられている．また，フレームの左右に位置する操向輪，クローラによりホッパウイングの地上高寸法に限界があるため，ダンプ受入れのための最低地上高寸法にも限界があり（**図-3.12**），ダンプトラック側でのリヤバンパの可動化などによる対応が必要になる．

　一般的に細粒分の少ない混合物やバインダが含まれていない砕石路盤材などの敷きならしは各工程で材料分離を起こしやすい．その解消のためにホッパ内に取り付けるミキシング装置も開発されている（**写真-3.2**）．

4）バーフィーダ（混合物定量供給装置）

　バーフィーダは，ホッパに受け入れた混合物を必要量敷きならし装置側に搬出する装置で，敷きならし使用量に応じた供給量操作の良し悪しは，出来形や品質に影響を与える．ホッパ底

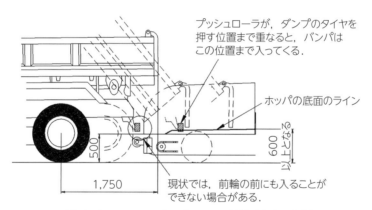

図-3.12　ホッパとダンプトラック最低地上高の関係

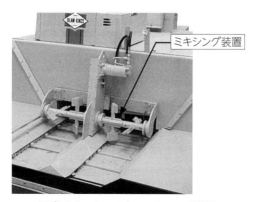

写真-3.2　ホッパ内のミキシング装置

部に位置するドラグ板（鋼板）の上を，左右の駆動チェーンにおよそ50cmピッチで取り付けられた厚さ2cm程度のバーを供給方向に移動させると，材料はドラグ板の上をバーの移動と共に移動する．この装置の利点は構造がシンプルであり，加熱された流動性のある混合物のみならず，砕石などのバラス材までも移送できることである．さらに優れた特長として，送り過ぎなどにより材料が閉塞状態になっても，バーだけが材料の中を移動するのみで，閉塞状態が無くなれば再び搬送を開始し，材料の圧縮作用や，バーの駆動トルクが急激に増えないセルフコントロール機能を備えている．ただし，砕石のような流動性に乏しい材料の搬送には，摩耗の進行が早くなるので，摩耗部品の交換時期の配慮が必要である．ドラグ板の厚みのチェックは表面からは容易にできないので，使用時間による摩耗予測管理が必要である．また，直接ダンプトラックから混合物を受け入れるため，フィーダはトラクタフレームの低い位置に装着されており，装置の厚さは極力薄くならざるを得ない．おのずとチェーン駆動用スプロケットやアイドラの径は小さくなり，使用条件が非常に厳しく摩耗の頻度も高い．特に，ベースペーバとして路盤材など結合力の少ない材料を敷きならす際にはバーフィーダチェーンと駆動スプロケットに骨材が噛み込みチェーンを破断する恐れがある．そこで，ベースペーバ仕様機は駆動スプロケットの形状を変更することにより，骨材が噛み込んでも逃げやすい構造に改善されているものもある（**写真-3.3**）．このように，開発の歴史の中で細部にわたり配慮が施され，改善がなされてきている．中型機以上は左右の混合物の使用量に対応できるように2列のバーフィーダのそれぞれが単独駆動できるようになっている．最近では，搬出量調整用に付いていたホッパゲートは無くなり，過不足検知センサまたは変速機能を採り入れることにより，正確な対応がしや

写真-3.3　バーフィーダ駆動スプロケットの形状変更

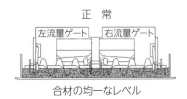
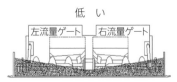

図-3.13　合材ヘッドのコントロール

すくなっている．いずれの装置を使用しても舗装幅に対して均一な混合物の抱え高さを保持し，次に述べるスクリュウスプレッダと連動させることができる制御が必要である（**図-3.13**）．

5）スクリュウスプレッダ（混合物拡張装置）

スクリュウスプレッダは，バーフィーダで送られてきた混合物を，スクリュウ軸を回転させることによりスクリード装置前部の施工幅員にわたり所定量を均一に敷き広げる機能を持つ装置である．この装置の取扱いはフローティングスクリード機構のバランス作用に外乱作用として直接影響するため，適切な調整，操作が必要である．スクリュウスプレッダは，トラクタ本体後方のバーフィーダ排出口中央部と両端に設置されたアームに取り付けられた軸受けにより支持されている．スクリュウ軸は中央で左右に二分割され，中央軸受けボックスに内蔵された駆動スプロケットにより左右別々に駆動される．スクリュウ駆動に必要なトルクは他の駆動装置に比べて大きく，そのため，ハイテンション仕様のチェーンによって駆動されている．しかし，軸受けボックスを大きくすることは混合物の流れを阻害するため，寸法制限を伴う．また，軸受けボックス周りの混合物の流れを改善するため，ほとんどのフィニッシャは軸受けボックス側スクリュウ端部に逆送りの返し羽根を取り付けている（**写真-3.4**）．この返し羽根が摩耗して機能を発揮しないと混合物がスクリード中央部に十分な充填ができなくなり，使用する混合物の性状によっては中央部舗装面に引きずりやガサツキが見られるようになる．スクリュウは速い速度で回転させて素早く混合物を左右端部にまで送らなければならず，そのため中央部での充填率が落ちやすい．

同一の軸で送り量を変えられるよう，中央部のスクリュウ径が左右端部の径よりも大きくなっている機種もある．スクリュウの搬送効率を高めるためには，スクリュウシャフトが混合物に埋まるくらいの充填（正常な合材ヘッド）が必要であり（**図-3.14**），また，スクリードとスクリュウとの相対高さ（G）は敷きならし厚さにかかわらず，ほぼ一定に保つ必要がある（**図-3.15**）．その理由は，後述するスクリードのフローティング作用に影響を与えない撒出し高さにするためである．当然，敷きならし厚さによって，この相対位置が変わるので，敷きならし厚さの比較的薄い表層から，敷きならし厚さの厚い路盤材まで対応できる大型機種においては，スクリュウ軸の地上高を可変させる機構が装着されている．スクリュウ軸受けを上下にスライドできる機構（**写真-3.5**）と後輪またはクローラの後部を上下させることによりスクリュウ全体を上下

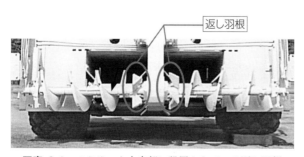

写真-3.4　スクリュウ中央部に設置されている返し羽根

正常な合材ヘッド

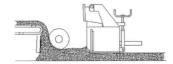
合材ヘッドの低下

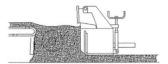
合材ヘッドの上昇

前進に抵抗して揚力は，
コンスタントである

前進駆動力抵抗および揚力は，
低下し薄層となる

前進への抵抗と揚力の
上昇により，厚層となる

図-3.14　合材のヘッド

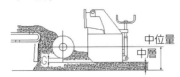
正常な合材ヘッド

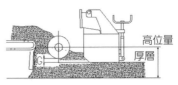

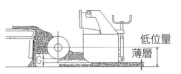

G：スクリュウとスクリードの相対高さ（ほぼ一定に保つ）

図-3.15　敷きならし厚さとスクリュウの高さ

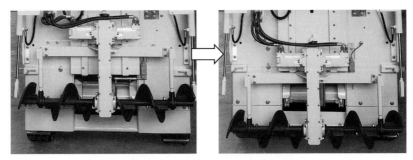

写真-3.5　スクリュウ高さ可変機構

動できるタイプ（**図-3.16**）があるので敷きならし厚さに応じてスクリュウの高さを調整することが可能である．

　目安として，スクリュウの下部先端をスクリード底面より少し高い位置に調整することが必要である．一方，スクリード前面への混合物の撤出し操作はフローティングバランスに影響を与えないよう，負荷変動の少ない操作が必要であり，敷きならし作業速度に合わせた連続供給を図る必要がある．最近ではスクリュウ端部の混合物ストック量に応じて回転数を比例制御するシステムが採用されている（**図-3.17**）．

　スクリュウスプレッダによる搬送は斜角を持ったスクリュウが回転して軸方向に生じる分力によってなされるので，スクリュウに材料が接していなければならない．同時にスクリュウは材料を前方に押し出す分力も発生するので，特に厚層の施工を行う場合にはトラクタフレーム左右後端よりガイドプレートを張り出し（**写真-3.6**），混合物が前方に流れないようにする必要がある（材料分離防止効果もある）．

　敷きならし材料や施工条件によってその箇所の作業装置の機能や構造を熟知したうえで，機能を十分に発揮できるような形状にすることも必要である．例えば，RCCPのように分離しや

ホイール式

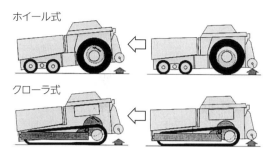

クローラ式

図-3.16　ヒップアップによるスクリュウ高さ調整

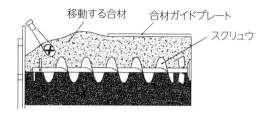

図-3.17　スクリュウ回転数の比例制御システム

写真-3.6　ガイドプレート

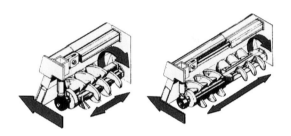

図-3.18　伸縮スクリュウ機構

すい混合物を厚く敷きならす場合には，スクリュウの位置が高くなるため，バーフィーダの出口側にもプレートを取り付ける必要がある．最近のアスファルトフィニッシャはスクリードの伸縮機構を備えているため，その機構に対応した伸縮スクリュウも開発されている．ユニークな機構なので紹介する（図-3.18）.

〔参考資料および文献〕
1) ABG　アスファルトフィニッシャカタログ
2) Barber-Greene　アスファルトフィニッシャカタログ
3) Blaw-knox　アスファルトフィニッシャカタログ
4) Caterpillar　ブルドーザカタログ
5) Cedarapids　アスファルトフィニッシャカタログ
6) Demag　アスファルトフィニッシャカタログ
7) Vogele　アスファルトフィニッシャカタログ
8) 新キャタピラー三菱　アスファルトフィニッシャカタログ
9) 新潟鐵工所　アルファルトフィニッシャカタログ
10) THE ASPHALT HANDBOOK, ASPHALT INSTITUTE MANUAL SERIES No. 4
11) Hot-Mix Asphalt Paving, US Army Corps of Engineers HANDBOOK 2000
12) Quality Paving Guide Book　Cedarapids
13) Bituminous construction handbook, BARBER-GREENE COMPANY

第3章　アスファルトフィニッシャ

3-2　スクリード

3-2-1　スクリード装置の機能と構造

　トラクタによって一定の速度で牽引され混合物を敷きならす機能を持つスクリード装置の各部の名称を**図-3.19**に示す.

　ほとんどのアスファルトフィニッシャに採用されているフローティングスクリードの作動原理は，モータボートに牽引される水上スキーによく似た，力のバランスを利用した敷きならし装置である（**図-3.20**）.すなわち，スクリードが装置の重量（W）によって混合物を下に押さえる力と整形面に角度（α）をもたせ牽引（P）されることによって発生する浮力（R）とのバランスがとれたとき（平衡状態）にスクリードは一定の高さに保たれる.風力と糸の張力がつり合って浮かぶ凧と同じ原理である.ゆえに，性状が変化しやすい混合物を種々の設定条件下で精度よく敷きならすには各部分の機能と構造をよく理解し，設定バランスを乱す要因を排除する必要がある.構造的に，スクリードの牽引点がトラクタ部の中央に位置しているのは対象路面の凹凸による上下動の影響を極力小さくするためである.

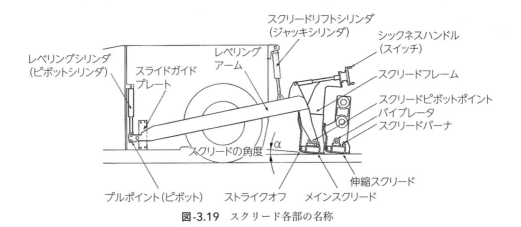

図-3.19　スクリード各部の名称

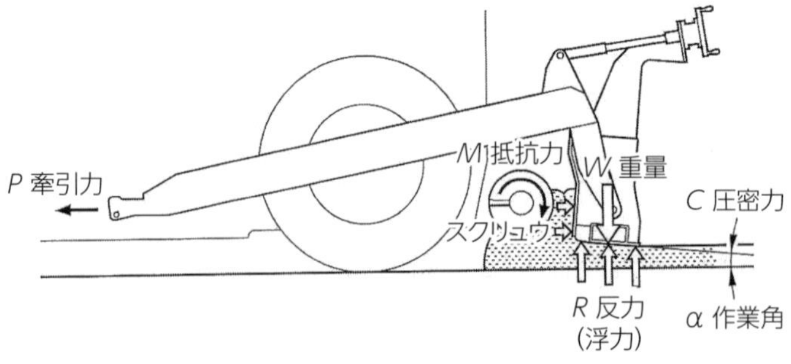

図-3.20　フローティングスクリードに働く力のバランス

3-2-2　各部の機構

1）敷きならし厚さ調整機構（作動原理，厚さ自動制御機構）

①作 動 原 理

　スクリードの平衡状態を意図的に変化させて混合物の敷きならし厚さ（高さ）を調整する．変化させる箇所は整形面であるスクリードプレートの角度（作業角＝α，一般的にはアタックアングルと呼ばれている）である．作業角を変化させる機構には，レベリングアーム後方に取り付けられたシックネスハンドルを回すことによってスクリュウジャッキが伸縮してスクリードプレート支持ピボットを介して作業角を変化させる方式と，レベリングアーム先端に取り付けられた油圧シリンダ（電動ジャッキタイプの物もある）によってプルポイントを上下することにより作業角を変化させる方式がある（主に厚さ自動制御機構としてレベルセンサと組み合わせて使用される）（**図**-3.21）．前述の固定スクリード機構の場合には装置を移動するためのガイドを基準としてインジケータ（**写真**-3.7）を取り付け容易に敷きならし高さを確認できるが，フローティングスクリード機構による敷きならし厚さの確認は，固定スクリードで使われているインジケータでは機構上不可能であるため，**写真**-3.8のようなシックネスゲージ棒を使用して舗装面に突き刺し，対象路面からの敷きならし厚さを確認する方法が用いられている．

②自動平衡特性

　このフローティングスクリード機構は敷きならし厚さを調整した後，自動的に新たな平衡状態になる点が優れている．そのメカニズムは平衡状態の作業角 α をさらに β だけ変化させるとスクリードはプルポイントを中心として円弧を描くため，自動的に作業角が α に戻り，新たな

シックネスハンドルの操作による厚さ調整　　　　　レベリングシリンダ伸縮による厚さ調整

図-3.21　フローティングスクリードの舗装厚調整機構

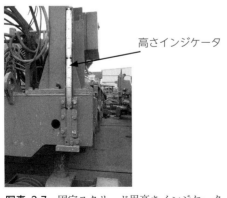

高さインジケータ

写真-3.7　固定スクリード用高さインジケータ

写真-3.8　フローティングスクリード用シックネスゲージ棒

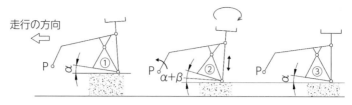

図-3.22　作業角と舗装厚の関係

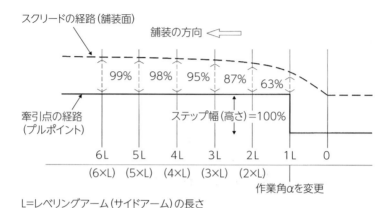

L＝レベリングアーム（サイドアーム）の長さ

図-3.23　タイムラグ特性

高さ（厚さ）位置で平衡状態になる（**図-3.22**）.

③タイムラグ特性

　作業角を変化させると新たな平衡状態になるために一定の移動距離（時間）が必要になる.これをタイムラグ特性と言い，車体の上下動が即敷きならし高さに影響する固定スクリードと異なり，調整箇所の動作と新たな平衡状態になるまでにタイムラグ（**図-3.23**）が発生するので，敷きならし厚さ，構造物への擦り付け高さ調整には必要距離を考慮した事前の操作が必要になる.

④フローティング平衡機能を乱す要因

　敷きならし厚さ（高さ）を確実に制御するためには平衡状態を乱す要因を排除する必要がある.要因として混合物の性状（粒度，温度，バインダ性状，添加量，等）のほかに装置の操作に起因するものがあり，装置の正しい調整により発生を極力抑える必要がある.トラクタ部分では，作業速度，スクリード前の混合物滞留量，等が関係するので変動の少ない操作が必要である.スクリード部分では，レベリングアーム先端のプルポイントが対象路面の凹凸によって上下すると，作業角に変動を与え厚さ制御を乱す結果となるので，対象路面の凹凸を小さくする必要がある.フィニッシャ側の調整としてレベリングアームのプルポイントの位置は敷きならし厚さに応じてその高さを調整する必要がある.なぜならば，スクリードにかかる混合物の作用点（スクリード底面から20cm程度）とプルポイントの高さの差が大きすぎると牽引時においてレベリングアームにモーメントが発生し，バランスを乱す結果となる（**図-3.24**）.ゆえに，仮想牽引ラインが対象路面と平行になるようにプルポイントの位置（高さ）を調整する（**図-3.25**）.

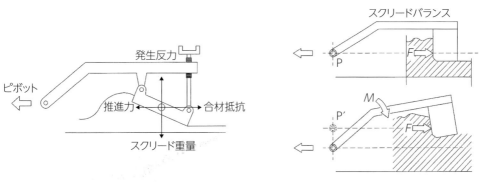

図-3.24　プルポイントの位置と発生モーメント

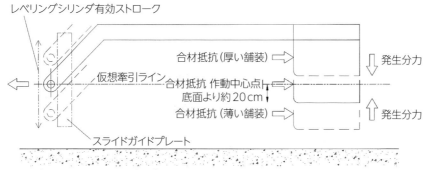

分力が発生しないように，プルポイントの位置を施工厚によって変化させることが望ましい
(厚い→高く，薄い→低く)

図-3.25　レベリングアームのプルポイント位置と発生分力

　後述の自動制御装置を使用する場合にも作動中心をその位置になるように調整する必要がある．その際，混合物の特性と敷きならし厚さによって，その機種に合わせた最適な作業角をシックネスハンドル，作業角アジャスタ（**写真-3.9**），またはプルポイント側の作業角アジャスタを操作して作動中心を調整する必要がある．機構原理としてシックネスハンドル，アジャスタ側で作業角（アタック角）を大きくとれば，プルポイント位置は修正機能が働き低い位置になって薄層対応となり，逆に小さくとれば高くなり厚層対応となる．また，この調整の際には，左右のプルポイントの作用点位置をそろえる確認も必要である．なかには牽引高さがスクリード側から判別しやすいインジケータが備わっている機種もある（**写真-3.10**）．

2）スクリード締固め機構

　スクリードの重量が敷きならし面に直接加わる締固め機構であるため，混合物が均一に敷きならされる．これは装置を敷きならし面外で保持する固定スクリードにはない機能である．また，たとえ平たんな敷きならし作業ができたとしても，敷きならし時の締固め度が低い場合には締固めによって混合物等の圧縮される量がその敷きならし厚さに比例して増減するため，下層となる対象路面の凹凸の影響が大きく出やすくなる（**図-3.26**）．基本的な締固め機構はスクリードプレートの移動に伴って発生する作業角による楔作用で得られるが，やみくもにスクリー

作業角アジャスタ

プルポイントインジケータ

高い位置で牽引している

写真-3.9　作業角アジャスタ　　　　**写真-3.10**　スクリード側から判別しやすいプルポイントインジケータ
（ベースペーバとして施工中のもの）

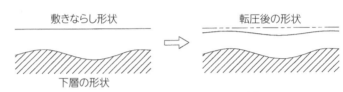

敷きならし形状　　　　　　　転圧後の形状

下層の形状

図-3.26　敷きならし形状と転圧代（しろ）

ドの重量（面圧）を大きくすると作業角が大きくなり，混合物を押し出す分力が大きくなって浮力を確保できなくなる（**図-3.27**）．また，スクリードの面積を大きくすることも移動時の寸法制限から限界がある．そこで動的な締固め機構が備えられている．動的締固め機構には，スクリードプレートの前端に進行方向の長さで幅20 mm程度のバーを高速で上下に3〜5 mm程度動かし（野菜を千切りするときの包丁の動きに似ている）混合物を締め固めるタンパ方式とスクリードプレート全体を振動させて締め固めるバイブレータ方式がある（**図-3.28**）．このうち，タンパ方式はフィニッシャ開発当時から採用されている方式で，動的締固め機能のほかに混合物のスクリードプレート下面への流入を容易にする働きもあり（**図-3.29**），特に，流動性の低い混合物（粒調砕石，硬練りコンクリート等）には効果を発揮する．しかし，構造的に適応できる作業速度に限界があり，高速作業には適していない．一方，バイブレータ方式は構造が比較的単純で管理も容易なため，敷きならし厚さの薄い，作業速度の速い舗装作業に適している．そのため，切削オーバーレイなどの施工に使用されている．しかし多様化する混合物と施工の合理化の面からさらに強力な締固め機構が求められており，タンパ方式とバイブレータ方式を組み合わせたTV方式やタンパを2連にしたダブルタンパ方式，追加締固め振動バーを備えた方式などの高締固め機構が開発され（**図-3.30**），目的に応じた選択が可能となった．ただし，ローラによる転圧が不要なほどの高い締固め能力は，施工には必ず手引き作業などの箇所が出てくることから，ニーズは多くない．

　なお，ベースペーバとして路盤材，RCCP混合物を敷きならす場合には，材料の流動性も低く，

CASE1 の面圧：$P = 1.5 \sim 2.0\,\mathrm{kg/m^2}$（適当な値）
CASE2 の面圧：$P > 2.0\,\mathrm{kg/m^2}$（適当な面圧）

条件
L1 > L2
V1 = V2
W1 = W2

CASE1

$t1 = L1\sin\alpha$
$= 1.5 \sim 3\,\mathrm{mm}$

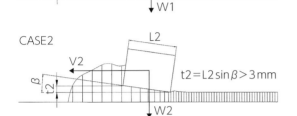

CASE2

$t2 = L2\sin\beta > 3\,\mathrm{mm}$

図-3.27　スクリード底面積と作業角の関係

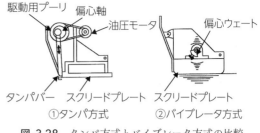

①タンパ方式　　②バイブレータ方式

図-3.28　タンパ方式とバイブレータ方式の比較

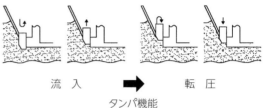

流　入　　　➡　　　転　圧

タンパ機能

図-3.29　スクリードタンパ機能

TV方式　　　　　ダブルタンパ方式　　　　追加締固め振動バー方式

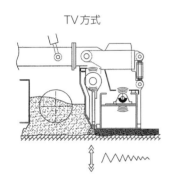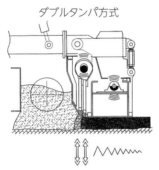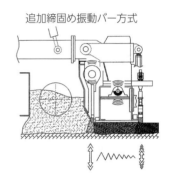

図-3.30　高締固め機構の一例

敷きならし厚さが大きくなるので，スクリード前の抱え込み量を増すことによってスクリード部への押込み力を大きくし，充填率を高めてやる必要がある．そこでスクリード取付け部をレベリングアーム後方に移動し（スライド機構または調整プレートを用いて），スクリュウスプレッダとの間隔を広く取ることによって，効果を高めることができる．ただし，あまり後方にずらすと移動時にスクリードをリフトアップしたときトラクタ前部が浮き上がってしまい操行作業が不安定になる．

　反対に流動性の高い混合物を敷きならす場合には，施工中にフィニッシャをやむを得ず止める際，くさび作用が機能しないため，スクリードが沈んでしまう．このような場合には，作業中はフリー状態にしてあるスクリードリフトシリンダをロックして沈まないようにする機能を備えた機種もある．さらに，もっと流動性の高い混合物で，スクリードの面圧が高すぎてくさび作用が機能しない場合には，スクリードリフトシリンダに低い圧力を掛け，発生浮力をアシストするシステムも開発されている（**図-3.31**）．

シリンダ：
フリー状態

シリンダ：
下がり方向ロック

シリンダ：
リフト側微加圧

一般混合物施工時　　　　　　　高流動性混合物停止時　　　　　　高流動性混合物施工時

図-3.31　混合物とスクリードリフトシリンダ

3）幅員調整機構（補助スクリードボルトオン方式，伸縮スクリード方式）

　工場内に設置された工作機械と異なり，移動の際には積載制限があるため，現場でスクリードの幅を施工幅員に合わせて調整する必要がある．そこで幅員調整機構としてトラクタ本体幅に合わせたメインスクリード（2.4～3.0m）に，幾つかの寸法に分割されている補助スクリードを施工幅に合わせて運び込んだ作業箇所内で施工前にボルトナットで組み付けるボルトオン方式によるものと，メインスクリードと前後並列に組み込まれた補助スクリードを施工幅員に合わせて，施工中でも伸縮できる伸縮スクリード方式によるものがある（**図-3.32**）．ボルトオン方式には補助スクリードを組み合わせることによって，最大16mの施工幅員を可能とする機種もあり，高速道路や空港工事等で用いられている．

　一方，一般の現場用として重量のある補助スクリードを組み付けていく手間を省力化する合理的な幅員調整機構の開発が望まれていた．そこで，1990年代に開発された伸縮スクリード方式は，市街地等での常に変化する施工幅員に対応する，アスファルトフィニッシャ開発の歴史の中で画期的な成果であった．伸縮スクリードは1つのスクリードアームに幅のあるスクリードプレートを前後に懸架する．このままだと，厚さ調整の際，プルポイントを介して前後のスクリードプレートが同一の円弧を描き，作業角は同じであるが，それぞれのプレートの後端の高さが異なってくる．そこで，スクリュウジャッキ等による段差調整機構が組み込まれている（**図-3.33**）．スクリードプレートの前端のアタック寸法は1～2mmと小さく，施工中スクリードが平衡状態の場合に舗装面に生じるメインスクリード後端と伸縮スクリード後端の段差を無くすことができれば，実用上支障は無いことが判明したため，この伸縮スクリード方式が開発

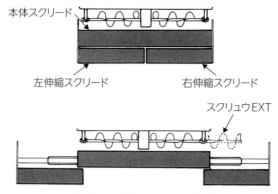
本体スクリード

左伸縮スクリード　　　　　　　右伸縮スクリード

スクリュウEXT

図-3.32　伸縮スクリード方式

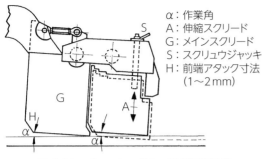

α：作業角
A：伸縮スクリード
G：メインスクリード
S：スクリュウジャッキ
H：前端アタック寸法
　　（1～2mm）

図-3.33　プレートの高さの段差調整機構

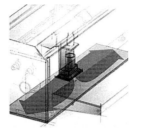

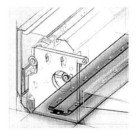

熱風ヒータ方式　　　　　　電熱ヒータ方式

図-3.34　スクリードプレート加熱方式

され今日に至っている.

4) スクリード整形機構（プレート加熱装置, 中折れ機構）

①スクリードプレート加熱装置

　加熱混合物を敷きならす際には, スクリードプレートを加熱して, 引きずり現象が起きないようにしなければならない. そこで, スクリードには加熱装置が装着されている. 一般的にはプロパンバーナが使用されているが, 均一に加熱することが望ましいので, バーナによって発生させた熱風をブロアで循環させる方式も普及している. さらに, 発電機でスクリードプレートおよびタンパ部に組み込まれた電気ヒータによって加熱させる機種もある（図-3.34）. スクリードプレートの加熱温度が低い場合には舗装面に引きずりを起こすが, 温度を上げすぎると, スクリードプレートに熱膨張によるひずみが発生することに注意しなければならない. また, 長時間使用していると, メインスクリードの左右プレートのセンタージョイント部分から混合物が入り込み, プレートの背面に蓄積されて, バーナによる加熱効果を損なう場合もあるので, 定期的な点検が必要である. 特に高粘度バインダを使用した混合物の敷きならしには適正な温度管理が必要である.

②スクリードプレート中折れ装置

　主スクリードプレートは左右2枚のプレートを中央部で繋ぎ（1枚のプレートの物もある）, 敷きならし面に折れ点が付けられるように, また, ひずみを修正するためにスクリード中央上部の調整ネジを操作することによって折れる構造になっている（写真-3.11）. この部分の点検はスクリード底部に水糸を張って定期的に行うべきである. また, 敷きならし面の横断勾配はデジタル表示のレベルビーム（写真-3.12）を使用することにより, 容易に確認できる.

5) 自動スクリード調整機構

　フローティングスクリード機構では, 前述したように敷きならし材料や作業角などにバラツキが無く, 所定のバランスを保つことができれば, このような自動スクリード調整機構は不要と思える. しかし, 実際には, バラツキが少なくフローティング作用に影響を与えなくても, 対象路面の凹凸の影響を受けトラクタの揺れによりプルポイントが上下に動き, 作業角が変動

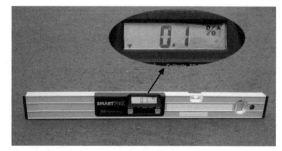

写真-3.11　スクリードプレートの中折れ調整機構　　　写真-3.12　デジタル表示のレベルビーム（レベル計）

する．このため対象路面の不陸の長い波長の影響や混合物の性状の変化などによって発生する
バランスの乱れをフローティング機構のみで自動修正することは不可能であり，平たんな舗装
面を作り出すことはできない．そこでアジャストマンが目視と勘により，シックネスハンドル
を操作して，敷きならし高さが計画高さに一致した平たんな敷きならし面になるように調整し
ている．しかし，この作業においてミリ単位の偏差を感知し，タイムラグ特性を考慮しながら
人的操作のみで行うことは非常に困難である．

　そこで，敷きならし高さと計画高さの偏差を自動的にセンサで検出し，油圧機構または電気
機構により，レベリングアームのプルポイント高さを自動的に上下させて，平たんな敷きなら
し面が容易に得られるようにしたものが自動スクリード調整装置である．自動スクリード調整
装置を使用する際の敷きならし高さの基準対象物は，新設工事の場合には，事前に測量作業を
伴ってフィニッシャの走行路に沿って設置されたセンサガイド用基準線が用いられる．関連構
造物や隣接した既設路面を基準とする場合には，短いシューを用い，舗装対象の下層路面を基
準とする場合には，凹凸を平均化し小波を消去するためにロングスキーを並走させ基準として
いる（図-3.35）．さらに，舗装幅員側面にスキーを並走させるスペースがない場合にはインボー
ドスキーが用いられる（写真-3.13）．自動スクリード調整装置の各機器類の一般的な装着状態
を図-3.36に示す．スクリード端部に取り付けられたグレードセンサが設置された基準線やスキー
によって平均化された基準高さとの差分量を感知し，電磁弁に信号を送り，レベリングシリン
ダを伸縮させプルポイントを動かす．スクリードの作業角が元の角度になるまでの修正量がグ
レードセンサによって帰還（フィードバック）され，スクリードを計画高さに一致させる．こ
の機能がフィードバック自動制御システムである（図-3.37）．また，スロープセンサは，グレー
ドセンサにて制御された側の高さを基準としてセットされた横断勾配との偏差を角度センサで
検出して，グレードセンサの働きと同様の機構でもう片方のピボットシリンダを制御させる．
このスロープコントロールシステムはフィニッシャ本体に角度センサを搭載するために，外部

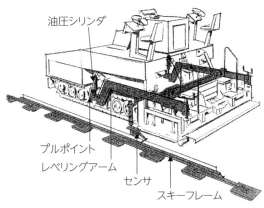

図-3.35 ロングスキー

写真-3.13 インボードスキー

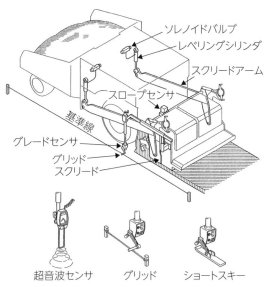

図-3.36 自動スクリード調整装置の各機器類

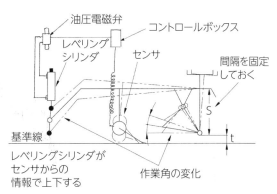

図-3.37 自動レベリング機構

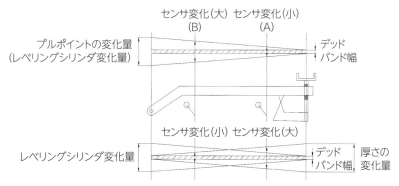

図3.38 制御対象とセンサ位置による効果

基準を設置する必要がなく簡便であるが，精度の面から使用できる敷きならし幅員に限界がある．1台での敷きならし幅員が広い場合には，スクリード両端にグレードセンサを取り付けるダブルグレード方式の方が信頼性が高い．グレードセンサは取付け位置によって対象基準との

65

差分感知寸法が牽引ピボット部，スクリード部，そしてレベリングシリンダの上下移動量によって変わるので（**図-3.38**），レベリングシリンダへの応答性との関連を考慮した位置にする必要がある．通常，レベリングアームやスクリード端部からのセンサ感知部の取付け位置は，目安として，スクリュウ軸より10cm程度前方になるように取り付けられる．また，センサの感知機能に不感帯（デッドバンド）エリヤを持たせ，敏感な応答性によるレベリングシリンダのハンチング（上下動の反復繰返し）現象を防ぐ必要もある．グレードセンサの機構はセンサアームによる差分量をロータリエンコーダで感知する接触式と偏差量を温度補正機能が内蔵された超音波センサで感知する非接触式がある．

―メカコラム―

フィードバック自動制御システム

工作機械，自動車，家庭用電気機器などの自動制御機構として広く使用されている．指示値と計測値との差を検出して補正量を算出し，制御装置を調整して差分を修正するシステムで，最も身近な使用例として，バスシャワー使用時に希望の温度にダイヤルをセットすると自動的にバーナの開度を水量に合わせて，お湯の温度を調整してくれるものがある（**図-3.39**）．このように，温度計測→制御演算→操作量出力→温度変化→温度計測……という閉じたループにより制御を行うので閉回路制御（closed loop control）と言い，閉回路を作り加えた操作量の結果にあたる温度変化を帰還（feed back）して制御する方法をフィードバック制御（FB制御）という．

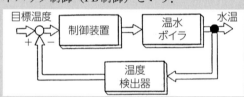

図-3.39　フィードバック自動制御システムの一例
（お風呂のお湯の温度を調整するシステム）

〔参考資料および文献〕
1）ABG　アスファルトフィニッシャカタログ
2）Barber-Greene　アスファルトフィニッシャカタログ
3）Blaw-knox　アスファルトフィニッシャカタログ
4）Caterpillar　ブルドーザカタログ
5）Cedarapids　アスファルトフィニッシャカタログ
6）Demag　アスファルトフィニッシャカタログ
7）Vögele　アスファルトフィニッシャカタログ
8）新キャタピラー三菱　アスファルトフィニッシャカタログ
9）新潟鐵工所　アスファルトフィニッシャカタログ
10）道路機械講習資料　住友建機株式会社
11）THE ASPHALT HANDBOOK　ASPHALT INSTITUTE MANUAL SERIES No. 4
12）Hot-Mix Asphalt Paving　US Army Corps of Engineers HANDBOOK 2000
13）Quality Paving Guide Book　Cedarapids
14）Bituminous construction handbook　BABER-GREENE COMPANY
15）TRAINING Booklet on Paving VÖGELE

　アスファルトフィニッシャの解説としてはここで一区切りとなります．今までその機構やトラック部の詳細，スクリードの機構について紹介しましたが，まだアスファルトフィニッシャの解説として十分ではありません．そこで以下に，その機能を十分に発揮させるためにアスファルトフィニッシャに用いられている様々な周辺機器やシステムについてその一部をご紹介します．

3-3　機能をフルに発揮させるための周辺機器類

まえがき

　製造業においては，いかに完成された生産システムであっても必要な資材の搬入を必要な時期に必要な数量で，その生産ラインに供給しなければ，ラインは直ちに停止してしまう．ゆえにいかにスムーズに必要資材の供給を行えるかがライン運用の「要」となる．同様に，舗装作業のプロセスにおいても，温度降下という時間制約を受ける関係上，加熱混合物のアスファルトフィニッシャへのタイムリーな供給は施工品質にも大きく影響する「要」となる．アスファルトフィニッシャはブルドーザ，ショベル，モータグレーダ，ローラ類の建設機械とは異なり，材料供給が行われなければ機能しない施工機械である．また，移動しながらの材料供給は，それなりの付随機能が要求される．さらに，加熱混合物を敷きならすため，作業環境に応じて，補助加熱装置が必要な場合もある．加えて，アスファルトフィニッシャはmm単位の施工精度を要求される機種であるため，人的操作のみでその精度を得ることは不可能である．そこでスクリード編で記したように，厚さ自動制御機構が採用されている．

　ここでは，アスファルトフィニッシャと共に運用されている合理的な材料供給システムやセンサ類の解説を行う．

3-3-1　合理的な材料供給システム

　アスファルトプラントにて生産された加熱混合物は，ダンプトラックにより施工現場に運搬されるが，現場までの距離，交通事情，外気温などを考慮してプラント能力を十分に発揮できるように運搬用ダンプトラックの台数を定める必要がある．この時，台数に余裕を持たせると必要以上の待機時間が発生し，逆に少なすぎるとアスファルトプラントの連続運転を妨げる結果となる．なお，最近では，ほとんどのアスファルトプラントに混合物の一時ストックが可能なホットサイロが取り付けられており，ダンプトラックへの積込み時間の大幅な短縮と混合物をストックするバッファ機能によってプラントの連続運転を可能にしている．

1）混合物供給方法

　アスファルトフィニッシャへの混合物の供給はスクリード編で述べたように，フローティング機能のバランスを崩さないように行わなければならない．そこで，フィニッシャの作業速度

に合わせた連続供給が理想的であるが，一般的にはダンプトラックによるバッチ供給となる．このほかにも更なる合理化を図った様々な供給システムも国内外で使用されているので紹介する．

①ダンプトラック直接供給（図-3.40①）

　アスファルトフィニッシャのホッパ容量は6〜8tであるが，ダンプトラックより直接チャージする場合には連続運転させるため，ホッパ内に使用材料を少し残した状態にしておく必要があるので，実質容量はせいぜい3t程度しか確保できない．供給の際，ダンプトラックはホッパ直前までバックして停止し，フィニッシャ側からダンプトラックに接触するようにして，接触時の衝撃を最小としなければならない．また，敷きならし作業と並行した供給となるため，ホッパ内の混合物の容量を確認しながらダンプアップによるベッセルからの排出具合も調整する必要がある．急なダンプアップは，ホッパからの混合物のあふれを招き，その処理のために敷きならし作業を中断することになる．さらに，実車ダンプとの入れ替え作業も素早く行わなければ，敷きならし作業の連続施工は不可能となる．ゆえに，フィニッシャ操作員とトラック運転手との操作合図の的確な実施，または誘導員の適切な指示による操作が必要である．ダンプトラックによる加熱混合物の運搬は，ダンプトラックの汎用機能と単純な機構のため，我が国では，ほとんどこの方法が採用されている．米国ではトレーラダンプタイプの物も使用されているが，我が国では実績がない．

②フィーダトレーラ（図-3.40②）

　多量施工に向いている加熱混合物専用のセミトレーラタイプの運搬装置（トラックタイプもある）である．ベッセル内に（床に）フィーダが組み込まれており，後部より混合物を排出してアスファルトフィニッシャに供給する（**写真-3.14**）．ダンプアップ排出と異なり可変定量排出が可能なため施工に合わせたスムーズな供給を可能にしている．また，ダンプアップの必要がないので，オーバーブリッジの下，トンネル内の施工でも支障がない．さらに，ベッセルの構造上保温しやすい形状となっているため，長距離運送も可能にしている．専用機となるため，

① DUMP TRACK
（ダンプトラック）

TRAILER DUMP TRACK
（トレーラダンプトラック）

② REAR FEED TRAILER
（フィーダトレーラ）

10t ＋ 3t　　　　20t ＋ 3t　　　　20t ＋ 3t

③ BOTTOM DUMP TRAILER ＋ WINDROW ELEVATOR
（ボトムダンプ）　　　　（ウインドロー積込み機）

④ (M.T.V) MATERIAL TRANSFER VEHICLE
（ストック機能付き積込み機）

20t ＋ WINDROW ＋ 5t　　　　10t ＋ 25t ＋ 10t

図-3.40　アスファルトフィニッシャへの合材供給方法

写真-3.14　フィーダトレーラ

写真-3.15　ウインドロー積込み機

我が国での使用例は少ない．

③ボトムダンプ＋ウインドロー積込み機（図-3.40③）

　多量のアスファルト混合物を敷きならす必要性が高い米国内においては，トレーラが移動しながらベッセルの腹部を開き材料を直接路面にウインドロー状に置いていき，それをフィニッシャホッパ前に接続されたピックアップ装置でホッパ内に積み込み，ウインドローが続く限り連続施工を可能にしている（**写真-3.15**）．この方式はダンプとフィニッシャとの接触がないので接車時の衝撃による負荷変動もない．このため，施工の合理化とともに施工品質を高めることができる．また，排出作業も敷きならし作業に拘束されないので，短時間ででき，トラックの運搬効率を高めることができる．ただし，使用量と（敷きならし量）と供給量（ウインドローの容積）とのバランス（過不足）が崩れた場合の補正作業が困難であり，排出ウインドローの調整が要となる．このシステムは1965年ごろより米国内で使用されているが，路面に直接高温の混合物を一時放置するため，温度管理の面から使用を許可していない州もある．

④ストック機能付き積込み機（図-3.40④）

　フィニッシャの前に積込み機を並走させ，運搬車からの混合物を施工量に合わせてフィニッシャに供給する（**写真-3.16**）．このようにすれば，フィニッシャ側も，ダンプからの直接供給がないため，ホッパの前に仕切り板を取り付けることで，実用ストック量を増すことができる．さらに，積込み機にストックビンを搭載させ，大幅な，混合物供給のバッファ機能を持たせた

写真-3.16　材料積込み機

写真-3.17　ストック機能付き材料積込み機

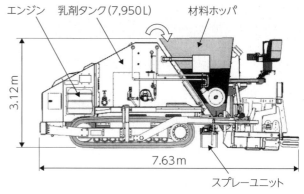

エンジン　乳剤タンク(7,950L)　材料ホッパ

3.12 m

7.63 m

スプレーユニット

図-3.41　乳剤散布装置付きアスファルトフィニッシャ（写真は稼働状況）

機種もある（**写真-3.17**）．さらに，積込み機を使用した場合の専用のアスファルトフィニッシャ
も開発されており，この組合わせであれば，ダンプより直接混合物を受ける必要がないので，
受入れホッパの位置の制約を受けない．そこで，フィニッシャ側に大容量の乳剤タンクと散布
装置を搭載して，舗装作業と同時に対象路面への乳剤散布を可能とした機種も開発されている
（**図-3.41**）．このシステムは従来の乳剤散布装置搭載フィニッシャより乳剤の搭載量を大幅に
増すことを可能にして，施工の合理化を図っている．

3-3-2　隣接既設舗装接合部（コールドジョイント）加熱装置

　幅員の広い舗装を複数のレーンで施工する場合には，複数台のアスファルトフィニッシャを
並行させて施工するホットジョイント方式と1台のフィニッシャでレーン移動を繰り返して行
うコールドジョイント方式がある．コールドジョイント方式の場合には，既設舗装の接合面と
の温度差が大きくなるため，外気温の影響がある場合には，接合面をプレヒートして，ジョイ
ント部の施工品質を確保する必要がある．通常，フィニッシャにジョイントヒータを装着して
加熱を行っている（**写真-3.18**）．

写真-3.18　ジョイントヒータ

3-3-3　厚さ自動制御機構用センサ機器

　前述した自動スクリード調整機構は1960年代に米国で開発され，油圧機器の普及とともに実用化が進み，舗装用建設機械にいち早くメカトロニクス技術が導入された．この自動制御機構は，あらかじめ設定された基準高さ指標をトレースする方式で，基準高さとの差を感知する信頼性の高いグレードセンサとスクリードの横方向の傾きを検出するスロープセンサが新しい機構を採り入れて次々と開発されている（**図-3.42**）．一方，さらに進化して，モータグレーダ編で紹介したような基準指標を必要としない，直接スクリード高さを設計高さに数値制御する方式も実用化され始めている．

1）基準値トレース方式
①グレードセンサ

　設定された基準線，または路面を牽引されたスキーなど（**写真-3.19**）によって各種基準高さをセンサで計測し，スクリードの敷きならし高さを自動的に補正する．センサ類を分類すると**図-3.43**のように接触式と非接触式に大別できる．

　開発当初は接触式のセンサが用いられ，センサアームが基準高さとの差により生じる角度変化を内蔵されたマイクロスイッチによって感知し，ピボットシリンダを動かす単純なシステムであった．デッドバンドの調整はスイッチの移動により行い，ニュートラルポジションの設定はセンサボックス取付けホルダの高さ調整スクリュウジャッキを回して調整する．その後，ロータリエンコーダ（角度センサ）を使用したシステムが開発され，油圧の比例制御バルブとの組

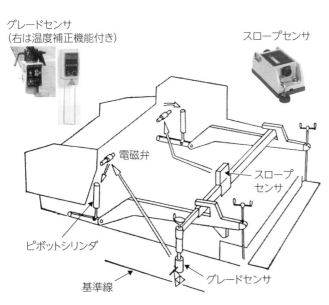

図-3.42　自動制御機構に使用されている各種センサ

a) ロングスキー（パイプタイプ）

b) ロングスキー（パッドタイプ）

c) インボードスキー

写真-3.19　スキーのバリエーション

合わせにより，デッドバンドの調整，ニュートラルポジションの設定を容易にした．しかし，接触式センサは基準補正用スキー類を直接路面上でスライドさせるため，乳剤付着などの問題があった．そこで，非接触センサへの要望が高まり，温度補正機能を内蔵した超音波センサ（**図-3.42**，**図-3.44**）の普及が始まった．

さらに，高精度の超音波センサを複数組み合わせて高さ補正精度を高めたシステム（**写真-3.20**）や，最近では，レベリングアーム上に取り付けられたポストからレーザ光を路面に向けて扇状にスイングさせ，測距機能を用いて非接触の仮想ロングスキーの機能を構築させるシステムも開発され，普及し始めている（**写真-3.21**）．これらのシステムは下層の路盤の精度が高ければ，基準線設置を省略することができる可能性もあり，大幅な施工の合理化を実現できる．一方，非接触制御の方式として，レーザ光を水平に回転させた設定基準をレベリングアーム上に設置

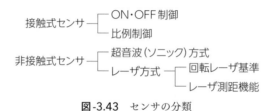

図-3.43　センサの分類

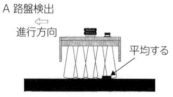

図-3.44　複数の超音波センサを用いたソニックスキー

写真-3.20　超音波センサ式ロングスキー

写真-3.21　レーザ式ロングスキー

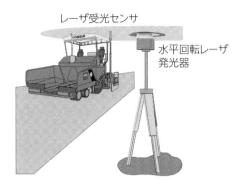

図-3.45 平面レーザによる敷きならし制御

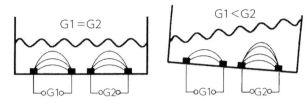

図-3.46 スロープセンサの動作原理（Gは電気抵抗）

した，受光センサとの組合わせシステムは備蓄タンク基礎や屋内陸上競技場でのトラック構築などで使用されている（**図-3.45**）.

②スロープセンサ

　スロープコントローラは横断方向の自動制御を行う装置で，横断方向の変化を重力の変化として検出する．開発当初はペンジュラム方式として，振り子の傾斜角をマイクロスイッチで検出するもので，振動が伴う環境下で使用するには，精度にも限界があり，信頼性の低い装置であった．しかし，重力方向を検出するシステムであるため，基準点を作る必要がなく，簡便なシステムとなっている．このため，その需要は高く，現在では，ジャンボジェット機や工業ロボットの姿勢制御に使用されている高精度な信頼性の高いスロープセンサが使用されている（**図-3.42**）．静止した状態で傾斜を測ることは比較的容易であるが，移動しながら振動を伴う作業環境下で測定するには，外乱要因としての振動エネルギーを除去する機構が必要であり，一例として，外気と完全に遮断されたケースに入っている電解液の傾斜を利用するものがある．これは，傾斜による電解液の水深の変化を電気抵抗として精密に測定し，傾斜を電圧差として出力させるメカニズムとなっている（**図-3.46**）.

写真-3.22 3次元数値制御方式アスファルトフィニッシャ

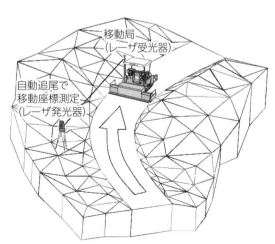

図-3.47 3次元数値制御方式アスファルトフィニッシャ稼働イメージ

2）三次元数値制御方式（3D-MC）

　アスファルトフィニッシャでの出来形管理の項目として，'敷きならし厚さ'が挙げられ，前述の制御機器が使用されている．しかし，ベースペーバとしての機能も備えているため，モータグレーダ施工と同様に敷きならし高さの管理も要求される場合があり，モータグレーダ編で紹介した，測量器機能や，人工衛星機能を使用した，スクリードの敷きならし高さを設計座標値にて三次元数値制御するシステムが使用され始めており，大幅な施工の合理化を実現している（**写真**-3.22, **図**-3.47）．

　このようにアスファルトフィニッシャのスクリード制御には，様々な箇所に高度な要素技術が採用されている．

―メカコラム―

デッドバンド（Dead Band）：不感帯

　デッドバンドに関してアスファルトフィニッシャの敷きならし厚さ制御機構を例にとり説明する．敷きならし材料の厚さ制御センサは測定量を電気信号に変換する機能により油圧用電磁切換え弁に信号を送り，レベリングシリンダを作動させる．このように建設機械に用いられている制御用センサの場合には，建設機械側に取り付けられたセンシングエレメントにより基準値との差を感知させるので，建設機械本体および作業装置が発生する振動の影響を直接受けることにより，それが測定外乱要素となり不安定な制御になることがある．その影響を抑えるためにセンササポート部分にはラバーマウントを取り付けるなどの振動抑制対策がとられているが，完全に振動を除去することは不可能である．そこでセンサに感度の調整機構（Sensitivity Adjust）を付加させて作業精度に影響がない範囲で制御を実施しない幅を設けて振動要素を除去して使用する．この不感帯幅がデッドバンドである．デッドバンドは舗装作業の種類によるが，一般的に2～4mm程度である．また，デッドバンドを設けることはレベリングシリンダのハンチング（上下動の反復繰返し）現象を防止することに対しても有効である．

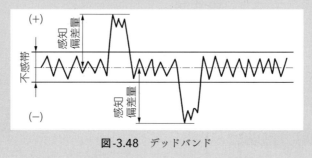

図-3.48　デッドバンド

〔参考資料および文献〕
 1）日本ゼム　センサカタログ
 2）トキメック　センサカタログ
 3）ロードテック　カタログ
 4）Cedarapids　カタログ
 5）Vögele　技術解説資料
 6）福川：アスファルトフィニッシャへの材料供給の合理化，建設の機械化（1999.10）
 7）天沼：グレード・スロープコントローラの概要，建設機械（1972.7）

第4章

締固め機械

マカダムローラ
敷きならされた路床・路盤材,加熱混合物など均一に圧力をかけて
締め固める機械.道路構築作業においては締固めの圧力は上部一方
からのみ加わる.締固め方法は,荷重静圧,振動転圧,衝撃等があ
り,それらの特徴,各々機械の構造,用途,適正機種等を解説する.

第4章では締固め機械について紹介します．たとえプラントにおける品質管理やフィニッシャによる施工が良好であったとしても，締固め作業の結果があまり芳しくないと最終的な品質に大きく影響することを経験された方も多いのではないでしょうか．ここでは，締固め機械をよく理解していただくために，その特質と構造から解説していきます．

4-1　締固め機械の特質と構造

はじめに

　機械的な動力源を用いた建設機械としては，19世紀中ごろに開発されたスチームエンジンを搭載した自走式ローラが初めてであろう（**図-4.1**）．その後，急激なモータリゼーション時代が到来し，大規模な交通インフラ整備の必要に迫られ道路網が整備されてきた．特に道路構築作業においては通行車両の荷重を支えるとともに，車両がスムーズに走行できる平たん性も要求され，各種の機能を持った締固め機械が開発され活用されてきた．道路基盤となる路床盛土の締固め作業においては，対象土の性状が均一でない場合もあり，締固め状況を把握しにくいため，転圧不足による供用後の沈下，凍上現象の原因となることもある．また，ローラを用いた加熱混合物の締固め作業では，プラントにおける品質管理，フィニッシャでの施工管理がいかに優れていたとしても，最終プロセスの締固め作業のいかんによって，施工の出来栄えが左右される．

　このように締固め作業は品質を大きく支配する重要な作業である．

図-4.1　スチームエンジンを搭載した自走式ローラ

4-1-1　締固めのメカニズムと作業原則

　主に道路構築における機械装置を用いた締固め作業について，そのメカニズムを知ることにより効率の良い転圧方法を採用しなければならない．

1）転圧作業は上面からしかできない

　当たり前のことであるが，一般工法では上面からの一方向からしか転圧エネルギーを加えることができない．

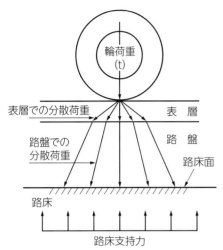

図-4.2　輪荷重と荷重分散イメージ

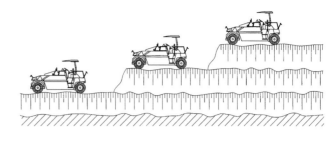

図-4.3　敷きならし厚さと締固め密度の関係

深さ方向の締固め能力を把握したうえで1層の敷きならし厚さを決める

転圧回数を増すと上層部分は締まるが，下層へ伝達される締固めエネルギーは減少される

図-4.4　転圧面下層へのエネルギー伝達

2）転圧力は分散される

　装置からの局部的な転圧エネルギーは材料間の摩擦エネルギーとして消耗されつつ円錐状の広がりをもって伝搬する．決して，下層方向にまっすぐ柱状には伝搬しない（**図-4.2**）．ゆえに，転圧面下層に規定密度を得られる程度のエネルギーが到達する範囲で，盛土材の敷きならし高さを決める必要がある（**図-4.3**）．

3）転圧層は盤状となり下層への転圧力をさらに分散させる

　均一な充填率の層であっても締固め作業によって層の上部は密度が増し，盤状となり，下層への転圧エネルギーをさらに分散させる．ゆえに荷重の小さいローラで転圧回数を増しても重いローラと同じ締固め効果は得られない（**図-4.4**）．

4）対象材の性状は不均一（アスファルト混合物は時間経過によって変化する）

　管理された粒度調整混合物を除いて締固め対象材は，土質，構成粒度，含水比，転圧時温度に多少のバラツキがあることを認識し，許容範囲外のバラツキは是正する．含水量調整のための散水作業もできる機種，時間的制約を受ける加熱混合物を適正温度範囲内（**図-4.5**）で転圧が完了できる機種，またアスファルトフィニッシャの敷きならし能力に合わせた締固め機械台

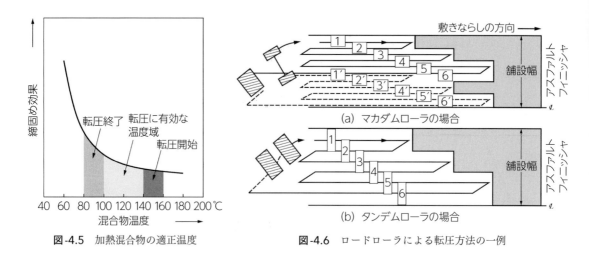

図-4.5　加熱混合物の適正温度

図-4.6　ロードローラによる転圧方法の一例

数や転圧能力を有する機種などについて検討する.

5）転圧パターンのバラツキは密度のバラツキ

ローラによる締固め作業は壁を刷毛で塗る作業に類似している. 締固め用機械は運搬時の車両制限により機械幅が制約されるため, 転圧幅にも限界があり, 舗装幅員, 舗装延長に対応するためには, レーン移動と前後進を繰り返して, 均一な転圧パターンを描かなければならない（図-4.6）.

複数回の転圧が必要な場合には, 前後進の折返し点が1か所に集中しないように, その分散が必要になる. 特にアスファルト混合物の転圧に際しては, 折返し点が同じ箇所に集中することは過転圧になり, 転圧面が変形し, 平たん性を確保できなくなる.

6）前後進の作業速度は同じ

前述のように規定の密度を得るためには, 装置は複数回の前後進を繰り返さなければならない. そのため前後進の作業速度は同じになり, 通常の建設機械と比較して, かなり速い速度で後進作業を行っている. そこで後進時の接触事故を防ぐためにも, 運転者の十分な視界を確保しておく必要がある. 最近の機種では前・後方視界として, 運転者が運転台に座った状態で,

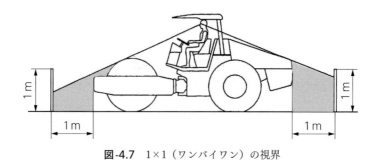

図-4.7　1×1（ワンバイワン）の視界

機械から1m離れた位置における高さ1mの物体を確認できる構造となっている．これを1×1
（ワンバイワン）仕様と呼んでいる（**図-4.7**）．

4-1-2　締固め機械の各部機能と構造

1）締固め装置

①締固め手段

a．静圧（S）

　締固め部分（ロール等）に荷重を掛け転圧作業を行う．なかにはバラストの脱着によって荷
重を調整する機種もある．タイヤローラの場合はタイヤの空気圧の調整により接地面積を変え
面圧調整ができる．

b．振動（V）

　装置を振動させ，対象箇所に振動エネルギーを伝え，締め固める．起振装置はアンバランス
ウエイトを高速回転させ振動エネルギーを発生させる機構となっている（**図-4.8**）．この機構
は，回転数，アンバランスウエイトの質量を変えることによって振動エネルギーを変化させる
ことが可能である．

c．衝撃（C）

　装置を連続落下させ対象箇所に衝撃エネルギーを与える．

②装置形状

a．面状（面圧）

　プレート，タイヤ，クローラ

b．ロール（線圧）

　スチールローラ

c．突起（点圧）

　ロッド，パッド，コーン

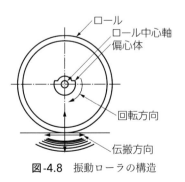

図-4.8　振動ローラの構造

敷きならし方向 ————————————————————▶

誤：従動輪から入る　　正：駆動輪から入る

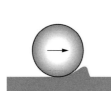 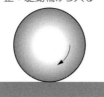

図-4.9　進入方法

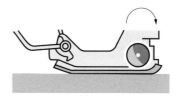

図-4.10　プレートの移動推進力

2）移 動 装 置

①回転ロール

　転圧装置が移動機能を持つ．駆動輪と従動輪では転圧面に作用する力が異なり，従動輪は転圧面を押し出す分力が作用するため，特に加熱混合物の締固めの際には駆動輪側から進入させる必要がある（**図-4.9**）．

②ク ロ ー ラ

　移動装置が転圧機能を発揮する．ブルドーザの敷きならし作業は同時に締固め機能も有している．通常，「ブル転」と呼ばれている作業の後に，ローラ等の転圧機械の進入が可能となる．

③振 動 分 力

　プレートの推進には，振動分力を利用している．アンバランスウエイトを回転させ振動を発生させると，拘束されている下面には締固め力として作用し，回転方向には移動させようとする分力が掛かる．プレート上に起振器を取り付けることによって，締固め作業を行いながら，移動推進力が得られる（**図-4.10**）．

3）操向装置（ローラ）

①操 向 輪 式

　タイヤローラはほとんどがこの形式である．タイヤローラの操向輪は複数輪が拘束されないで回転するが，スチールローラは操向を切ったときに筒状のロールが操向方向の内側と外側とで円弧距離差を生じるので，転圧面との間に引きずりが発生する．そのため，ロールを二分割し，1輪当たりの転圧幅を狭くして回転差を生じる構造としている（**図-4.11**）．また，曲線部分の初期転圧に際しては操向操作を少なくした転圧パターンを用いる（**図-4.12**の上の転圧パターン）．

②アーティキュレート（センターピンジョイント）

　操向輪式に比べ曲線部での前後輪の走行軌跡が同じになる利点があるため（**図-4.13**），この形状のローラが多く使用されている．この機構の特質として，旋回時に操向を行った場合，回転中心外側に重心が移動するので注意が必要である（**図-4.14**）．すなわち，路面状態が不安定な箇所で高速急旋回を行った場合には転倒の恐れが生じる．

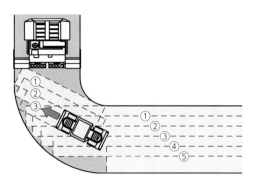

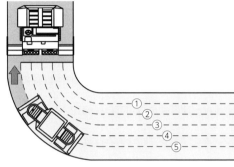

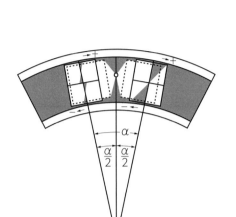

図-4.11　操向輪式の回転差

図-4.12　操向輪式の転圧パターン

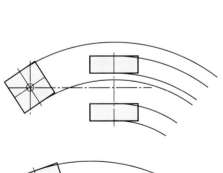

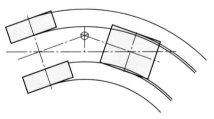

図-4.13　アーティキュレート

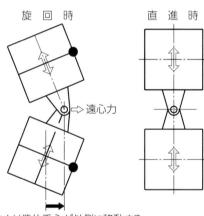

旋　回　時　　　　　直　進　時

⇨遠心力

操向作用により機体重心が外側に移動する
ロール接地点と重心が近くなり発生
遠心力により転倒しやすくなる

発生遠心力⇨

反力作用点

図-4.14　アーティキュレートのステアリング方式

4) 動力伝達機構
①機械駆動式

　移動速度（回送）と作業速度比が大きいため高低速複変速機があり，また前後進を頻繁に行うため，前後進切替え装置が装着されている（タイヤローラ）．比較的回送速度の遅いスチールローラでは前後進切替え装置に多板クラッチが用いられている（図-4.15）．

②油　圧　式

　最近のほとんどのローラは操作が容易な油圧式の動力伝達機構が採り入れられている（図-4.16）．油圧式の場合には前後進と速度制御が1本のレバーで可能であり，操作が容易であるとともに，制動機構も付加されている．制動機構には，「ポジティブブレーキ」と「ネガティブブレーキ」がある．動いているものを止める時にブレーキを掛けるのが「ポジティブブレーキ」であり，自動車などのブレーキがこれに当たる．一方，止まっている時にブレーキを掛け，動いている時は，ブレーキを効かなくしているものを「ネガティブブレーキ」という．ネガティブブレーキは，機械的にブレーキパッドを押し付けるコイルバネとそれを油圧で逆方向に押し

図-4.15　機械駆動式の動力伝達機構

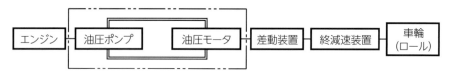

図-4.16　油圧式の動力伝達機構

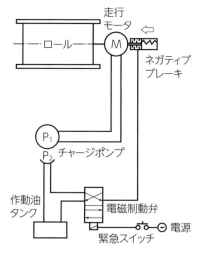

図-4.17　ネガティブブレーキ

戻す構造となっており，この油圧は作動圧力の一部を利用してブレーキを開放している（**図-4.17**）．すなわち，ローラを運転している時は，油圧が上がっているのでブレーキが掛からないが，ローラを止めた時に油圧が下がり，コイルバネによって自動的にブレーキが掛かる仕組みとなっている．

　この機構はほかの建設機械でも採用されており，安全側に機能するシステムである．

―メカコラム―

三点支持機構

　建設機械は自動車のように路面からの振動を吸収するような緩衝用スプリングは取り付けられていない．その代わり写真機や測量器の三脚のように支持路面の凹凸に合わせて荷重を分散させる三点支持機構となっている．また，この機構であれば建設機械本体のフレームにねじれ力が掛からない．しかし，三脚は1本の脚が折れたり，沈んだりした場合には，倒れてしまう（**図-4.18**）．ローラの場合も同じであり，片方の後輪が支持力不足で沈んだ場合には傾いてしまう．

三脚は荷重を分散するが
二脚では自立ができない

タイヤは全輪接地していても3か所で
機体重量を支えている

図-4.18　三点支持機構

〔参考資料および文献〕
 1）建設機械施工ハンドブック　締固め機械編，（社）日本建設機械化協会編
 2）Compaction Technology E.h.Rudolf Floss BOMAG
 3）土の締固めと管理，（社）土質工学会編
 4）酒井重工業　製品カタログ
 5）BOMAG　製品カタログ
 6）The Classic Construction Series "THE HISTORY OF ROAD BUILDING EQIPMENT", FRANCIS PIERRE

第4章
締固め機械

　前節では，締固め機械をよく理解していただくために，その特質と構造について詳しく解説しました．ここでは締固め機械の「まとめ」として，機構による分類とそれぞれの機構が担う機能を紹介しながら，現状における様々な課題や，その課題を解消するために施されているいろいろな工夫等について触れていきます．

4-2　各種の締固め機構

はじめに

　締固め装置の機構分類を前節で解説したものも含めて**表-4.1**に示す．主な機種とその特徴からも，多様化する工法と対象材料に最適な締固め方法の研究が進められており，新たな機構が開発されていることが分かる．

表-4.1　締固め装置の機構分類

番号	機種	締固め手段 静圧(S)	振動(V)	衝撃(C)	荷重伝達形状 面状(面圧)	ロール(線圧)	突起(点圧)	装置剛性 絶対剛性	有限剛性	特有機能
1	マカダムローラ（タンデムローラ）	◎				○		○		平たん転圧
2	タイヤローラ	◎			○				○	ニーディング作用
3	タンピングローラ	◎					○	○		破砕機能
4	振動ローラ	○	◎			○		○		充填機能
5	振動タイヤローラ	○	◎		○				○	ニーディング作用
6	振動タンピングローラ	○	◎				○	○		破砕充填
7	プレートコンパクタ	○	◎		○			○		平滑転圧
8	ランマ	○	◎		○			○		狭隘部作業
9	タンパ	○		◎	○			○		狭隘部作業
10	ブルドーザ	○			○		△	○		敷きならし付随機能

4-2-1　静圧締固め機構（Static Compaction）

1）マカダムローラ，タンデムローラ

　締固め装置の代表的な機種はスチールローラであり，連続する平面を平滑にするため，筒状のロールを回転させて移動することにより締固めを行う．この作業は人的な手作業では広い面積を効率的に締め固めることができないため，基本的に機械施工となっている．質量のあるロールにて静荷重を対象路面に与えて締め固める．構造が単純であり，後述する振動ローラのように作業領域外への振動伝達がないため，住宅密集地と隣接した現場では作業規制を小さくでき，道路構築作業では路盤から舗装までとその使用範囲は広い．

図-4.19　リジッドフレームの三輪タイプ

図-4.20　全輪駆動式のアーティキュレートタイプ

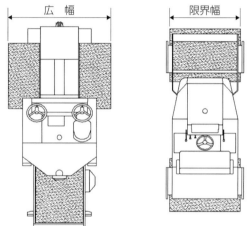

三輪（マカダム）は転圧幅を広くすることができる

図-4.21　マカダムローラとタンデムローラの転圧幅の比較

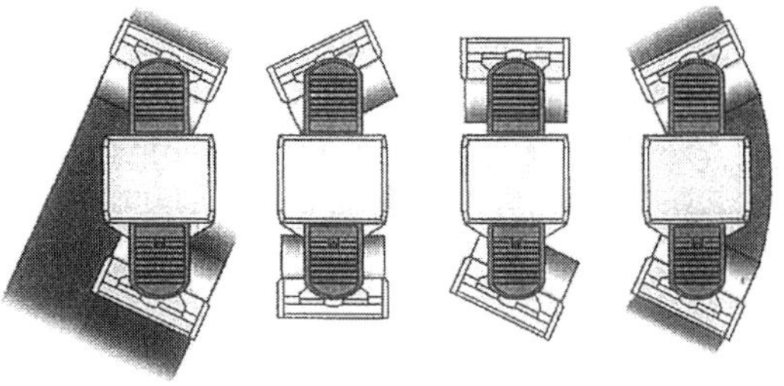

図-4.22　ダブルピボットステアリング機構

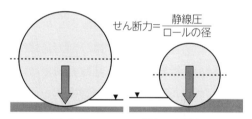

せん断力＝$\dfrac{静線圧}{ロールの径}$

図-4.23　ロールの径とせん断力

①形　　状

　マカダムローラの基本的な形状は，前輪が操向輪のリジッドフレームの三輪タイプが一般的であったが（**図-4.19**），舗装の敷きならし能力の増大に伴い単位時間当たりの高い締固め能力が求められ，1969年（昭和44年）に我が国のメーカー（酒井重工業）によって，前後輪同径で全輪駆動式のアーティキュレート（中折れ）タイプのローラが開発され，現在はマカダムローラの主流形態となっている（**図-4.20**）．マカダムローラは三輪形状であるため1回の転圧幅を運搬制限寸法まで広く取ることができる（**図-4.21**）．一方，タンデムローラは前後輪が同一配置であるため，旋回時に引きずりを生じるのでロール幅を広く取ることは制限される．そこで前後輪操向可能なダブルピボットステアリング機構を採用して前後輪をオフセットすることで，転圧幅を広くした機種もある（**図-4.22**）．一方，ロールの径に関しては，径が小さければ沈みやすくなり，進行方向に働く抵抗が大きくなるため横断方向のクラックを誘発させる要因となる．大きな径のロールで締め固める場合には，水平方向のせん断力が抑えられ，クラックの発生を抑制するので，より高い平たん性を確保することができる（**図-4.23**）．しかし，径をあま

第4章　締固め機械

85

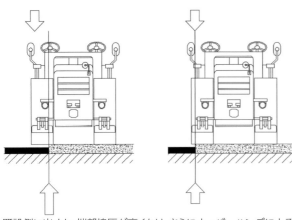

既設側に出すと,端部線圧が高くなり,さらにオーバーハングによる
モーメント荷重が付加される

図-4.24　設路面における縦ジョイントの施工

写真-4.1　ロールに振動機構を内蔵した
アーティキュレートマカダムローラ

りにも大きくすることは構造上重心が高くなり走行安定性が低下する．このように，その施工状況に適した機種の選定も必要であるが，加熱混合物の転圧作業においては混合物の温度降下を考慮して転圧が有効な時間内に的確に行うことが必要である．特に，既設路面との縦ジョイントの施工においては，舗装端部をロールの内側で転圧することによって線圧が高くなり，また，ロールのオーバーハングによるモーメントが増し，転圧力を高めることができる（**図-4.24**）．しかし，最近は，補修工事が多くなり，供用されている路面と隣接する施工がほとんどである．このような場合には，車体の一部であっても既設部側へはみ出して転圧することが不可能であり，ロール外端部での転圧回数を増すことによって補う必要がある．このような状況に対応するため，ロールに独立した振動機構を内蔵した機種も開発されている（**写真-4.1**）．

②付着防止機構

舗装に使用する加熱アスファルト混合物には，骨材と骨材を固着させる機能があるため，加熱混合物を締め固める場合，締固め中に混合物をロールに付着させないことが必要になる．そこでロールへの付着防止対策として一般的には，水膜をロール面に形成し，転圧面との付着を防止している．しかし過剰散水した場合には，混合物の温度を下げる要因となり，不足した場合には，はく離効果が小さくなるため，ロールに付着してしまう矛盾点がある．特に最近のようにアスファルトのバインダ機能が強力で，作業適正温度範囲の狭い高粘度バインダを用いた混合物の転圧作業では，このロールへの散水調整は施工品質に直結する重要な作業となる．理想としては清水を用いて，ロールへ適量を噴霧すればよいのであるが，噴霧するためのノズル径を小さくするとノズルが詰まりやすくなる．そこでノズル径を多少大きくして，間歇タイマによる噴霧を行い，節水する機構が取り付けられている機種もある．

2）タイヤローラ

スチールローラは転圧表面密度と平滑度を得るために使用されるが，空気入りタイヤによるニーディング効果によって転圧面の内部密度を高めることを主目的として用いられる．

写真-4.2 アーティキュレートタイプのタイヤローラ

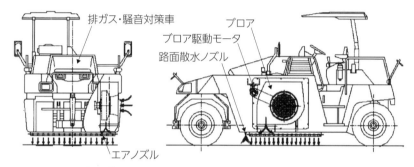

図-4.25 水の気化熱を利用して養生時間を短縮する機能を搭載したタイヤローラ

①フレーム車体形状

10 t級の一般的なタイヤローラの形状は，前輪が操向輪で後輪が駆動輪のリジッドフレームであり，前後輪のタイヤ配列が未転圧部分を無くすように交互にオフセットされている．しかし，旋回時にはタイヤの走行軌跡が異なるため未転圧部分ができる．そこでタイヤローラでもアーティキュレートフレームの採用により，曲線走行時でも，前後輪の走行軌跡にズレが発生しないように改良された機種も開発されている（**写真-4.2**）．

車体内部には貯水槽を設けることにより，追加荷重ウエイトとして，また，この水を路盤転圧時の含水比調整にも利用できる機能を持っている．また，加熱混合物の締固めにおいてはスチールローラと同様に，ある温度領域内での作業が必要である．しかし作業時間の制約がある施工においては，作業終了後から交通開放までの間に適正な路面温度に降下するまでの養生時間が必要になる．そのため，この貯水槽スペースを使って水の気化熱を利用して養生時間を短縮する路面強制冷却装置を搭載した機種も開発されている（**図-4.25**）．

②タイヤ特性

タイヤローラは締固め対象路面にタイヤの有限剛性特性を用いてニーディング作用を与え，締固め効果を促進させる効果を持っている（**図-4.26**）．この効果を生かしてRCCP（転圧コンクリート舗装）やフォームドアスファルトの締固めなど路面形状に応じてタイヤ接触面が変形追従し，密着する特性を生かして表面処理作業にも使用されている．スチールローラと異なり

ニーディング作用を重視するため，タイヤの直径をあまり大きく取らないという考え方もある．我が国では加熱混合物の締固めに振動ローラを使用できない場合も含め，マカダムローラとの組合わせによる施工が一般化している．すなわち一次転圧にマカダムローラを使用し，二次転圧にタイヤローラを使用するというものである．これは加熱混合物の締固め作業において，混

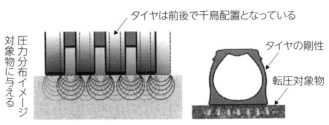

図-4.26　タイヤの有限剛性特性

写真-4.3　タンピングローラ

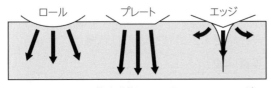

図-4.28　ローラの接地形状による圧入エネルギーの違い

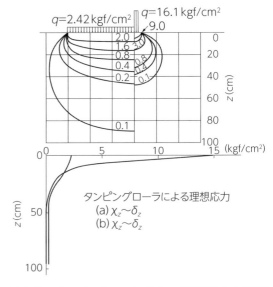

図-4.27　タンピングローラ（6t）の胴体接地と先端接地の理論応力分布

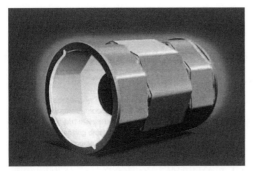

写真-4.4　新しい発想で開発された深層締固め用ドラム

写真-4.5　ローラフレーム前方に排土板を取り付けて整形作業も可能とした機種

合物の表面温度が高いとタイヤローラに付着しやすいためと思われるが，海外ではニーディング作用を重視してタイヤローラから先に転圧させる仕様もあるようである．一方，加熱混合物を転圧する際に転圧表面の凹凸変形を抑えるためにタイヤの幅寸法を広くした舗装転圧作業に適した機種も製造されている．

　さらに，タイヤを振動させて動的ニーディング効果を与えることにより本体の自重を増すことなく所定の締固め力を発揮できる振動タイヤローラも開発されている．

③路面強制冷却装置

　加熱混合物の締固めにおいてはスチールローラと同様に，ある温度領域内での作業が必要である．しかし作業時間の制約がある施工においては，作業終了後から交通開放までの間に適正な路面温度に降下するまでの養生時間が必要になる．そのため，水の気化熱を利用して養生時間を短縮する機能をタイヤローラに搭載した機種も開発されている（**図-4.26**）．

3）異型胴ローラ（タンピングローラ）

　舗装の施工には使用されない機種であるが，盛土工や路床の締固め作業に使用される場合がある．ロールの外周に突起箇所を多数取り付けることにより接地面積を小さくし，対象面に圧入させ締め固める（**写真-4.3**）．突起部により，土塊や岩塊などを破砕し材料間の空隙を無くすことにより，締固め密度を高めることができる．突起箇所の圧入エネルギーは対象下面に3次元的に分散吸収されるので，突起先端下方にあまり深くは作用しない（**図-4.27**）．しかし上層部分の密度は高い接地圧により高めることができる．このメカニズムを進化させ，凸部と平面が交互に作用する締固め機構として八角形の形状をしたローラが開発され（**図-4.28**），深層の締固めに威力を発揮している（**写真-4.4**）．これらのローラは振動機構をロール内に装備し，締固め機能をさらに高めている．また，突起による路面とのグリップ機能を生かしてローラフレーム前部に排土板を取り付け，整形作業ができる機種もある（**写真-4.5**）．

4-2-2　振動締固め機構（Dynamic compaction）

1）振動ローラ

①起振機構と種類

　振動ローラの転圧輪はアンバランスウエイトを回転させることによって発生する起振力をローラの荷重に付加し締固め能力を高める機構を有したもので，ロールに起振装置が内蔵されている．土工用は走行機能を高めるため，高グリップタイヤ駆動輪と組み合わせたタイプが一般的である．舗装用はタンデムタイプのダブルドラム形式が多い．小型機はスムーズタイヤを組み合わせたコンバインドタイプも多く使用されている．回転させるアンバランスウエイトが一軸のものが主流であるが，発生する振動エネルギーは回転軸を中心にして全方向に放出される．ゆえに，接地路面に伝搬される振動は主に下方向であるが，前後方向にも振動が伝搬され，締

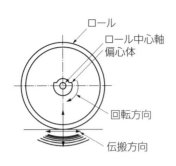

図-4.29　一般の振動ローラ

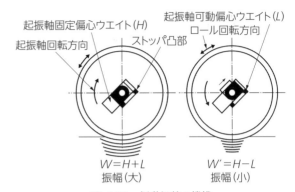

$W=H+L$
振幅（大）

$W'=H-L$
振幅（小）

図-4.30　振動切替え機構

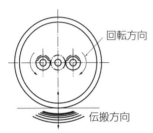

図-4.31　垂直振動ローラ

写真-4.6　Wタンデム型垂直振動ローラ

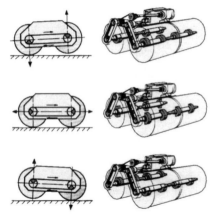

図-4.32　垂直振動機構を使用した土工用振動ローラ

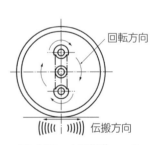

図-4.33　水平振動ローラ

固めエネルギーとして働く（**図-4.29**）．起振力，振動振幅，振動数は，締固めの対象材に応じて選択できる構造になっており，1台の機械でアンバランスウエイト軸の回転方向を変えるだけで回転モーメントを変化させ，路盤の締固め作業用と舗装の締固め作業用に簡単に切り替えることができる（**図-4.30**）．

　さらに有効起振力を得るために，振動方向を上下に限定させる機構として，隣り合わせた二軸の横方向に発生する起振力を相殺させるように，同調させ，垂直振動のみを路面に伝搬させる機構（**図-4.31**）や一軸，二重管構造のアンバランスウエイト回転方向を逆にして起振力を

写真-4.7　振動タイヤローラ
（振動ベクトルを切替え可能）

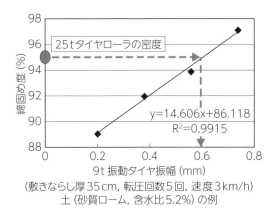

（敷きならし厚35cm, 転圧回数5回, 速度3km/h）
土（砂質ローム, 含水比5.2%）の例

図-4.34　振動タイヤローラの締固め能力

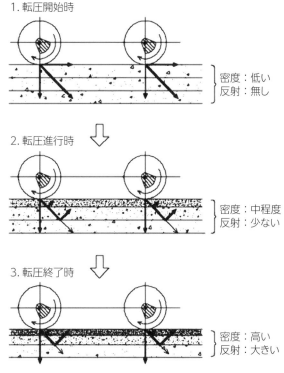

図-4.35　振動時のベクトル反射

相殺させる機構のものがある．この垂直振動機構は土工用振動ローラとして，ドイツBOMAG社が開発したBW200型が有名である（**図-4.32, 写真-4.6**, ただし現在は製造中止）．ロールは左右前後が同一フレームに配置され，操向は左右のロールの回転を入り切りさせるスキッドステアリング機構である．大型機においては，油圧器機の発達により一輪二軸機構や一輪一軸機構が開発されている．確かに，締固め作業に振動エネルギーを加えて転圧作業を効率化できるが，道路構築作業，舗装修繕工事においては，その強力な振動エネルギーが近隣に伝搬することにより振動公害が発生することに留意する必要がある．

　振動エネルギーを使用した振動ローラは単に上下方向の振動を与える機構ばかりでなく，転圧面の緻密度を高める目的で，ロールを円周方向に振動させることにより，ロール接触部分を水平に振動させる機構が開発され，目的に応じて使用されている（**図-4.33**）．

②タイヤ振動機構

　最近では，路面に密着するタイヤの特性を利用して，タイヤに振動を与えることにより路体内部を振動させる機能を持たせた振動タイヤローラも開発され，その機能を生かして特殊混合物の締固め作業に使用されている（**写真-4.7**）．常識の範囲ではタイヤが振動を吸収してしまい，振動の伝達は不可能と思われていたが，ある振動域において強力な振動エネルギーを路体に与えることが確認されている．その結果，本体に自重を増すことなくダイヤルをセットする

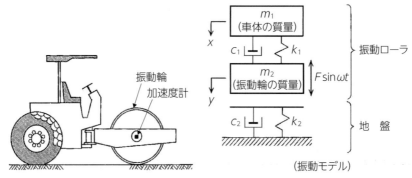

図-4.36　輪加速度法の概念

だけでアンバランスウエイトを調整することにより振動振幅を変え，所定の締固め力を得ることができ，強力な締固め力を必要とする路床，路盤の土工転圧作業から，転圧表面の平滑度を求める加熱混合物の転圧作業まで幅広く使用できる．総重量25tのタイヤローラ（静圧のみ）と9tの振動タイヤローラ（動的ニーディング）との締固め能力の比較を**図-4.35**に示す．

③振動反射層の形成

　一般の一軸振動ロールでは，その振動ベクトルはロール直下に向かわず，実際には回転方向斜めに働く．さらに，転圧作業によって転圧層の密度が増すと，反射層が形成されエネルギーの一部が斜め上方にベクトルの向きを変え，転圧路面は下方からの反射波を受けて表面材料の分離や飛散が起きやすくなる．特に，砕石路盤，ソイルセメント，あるいはRCCPのような初期結合力の弱い混合物の転圧時には過転圧とならぬように注意が必要となる（**図-4.34, 35**）．

④振動加速度を利用した転圧管理システム

　一方，この転圧路面の振動加速度を解析することにより，締固め状況を把握するシステムが開発され（**図-4.36**），主に土工の転圧作業で使用されているようであるが，前述のモータグレーダ編でも記述したように，振動ローラのオペレータには転圧状況に応じた振動が伝わるので，経験の豊かなオペレータには判断情報として把握可能である．このシステムは路床，路盤の管理には威力を発揮できるが，アスファルト混合物の転圧管理には，平たん性，出来形との兼ね合いが必要である（密度のバラツキが生じて転圧回数を増すと路面に変形を生じるため）．

⑤GPSを用いた転圧パターン管理システム

　このシステムはGPSの活用事例として，④のシステムを付加させて開発されている（**図-4.37**）．しかし道路構築現場では施工幅員が限られているので，レーンシフトの操作は人的な管理で可能である．むしろ前後進の折返しポイントが集中しないように分散させる必要がある．

2）振動プレート機構

　振動ローラが線接触であるのに対して，振動プレートは面接触なので単位面積当たりの静圧は低いものの振動伝達効率は高く，面拘束であるため振動エネルギーが面直下へ効率よく伝搬する．小規模工事や端部処理に振動プレートが使用されており，アンバランスウエイト軸を回

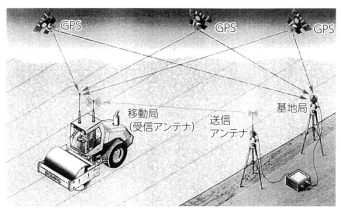

図-4.37　GPS によるローラの転圧管理イメージ

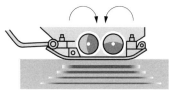

通常の一軸タイプの
振動プレート

前後進操作の可能な
二軸タイプの振動プレート

図-4.38　振動プレートの機構

写真-4.8　大型クローラタイプ振動転圧機

転させることにより発生する振動の分力を利用してプレート振動と推進作用が働くような機構
となっている．さらに能力を高めた構造として二軸タイプもあり，こちらはおのおのの回転軸
のアンバランスウエイトの軸心距離を変えることによって，分力を発生させ，軸回転中でも前
後進操作が可能になり，前後進のための方向転換のための回転操作が不可能な箇所での転圧作
業ができる（**図-4.38**）．しかし，この振動締固め効率の優れた機構は，能力の高い大型仕様の
場合には移動性に問題があるものの，効率的な深層転圧機構の開発の必要性は高く，走行速度
は遅くても大型機の開発や普及が試みられている（**写真-4.8**）．

お わ り に

　道路構築における締固め作業は，下層部から表層部まで施工品質に直接関係する重要な作業であり，構成される一層一層ごとの施工プロセスは，手直しの困難な後戻りのできない作業であるため，プロセスごとのしっかりとした管理が必要である．

―メカコラム―

HST：Hydro Static Transmission

　静油圧式無段変速機，または単に油圧式無段変速機とも呼ばれ，エンジンで油圧ポンプを駆動し，発生させた油圧を油圧モータで回転力に変換する方式．

　作動油の流量を変化させて速度の調節を行う．また油の流れを切り替えることにより，容易にモータの回転方向を変えることができる．エンジンと駆動軸との間は，機械的にはつながっておらず，プロペラシャフト，デフ，ドライブシャフトなどが不要であり，伝達効率は落ちるものの，油圧ホースのみで動力伝達が可能なため，転圧機械においてはロールの中に駆動モータを組み込むことができる．さらに使用速度域が狭い場合は副変速機も省略できるなど，利点も非常に多い．

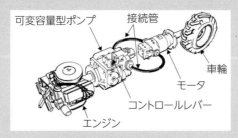

図-4.39　静油圧式無段変速機

〔参考資料および文献〕

1）建設機械施工ハンドブック　締固め機械編，（社）日本建設機械化協会編
2）Compaction Technology E.h.Rudolf Floss BOMAG
3）土の締固めと管理，（社）土質工学会編
4）酒井重工業　製品カタログ
5）BOMAG　製品カタログ
6）Construction Eqipment
7）Faxatg Product Line
8）福川ほか：振動ローラ締固め作業における反射波の影響と対策，道路建設，No.522，pp.55～61（1991）

第5章

セメントコンクリート機械

コンクリートスリップペーバの施工

コンクリート舗装工法として，舗装型枠設置方式と移動型枠方式の各々使用機械編成，編成機械個別の構造，特徴，使用上の留意点等を述べる．また，舗装用セメントコンクリートはスランプ値が小さいため，ダンプトラックからのチャージング方法について解説する（生コンクリートプラントについての解説は本章では省く）．さらに，小規模工事用簡易機械，水路構築用などの特殊機械についても解説する．

　前章では，締固めという作業の施工における位置づけやその重要性，また的確に締固めを行うための施工機械の特質や構造について紹介しました．

　以下，セメントコンクリート機械の解説では，まずはセメントコンクリート舗装の施工で用いられる2つの方式（スリップフォーム工法およびセットフォーム工法）について紹介します．

5-1　セメントコンクリート舗装用機械

はじめに

　セメントコンクリートによる一般構造物の打設は，あらかじめその寸法に設置された型枠の中に生コンを流し込み，締固めを行い，一定期間の養生の後に脱型し構築する．これに対して現場打ちの道路舗装の場合には，車両の走行に適した平たんな面を形成するのに，敷きならし装置を移動させることにより構築していく．当然のことであるが，特に，縦・横断勾配のある箇所の施工においては，作業環境によって刻々変化する生コンの性状を把握しながら，コンシステンシーを予測した対応が求められる．ゆえに装置の選択と高い操作技能が必要な作業である．なお，この章ではアスファルト舗装と同様の施工方法であるため，転圧コンクリート舗装工法の解説は割愛する．

5-1-1　作 業 手 順

　生コンもアスファルト混合物と同様に，時間経過とともにその性状を変化させていく．アスファルト混合物の場合は温度で性状が変化するが，生コンの場合は，水和反応による性状の変化度合を把握しながら，作業手順に沿って施工をしなければならない．しかもアスファルト混合物と異なり，硬化しはじめた生コンは再整形できず，慎重な作業が求められる．作業手順は，**図-5.1**のように大別できる．

図-5.1 作 業 手 順

5-1-2　作 業 形 態

　舗装上面には型枠を使用しないが，舗装幅員端部を形成するために，舗装厚に応じた型枠を使用する．施工機械は，固定型枠を設置するセットフォーム方式と，整形機械に取り付けられた型枠を移動（スリップ）させながらコンクリート版を整形するスリップフォーム方式の2つの工法に分類できる（**図-5.2**）．この工法別に使用される主な施工機械について以下に述べる．

1）セットフォーム工法

　我が国の標準的な工法で，低スランプの硬いコンクリートから，ポンプ車での供給が可能な高いスランプのものまで幅広い条件で用いられている．セットフォーム工法に必要な装置は作業別に分かれているので，車両の運搬やクレーンを用いた移動作業は容易にできる．しかし編成台数が多くなるので，編成の全長は長くなり，操作員も多く必要になる．一般的な機械編成を**図-5.3**に示す．

①スチールフォーム

　舗装厚に応じた鉄製型枠をスチールフォームという．スチールフォームを施工幅員に合わせ

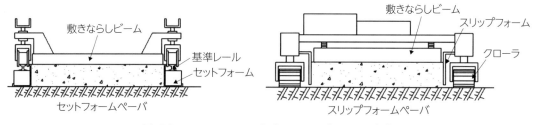

図-5.2　セットフォーム方式とスリップフォーム方式

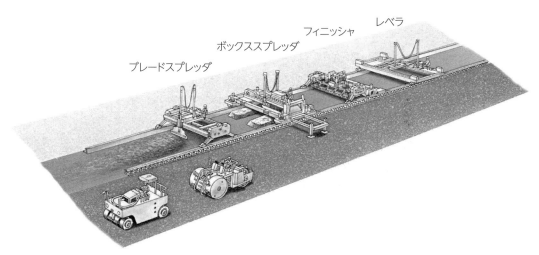

図-5.3　コンクリート舗装の機械編成例（セットフォーム方式）

写真-5.1　型枠（スチールフォーム）の設置

写真-5.2　スチールフォームの運搬

て設置し，生コンを充填し整形作業を行う．スチールフォームの長さは，曲線部への対応，設置，および運搬作業の容易性から3mが一般的である．設置はあらかじめ計測しておいた高さと，型枠の通りをそのつど調整しながら，鉄製のピンを下層に打ち込んで固定していく（**写真-5.1**）．脱型可能となる養生期間も必要であり，設置→打設→養生→脱型のサイクルを繰り返して作業を行うため，1日当たりの打設延長分のほかに2日分以上の余剰スチールフォームが必要になる（**写真-5.2**）．スチールフォームには敷きならし装置等の施工機械を移動させるためのレールが取り付けられており，装置作業時の基準高さとなる．またレールのみを既設舗装面に置く場合もある．装置はレール上を移動するため操向装置は必要ないので，各作業機械の機構を簡素化できる利点がある．養生用移動テント，メッシュ運搬用カート，ほうき目作業台車，作業用小物運搬台車などが簡易な構造で製作可能である．舗装側端部の作業に必要なスペースはスチールフォームをセットする寸法であり，一般的には，50cm以下であるが，既存構造物を利用し，スチールフォームを使用しない場合にはさらに狭いスペースで施工することができる．ただし，既設構造物の立上がり部分がある場合は，機械本体の張出し部分との接触を回避するスペースが必要となる．スチールフォームおよびレールの精度とともにこれらの設置精度が，打設仕上がり精度に直接影響を与えることになり，設置後の精度確認作業は必須項目である．その際，寸法確認とともに，機械移動時に作用する荷重および，作業時に作用する繰返し荷重を考慮した設置状況の確認も必要である．特に，コンクリート供給用にボックススプレッダを使用する場合には，スプレッダが移動するときの反力を繰り返し受けることになるので，たわみ量を考慮したレールの選定が必要になる．

②ブレードスプレッダ

　ブレードスプレッダ（**写真-5.3**）は本体フレームの前に横行，回転するブレードを備えており，ブレードを横行，旋回，本体を前進，後退させることにより，分配供給された生コンをスチールフォーム内に所定の高さに粗ならしする作業に用いられる．ブレードの高さ調整は本体フレームを上下することによって行われる．この際，後工程の締固め作業による生コンの圧密沈下を考慮したならしと，横断勾配が大きな施工箇所では横方向への生コンのフローを予測したならし作業が必須となる（**図-5.4**）．同じように，ボックススプレッダやコンクリートフィニッ

写真-5.3　コンクリートスプレッダ（ブレード型）

写真-5.4　2車線を同時に施工できる機種

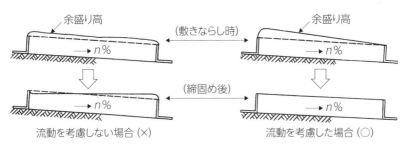

図-5.4　余盛りの例

シャの操作でもこういった配慮は必要である．また，ブレードの横行フレームを中央で折り，両勾配2車線を同時に施工できる機種も使用されている（**写真-5.4**）．

　なお，直接ダンプよりコンクリートが荷下ろしされる場合には，数回に分けて荷下ろしすることにより，骨材の分離とならし密度の偏りを防止でき，作業効率も高めることができる．

③ボックススプレッダ

　ボックススプレッダは運搬機能を付加したスプレッダで，レール上を移動する本体にボックスを装着し，その中に生コンが供給され，所定の場所まで自走運搬し，ボックス下部のゲートを開いて所定の高さに敷きならす構造となっている（**写真-5.5**）．ボックスはフレームに対して長手方向が機械の前後進方向と直角に組み込まれて，ダンプスロープ台を使用して直接受け取る方法や，供給装置から受け取る前取り方式と，ボックスの長手方向を機械の前後進方向と平

写真-5.5　ボックススプレッダ

行に組み込み，隣接するレーン，または側道から供給装置を介して受け取る横取り方式に組替えができる．ブレードスプレッダに比べ生コンを均一にならすことができる．また施工能力も高い．単一で使用する場合もあるがブレードスプレッダと組み合わせて鉄網を使用する2層敷きの場合に施工効率を上げることができる．

④コンクリートフィニッシャ

　コンクリートスプレッダで粗ならしされた生コンの余盛り量を調整し，締め固め，整形する機能を1台の機械に搭載している．余盛り量を調整する機構として，施工幅員寸法に相当するブレードを横断方向に摺動させ，生コンを切りそろえるファーストスクリード機構や，回転する軸に多数のパドルを取り付け，使用量を充填しながら余剰の生コンを前方に送り出す機能を備えたロータリストライクオフが取り付けられている（**写真**-5.6）．これらの装置により余盛り量を調整された生コンは振動機構を装着したプレートにより締め固められ，整形される．振動板は生コンが流入しやすいように先端に傾斜が付いている．さらに振動効果を高めるために，振動板の先端を上下に摺動させ（30〜60回/分）生コンを加圧しながら振動エネルギーを与え，版厚の大きい固練りコンクリート版の締固めに使用される機種もある．この機種はコンパクトフィニッシャとも呼ばれている．締め固められ整形されたコンクリートはさらに，横断方向に振動ビームを摺動（ストローク80〜100mm，80回/分）させたフィニッシングスクリードにて粗仕上げを行う（**図**-5.5）．この機種も同様に両勾配を施工可能な機種が開発されている．

　いずれの装置でも同様であるが，施工プロセスにおける後工程での出来形の確認とともに作業装置前の材料の余剰状況をフィードバック情報として把握し，前工程装置の調整を行うことが重要である（**図**-5.6）．

写真-5.6　コンクリートフィニッシャ

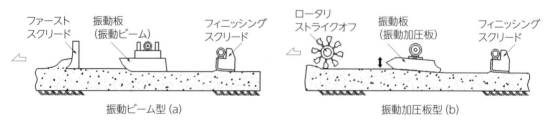

図-5.5　コンクリートフィニッシャの作業装置

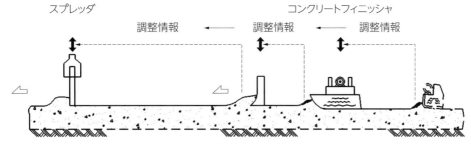

図-5.6　余剰量のフィードバック

写真-5.7　コンクリートレベラ

写真-5.8　仕上げフロート

⑤コンクリートレベラ（レベリングフィニッシャ，写真-5.7）

コンクリートフィニッシャで整形された表面を長いコテ（例：3.6 m×0.3 m）で平滑に仕上げる．このコテは，約150 mmのストロークで摺動しながら縦方向に移動する本体フレームの中を横断方向に移動して舗装表面を仕上げる．前工程の装置は縦断方向には短い寸法であるが，長い仕上げフロートが縦断方向に作用するため（**写真-5.8**），平たん性の高い仕上がり面を確保できる．機械形状としては斜めにフロートを摺動させるタイプもある．

2）スリップフォーム工法

前述したセットフォーム工法に用いる各機械機能を単体の機械装置に集約搭載したのがスリップフォーム工法に用いるスリップフォームペーバである．スリップフォームペーバは生コンを流動化させた後，締め固めてプレートで整形し，施工幅に調整されたスリップフォーム（トレイルフォーム）によりエッジスランプ（端部のダレ）を防止しながら連続的に舗装版を構築していく装置である（**写真-5.9**）．ゆえに，生コンの繊細なスランプ管理が必要であり，低すぎるとうまく流動化せず空隙の多いコンクリート版となり，高すぎるとエッジスランプが発生しやすく肩ダレが起きてしまう．機械装置も機能を1つの機械に集約しているため，複雑となり機械重量も増している．また直接対象路面を作業装置を移動させながら自走するため，強力な牽引力を発揮する必要があり，クローラが装着されている．当然ながらクローラが走行するスペースが必要になり，セットフォームに比べ1 m以上の広い幅が必要になる．そして，セットフォー

写真-5.9　スリップフォームペーバの施工

写真-5.10　センサとガイド用ワイヤ

ム工法のように基準高さと操向を定めるガイドレールが無いため，基準高さと操向を制御するために，あらかじめ，機械走行脇に設計値に合わせて3次元のガイド用センサワイヤを設置し，機械本体に装着されたセンサによって敷きならし高さ（厚さ）と操向を制御する（**写真-5.10**）．ゆえに，単独で副次的な作業に必要な機器には，ガイド用ワイヤを読み取るセンサ機能の搭載が必要になり，セットフォーム工法のように副次作業機器の構造が簡易にはならない．この工法がスチールフォームを用いない合理的な工法として，世界的にセットフォーム工法に取って代わる状況であるが，スリップフォームペーバは構造の複雑さと巨大重量であるため敬遠されるケースも多く，我が国ではセットフォーム工法がいまだに定着している要因でもある．しかし，多量の舗装型枠を使用せず単体の複合機能機械を用いた合理化工法として空港関連工事，トンネル床版舗装に使用されはじめている．以下では各部の構造を説明する．

①スプレッド機構

　スプレッダの機能を持つ箇所で，荷下ろしされた生コンは正逆回転するオーガで左右均等に敷きならされ，ストライクオフブレードで余盛り高さが調整される（**図-5.7①**）．

②締固め機構

　スリップフォーム工法に用いられている締固め方式は，生コンの中に棒状の振動装置を挿入して内部より締め固める内部振動式が一般的に採用されている．表面振動式と異なり内部より

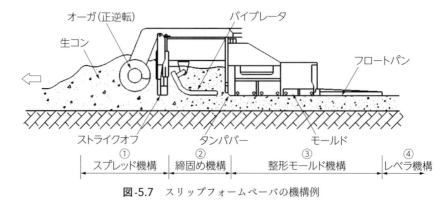

図-5.7　スリップフォームペーバの機構例

締め固められる構造になっているため，厚層の締固めが可能である．振動装置は油圧式と電気式があり，ともに起振機の回転数が変えられる機構となっている．特にオーバーバイブレーション（過振動）にならないように調整する必要がある．またタンパバーを備え，このバーで生コンに加圧することでモールドへ呑み込まれやすくしている（**図-5.7②**）．

③整形モールド機構

セットフォーム工法におけるスチールフォームの機能があるが，生コンがモールド内を短時間で通過したのみで脱型されるため，特に舗装版両端の形状が崩れることが懸念される．このため，生コンの性状管理と装置の適切な調整が必要である．スランプの状態によって肩下がりを予測してプレート端部を反り上げて（エッジスランプ調整装置）整形させる装置を備えている機種もある（**図-5.7③**, **図-5.8**）．この装置には，人力で反り上げるマニュアル式とスイッチ1つで反り上げられる油圧式がある．

④レベラ機構

本体フレーム後部に横行用ガイドフレームが装着され，前述のコンクリートレベラと同様に長尺のフロートパンが前後に摺動しながら左右に横行する機構が備わっている（**図-5.7④**, **写真-5.11**の白いアタッチメントの部分）．

⑤走 行 装 置

走行用クローラは2トラック方式と4トラック方式がある（**図-5.9**）．ともに優れているがどちらかと言えば，4トラック方式の方が大規模工事に向いている．クローラが4か所に分かれているため，操向性が良いばかりでなく，フレームにその他のオプションを装備するスペースも確保できている．

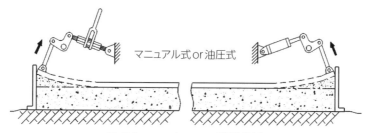

図-5.8 エッジスランプ調整装置

写真-5.11 スリップフォームペーバのオートフロート（白いフレームのアタッチメント）

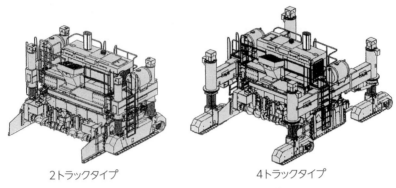

2トラックタイプ　　　　　　　　　　4トラックタイプ

図-5.9　2トラック方式と4トラック方式のスリップフォームペーバ

　コンクリート舗装機械の説明を行ったが，施工に付帯する装置は各種の現場対応向けに，アイデアに富んだ多数の装置が開発されている．次からは，歩道や建築外郭などの小規模工事向けに使用されている機器について述べる（こういった機器には左官作業と重複使用されるものもあり，高い使用効果を発揮するものもある）．

―メカコラム―

フィードフォワード制御（Feed Forward Control）

　フィードフォワード制御は建設業では前述したフィードバック制御よりさらになじみの無い言葉であるが，一般製造業では工作機械の自動制御手法として，フィードバック制御に付加して使用されている．アスファルトフィニッシャの操作やコンクリートの敷きならしの際にも，機械操作の結果情報を基に，目標値と動作の結果を比較して調整することをフィードバック制御と説明したが，結果情報だけでは，時間差が生じて操作が不可能な場合がある．身近な例として，車を運転する場合に，進行方向（前方）の道路状況を予測して，ハンドル，ブレーキ，アクセルを操作している．これと同様に，この項で述べたように対象路面の勾配に応じて，フローを予測して，山側のコンクリート余盛り量を多く取る操作は，フィードフォワード制御となる．このように予測情報を基に次に起こる動作を見越して操作することをフィードフォワード制御と言う．フィード（餌を与える→情報を与える）フォワード（前に）すなわち，情報の先取りの意味で，一般製造業に比べ製造プロセス時の外乱要因の多い建設業においては，品質，工程，安全管理のうえでこの思想を先手管理手法として再認識したい．

　しかし，この際に，判断，対応する能力を伴わなければ，せっかくの貴重な情報は機能しない．アナログ的な操作の多い建設機械の場合には，経験を積んで予測判断能力を養うことが必要である．"段取り八分"という言葉にもフィードフォワードの意味が含まれる．

〔参考資料および文献〕
1) GOMACO　製品カタログ
2) 川崎重工業　製品カタログ
3) ABG　製品カタログ
4) セメントコンクリート舗装要綱，（社）日本道路協会 編

セメントコンクリート機械を解説するに当たり，前節では基本となるセットフォーム工法とスリップフォーム工法について，その特徴も含め解説するとともに，それぞれの工法で用いられている機械について紹介しました．ここでは，コンクリート舗装の施工に活用されているその他の装置等について解説します．

5-2　その他の装置と小規模工事機械

はじめに

前項で車道を対象としたセメントコンクリート機械の概略説明を行ったが，施工に付帯する装置は各種の現場対応用に，多数開発されている．ここでは施工手順別の装置の紹介と歩道や建築外構などの小規模工事向けに使用されている機器について述べる．左官作業用の装置を小規模コンクリート舗装の施工に利用して高い使用効果を発揮する物もある．逆に，工業用ロボットや大型精密機械を据え付ける最近の工場床のように，長スパンで高精度が求められる左官作業には，コンクリート舗装の施工技術を活用する場も多い．

5-2-1　荷下ろし作業

コンクリート舗装には，通常固練り（低スランプ）の生コンが用いられ，その運搬にはダンプトラックが用いられる．ダンプトラックが舗設車線に進入する縦取り方式は，直接，路盤に下ろす場合や，補強鉄網を入れる二層打ちの場合には粗ならし機能と搬送機能のあるボックススプレッダにダンプスロープ台を使用して供給する（**図-5.10**）．しかし，スロープ台の移動手間があることやダンプアップの際に高さ制限のあるトンネル内での施工においては，低い位置から供給できる自走式コンベヤ（**図-5.11**）が用いられる．また，ボックススプレッダを使用せずロングベルコンを装着した機械（**写真-5.12**）を使用して作業エリアを確保する場合もある．縦取り方式の場合には，あらかじめ各種バーアッセンブリ等を置くことはできないため（搬送機能のあるボックススプレッダであればある程度可能），舗設車線外に荷下ろし作業が可能な幅員を確保できる場合には，舗設車線外側面より供給する横取り方式を採用すれば，ダンプト

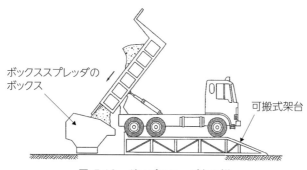

図-5.10　ダンプスロープ台の例

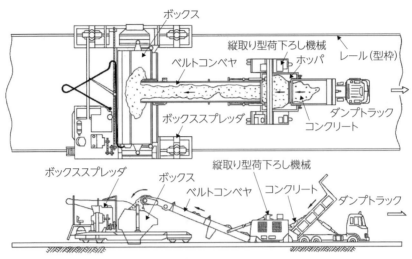

図-5.11 自走式コンベヤ

写真-5.12 ロングベルコンを装着した機械

写真-5.13 横取り仕様にセットしたボックススプレッダへの供給

ラック進入の障害となることなく，鉄網，および各種バーアッセンブリをあらかじめ設置することが可能になる．セットフォーム工法では前述の自走式コンベヤを用いて横取り仕様にセットしたボックススプレッダに供給する（写真-5.13）．または，特殊な専用機を使用しないでも，汎用の大型サイドダンプ仕様のホイールローダを用いて，ダンプトラックから受けた生コンをボックススプレッダに供給する方法もある（写真-5.14）．国産のボックススプレッダには折畳み式のボックス横行フレームを伸ばしボックスを舗設車線外側面に送り出し，ダンプトラックより直接受ける横取り装置を取り付けることができる．同様に折り畳んだコンベヤを側方に伸ばしダンプトラックより生コンを受け取る機構はスリップフォームペーバにも採用されている（写真-5.15）．いずれにしても，材料分離を起こしやすい固練りの生コンの荷下ろし作業は，打設箇所への使用量，材料分離と流動を加味しながらの戻り作業が困難な，後工程への影響の大きい重要な作業である．

　セットフォーム工法に用いられるスチールフォームは施工厚さによって高さ寸法を変えるが，長さは3mが標準となっている．スチールフォームの固定は鋼製のピンを対象路盤に打ち込み，

写真-5.14 サイドダンプ仕様のホイールローダを用いた
ボックススプレッダへの供給

写真-5.15 生コンを受け取る機構（スリップフォームペーバ）

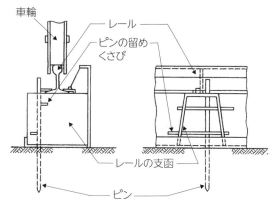

図-5.12 スチールフォームの固定

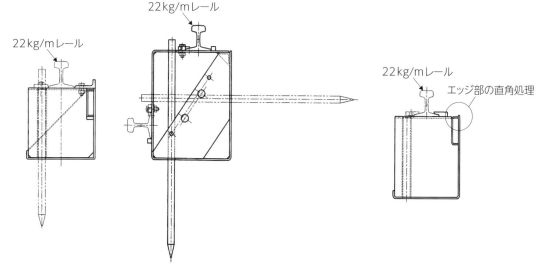

図-5.13 片面打設型 　　図-5.14 両面打設型 　　図-5.15 片面打設型
　（パイプ型） 　　　　　　　　　　　　　　　　　　　　（エッジ部を直角処理）

付属されているくさびによって固定をする（**図-5.12**）．ピン固定装置をパイプにしてくさび機構を無くし，構造を簡単にしたものも使用されている（**図-5.13**）．また，断面を底部と側面で90°回転することにより施工厚さを変えることができる汎用性を高めたタイプもある（**図-5.14**）．また，一般にスチールフォームの天端のエッジ折曲げ箇所は曲面になっているため，脱型時に端部角欠けを起こしやすい．そこで，事前にコテ処理が必要であるが，エッジ部を直角処理し，

写真-5.16　レール設置用の専用ホルダ

写真-5.17　専用のプラスチック型枠

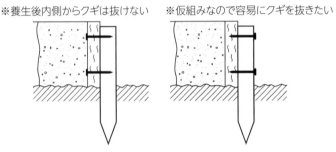

※養生後内側からクギは抜けない　　※仮組みなので容易にクギを抜きたい

図-5.16　鋼製ピンの打込み

端部整形処理を容易にしている形状の物もある（**図-5.15**）．いずれにしても，セットフォーム工法の場合にはいかに生コンの品質を確保し，優れた施工を行っても，スチールフォームの形状品質と設置状況により出来形品質が決まってしまう．また，施工厚の大きなスチールフォームは打設時の側圧を受けるほか，機械移動時，作業時に大きな荷重を受け，さらに転用時の運搬，清掃時にも多くの衝撃を受ける．ゆえに，変形を防ぐため鋼板の厚さが6mmになり，さらに機械走行用のレールも荷重によるたわみの小さなものをセットするので，スチールフォーム1本当たりの重量がかさむこととなる．また，既設構造物や先行打設箇所に接して舗設作業を行う場合には，レールのみを置き打設機械を走行させる．トンネル内の舗設で円形水路構造物が先行設置されている場合には，レール設置用の専用ホルダが使用されている（**写真-5.16**）．一方，歩道，構内路，住宅のアプローチなどの小規模工事でのコンクリート打設では鋼製型枠を使用する例は少ない．特に，住宅のアプローチなどでは，直線部のほかに曲線部分の箇所も多く，専用のプラスチック型枠も開発されているが（**写真-5.17**），一般的には木枠を施工高さと曲率に合わせて路盤に杭，鋼製ピンを打ち込んで固定させる．この際内側から，仮留めのクギを打つと脱型の際にクギを抜くことが不可能となるので，外側から留める（**図-5.16**）．鋼製のピンを使用した場合には，クギを使用することはできないので，板の下面に介物をして高さを調節するが，手間を要する作業になる．そこでコンクリート舗装技術に長い歴史を有する北米で生まれた事例を紹介する．

　仮留めについてはクギが貫通する穴をあけた鋼製のピンを使用することにより容易になる．

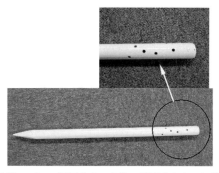

写真-5.18 ピンの円周方向に多数の貫通穴をあけた特製ピン

写真-5.19 ダブルヘッドタイプのクギ

しかし，穴の方向を確認してピンを打つことは困難な作業となるため，ピンの円周方向に多数の貫通穴をあけた特製ピンを使って仮留めを可能としている（**写真-5.18**）．さらに，クギを抜く作業を容易にするため，クギ抜きのフック部が掛かりやすいようにクギの頭を加工したダブルヘッドタイプのクギ（**写真-5.19**）を使用している（このクギは国内でも販売されている）．

5-2-2　締固め装置

　敷きならし厚が小さい場合には，敷きならし装置を振動または摺動させることで締固め機能と仕上げ機能を兼ねることができるが，厚さが大きくなると締固め専用装置として舗装上面より振動板によって振動を与えて締め固める方法に加えて，生コン内部に振動を与えて締固めを行う棒状バイブレータが用いられる．内部振動機構は路盤やアスファルト舗装での締固めには使用されない方法であり，生コン内部に振動を与えることにより空隙を無くし充填率を高めることができる．しかし，同じ箇所に振動を長く掛けすぎると骨材が沈下し材料分離を起こす．内部振動装置はその形状から棒状振動機とも呼ばれ，効果範囲は振動機直径の10倍とされている．振動数は電動モータを使用する機構のものは，周波数変換機を用いることにより1万回転以上の高回転振動を与え効率的な締固めを可能にしている．挿入方式は斜め挿入式と垂直挿入式があり（**図-5.17**），垂直挿入式は締固めが終了したらバイブレータを引き上げ，移動して，再び垂直に挿入する．その際，空中で長時間無負荷の状態で回転させると，生コンによる冷却作用が働かず，ベアリングが焼きつく危険性がある．斜め挿入式はスリップフォームペーバに

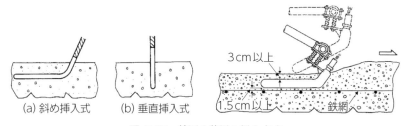

(a) 斜め挿入式　　(b) 垂直挿入式　　3cm以上　　1.5cm以上　　鉄網

図-5.17　締固め装置の挿入方式

用いられ，通常生コンに挿入したまま使用する．

5-2-3　簡易舗設機械

ここでは，規模の大きな施工機械と装置の説明のほかに，使用頻度の高い，小規模または簡易な工事で使用される簡易舗設機械を紹介する．

1）振動フロート

主に床コンクリート打設に使用されている．軽量なアルミプレートに小型エンジンまたはエア駆動のバイブレータが取り付けられている（**写真-5.20**）．

2）振動ビームフィニッシャ

①Iビームタイプ（簡易フィニッシャ）

型枠，既設路面，構造物をガイドとして，I形状のフレーム中央部にエンジン，または電動駆動のバイブレータが取り付けられた装置で，一般的に簡易フィニッシャと呼ばれている．棒状バイブレータで締め固めた後にこの装置で敷きならす（**写真-5.21**）．施工幅は3〜5m程度である．

②トラスビームタイプ

施工幅が5m以上になると，前述のIビームタイプでは，敷きならし抵抗，ビームの自重により，ビームのたわみが大きくなり使用できない．そこで，断面係数の大きなトラス状のビーム

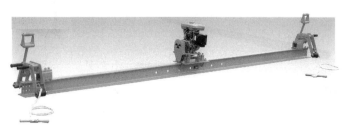

写真-5.21　Iビームタイプ（エンジン駆動バイブレータ）

写真-5.20　振動フロート

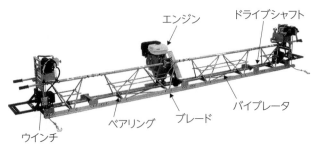

写真-5.22　トラスビームタイプ（エンジン駆動バイブレータ）

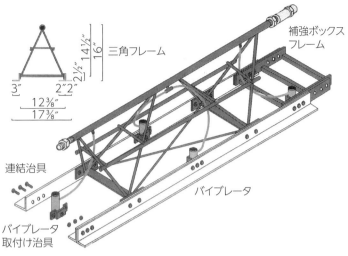

図-5.18　トラスビームタイプ（エア駆動バイブレータ）

写真-5.23　トラスビームタイプ
（エンジン駆動バイブレータ）

写真-5.24　円形タンクの基礎を打設している事例

を採用し，施工幅員に応じてのエンジン駆動（**写真-5.22**），またはエア駆動（**図-5.18**）バイブレータを複数個取り付け，均一な振動をビームに掛けて敷きならす．ビーム断面は三角形で，底部の角を前後2本のL形鋼でつないでおり，ここがスクリードの役目をしている．トラスビーム構成部材は軽量化を図るためアルミニウムを使用して，最大施工幅員18mに及ぶ機種もある（**写真-5.23**）．このタイプは平たん性を要求される工場床やコンクリート橋のスラブ打設に適している．また，各種アタッチメントも開発されている．例えば，ビームの片方をピンで固定し，片方を円周上に沿って移動し，円形タンクの基礎を合理的に打設させる例もあり（**写真-5.24**），いろいろな用途開発が可能な機種である．現在のところ，国産機は生産されておらず，輸入機（米国製）が使用されている．

3）パイプロールフィニッシャ

　円形のパイプを回転させ生コンを下方に押し込み締め固める機能とともに，このパイプを進行方向に対して逆方向に回転させることにより，余剰生コンを前方に送り出す機能を利用した装置．前述のビームタイプより低スランプの生コンに対応できる．

①3ロールタイプ

　型枠天端にまたがる3本のローラから構成されており，フロントローラを偏心回転させることにより，粗ならし作業と締固めを行い，セカンドローラと，リヤローラによって，走行と整形作業を行う．操向はセカンドローラの片側をレバー操作で浮かせ，行っている．パイプの径は200mm程度で，施工幅員は3〜12mであるが，小型エンジンを搭載しているので重量がかさみ（5m仕様で1,200kg），設置移動はクレーンを用いるため，最近では簡易な舗装にはあまり使用されなくなった（**図**-5.19, **写真**-5.25）.

②シングルロール（チューブフィニッシャ）

　単純な構造で，重量も人による移動が可能なほど軽く，取扱いも容易であるため，3ロールタイプに代わって使用されている．構造は，単純にパイプを進行方向と逆に回転させ，そのパイプの両端を，人力で引っ張り移動させる．締固め，整形が不足している場合に，張力を緩めると，回転方向に戻るので，再び整形作業を繰り返すことができる（**写真**-5.26）.固練り（低

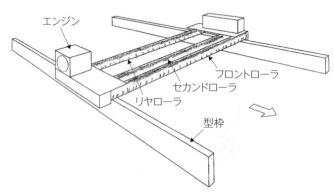

図-5.19　3ロールタイプのパイプロールフィニッシャ（エンジン駆動）

写真-5.25　パイプロールフィニッシャ
　　　　　　　（3ロールタイプ）

写真-5.26　シングルロールの施工

写真-5.27　シングルロールの斜面での施工

写真-5.28　シングルロールのパーツ
（パイプを替えることで様々な幅員に対応可能）

写真-5.29　シリンダフィニッシャの打設（橋梁スラブ）

写真-5.30　シリンダフィニッシャの打設（斜面）

写真-5.31　側方から見たシリンダフィニッシャ
（表面仕上げ用のパンがある）

スランプ）の生コンにも対応できるため，斜面での打設にも使用できる（**写真-5.27**）．回転機構は，別置きのエンジン駆動の油圧ユニットからホースでパイプの片方に連結された牽引ガイドハンドルに油圧を送る．この牽引ガイドハンドルには油圧モータが装着されており，この油圧モータを駆動させることで，直径約150mmのパイプを回転させる．長さに応じてパイプを替えることで様々な施工幅員に対応できる（**写真-5.28**）．またこの装置は，生コンに接する作業装置の構造が円形パイプのみと単純であり，さらに，回転作業によるセルフクリーニング作用があるため，作業終了後の清掃が極めて簡単にできる．作業現場内では，清掃用の水と排水可能な場所はほとんど確保できないので清掃作業が簡易なことは大きな利点でもある．この機種も米国製である．

③横行ロール式（シリンダフィニッシャ）

基準フレームに沿って回転ローラを移動させ，横断方向に敷きならしを行う機構であり，長大な施工幅員を誇る．我が国では橋梁部の床版コンクリートの出来形に戸惑う？ようなこともたびたび経験するが，欧米では橋梁における広幅員のスラブの打設にも使用して高い仕上がり精度を得ている（**写真-5.29**）．また，工場床，斜面，水路などにも使用されている（**写真-5.30**）．構造はたわみが生じにくいように考慮したトラスフレームに小型エンジン駆動の回転ロール式フィニッシング装置が懸架され，移動装置によって全幅を横行しながら敷きならしを行う．縦断方向の移動は，路肩にセットされた軽量レールや下部構造物から立ち上げたサポートに載せたパイプ上を走行させる（オプションでクローラ装置もある）．フィニッシング装置部分はロー

第5章　セメントコンクリート機械

写真-5.32　シリンダフィニッシャのロールが
　　　　　　2本に強化されたタイプ

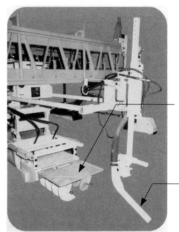

ロール（シリンダ）が
2本の強化タイプ

インナー
バイブレータ

写真-5.33　インナーバイブレータをスクリュウオーガの
　　　　　　前に取り付けたタイプ

写真-5.34　長大スパン対応のシリンダフィニッシャ

ルの同軸上先端にスクリュウオーガが取り付けられ，余剰の生コンを前方に押し出す機能を備えている．後方には表面仕上げ用のパンが備えられている（**写真-5.31**）．またロール（シリンダ）が2本の強化タイプもある（**写真-5.32**）．さらに，施工厚が大きい場合にはインナーバイブレータをスクリュウオーガの前に取り付けることもできる（**写真-5.33**）．施工幅員はフィニッシングユニットが自走できるので，横行用トラスフレームをつなぐことにより調整できる（**写真-5.34**）．最大幅員が42mに及ぶ長大スパン対応タイプも存在する．この機種は我が国での施工例は少ないが，用途によっては非常に合理的な施工ができる施工機械である．

〔参考資料および文献〕
1）セメントコンクリート舗装要綱，（社）日本道路協会編（1984. 2）
2）GOMACO社　製品カタログ
3）BUNYAN Industries社　製品カタログ
4）ALLEN Engineering社　製品カタログ
5）BIDWELL社　製品カタログ

―メカコラム―

使用部材の断面係数

　建設機械は種々の外部応力を受ける．さらに部材に熱応力がかかる場合もある．また運搬を容易にするため厳しい重量制限も受ける．そこで，部材一つひとつにどのような応力がどの方向から掛かるかの複雑な複合応力を検討し，少しでも重量を軽くするため最も少ない部材で曲げ応力に耐え得る形状を定める必要がある．同じ断面積の部材（単位長さ当たりの重量が同じ）を使用してもその断面形状により許容される曲げモーメントは大きく異なる．例えば，同じ断面積の丸棒と中空のパイプ形状では引張強度は同じであっても，曲げに対する強度はパイプ状のものが勝る．部材に発生する曲げ応力は，$\sigma = M \div Z$ で表すことができる．この式において $M =$ 曲げモーメント，$\sigma =$ 曲げ応力，そして $Z =$ 断面係数であり，断面係数が大きな形状にすることで同じ曲げモーメントの場合，部材に働く曲げ応力を小さくできる．そのため H 形鋼や角パイプ等の形状が採用されている（**図-5.20**）．

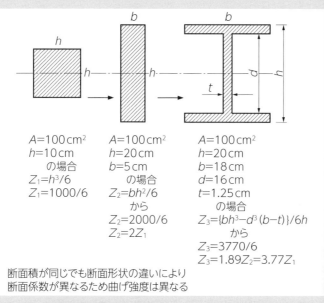

$A = 100\,\mathrm{cm}^2$
$h = 10\,\mathrm{cm}$
　の場合
$Z_1 = h^3/6$
$Z_1 = 1000/6$

$A = 100\,\mathrm{cm}^2$
$h = 20\,\mathrm{cm}$
$b = 5\,\mathrm{cm}$
　の場合
$Z_2 = bh^2/6$
　から
$Z_2 = 2000/6$
$Z_2 = 2Z_1$

$A = 100\,\mathrm{cm}^2$
$h = 20\,\mathrm{cm}$
$b = 18\,\mathrm{cm}$
$d = 16\,\mathrm{cm}$
$t = 1.25\,\mathrm{cm}$
　の場合
$Z_3 = \{bh^3 - d^3(b-t)\}/6h$
　から
$Z_3 = 3770/6$
$Z_3 = 1.89Z_2 = 3.77Z_1$

断面積が同じでも断面形状の違いにより
断面係数が異なるため曲げ強度は異なる

図-5.20　部材に発生する曲げ応力と断面係数

第6章

アスファルトプラント

アスファルトプラント
舗装用アスファルト混合物の製造プロセスと，各装置の構造，機能，
操作上の留意点などを解説する．また，近年，省資源の観点から需
要の高まるリサイクルプラントについて，バージン用プラントとは
異なる必要機能と装置についても解説する．

　　舗装の施工において，使用材料の円滑な搬入は，施工を迅速にするうえで重要な要素です．このため，材料のほとんどが近くのアスファルトプラントから供給されています．以下，アスファルトプラントについて，製造工程に沿いながら紹介します．

6-1　骨材の供給と加熱乾燥装置

はじめに

　道路構築作業の工程において，アスファルト混合物を製造するアスファルトプラントは，これまで述べてきたような路面（ワーク）上で作業する機械と異なり，一般製造業と同じ形態の生産設備である．ゆえに，アスファルトプラントにはその名のとおり‘工場生産設備’として多くの装置が使用されており，それらの機構，機能を理解して管理する必要がある．さらに，コンクリートプラントやソイルプラントとは異なり，‘加熱乾燥工程’のある‘熱’を取り扱う設備であり，定められた温度まで加熱して乾燥させた骨材に，結合材として加熱し，液状化された一定割合のアスファルトを混合してアスファルト混合物を製造する装置である．

6-1-1　製造工程による分類

　アスファルトプラントは工程ごとに作業を進めるバッチ（Batch）（個別升作業）方式（**図-6.1**，**写真-6.1**）と各工程を連続して行う連続（Continuous）方式（**図-6.2**，**写真-6.2**）に分類することができる．

1）バッチ方式

　バッチ方式アスファルトプラントでは，サイズ別に定量供給され，加熱乾燥された骨材をふ

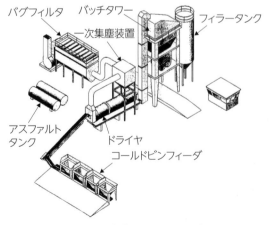

図-6.1　バッチ方式アスファルトプラント

写真-6.1　バッチ方式アスファルトプラント

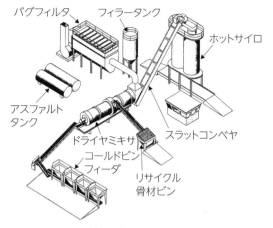

図-6.2　連続方式アスファルトプラント

写真-6.2　連続方式アスファルトプラント

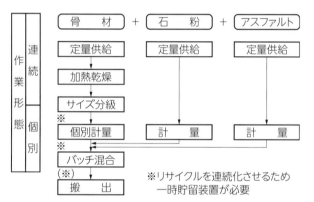

図-6.3　バッチ方式アスファルトプラントの作業フロー

るいを通して再度分級し，バッチ（升）分の使用量を重量計量して，同じく重量計量されたアスファルトとフィラーをミキサにてバッチごとに一定時間混合してアスファルト混合物とする．使用骨材を乾燥状態で分級し，計量を行うため，配合計量精度は高い．また混合工程直前の使用材料を個別計量するので，配合比率の変更が容易であり，多種類の配合に対応することができる．この方式は骨材分級のための振動ふるい，重量計量装置が必要である．さらに，加熱乾燥工程は連続して行われるが，それぞれの工程を全体工程の流れに合致させるため，各工程箇所に緩衝機能（Buffer）としての処理材料の一時貯留装置が必要になる．反面，加熱骨材を貯留することは骨材からの脱水作用を促進する利点があるものの，装置構造が複雑になってしまう．このような配合精度の良さや多種の配合に対応しやすいなどの優れた機能を備えているため，我が国でのアスファルトプラントはバッチ方式が多く採用されている．バッチ方式アスファルトプラントの作業フローを**図-6.3**に示す．

2）連続方式

　連続方式アスファルトプラントでは，骨材加熱をバッチ方式と同様にロータリ式のドライヤ

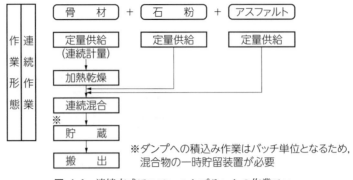

図-6.4　連続方式アスファルトプラントの作業フロー

を用いて連続して作業を行っているが，使用材料の計量，混合も連続で行い，各工程作業が連続して行われるため生産性が高くなる．また，装置の大幅な簡略化が可能となる．しかし，骨材の計量は加熱乾燥工程の前に湿潤状態で行われるため含水比を加味した管理が必要となり，投入材の粒度の変化への対応は困難である．さらに，計量方法が連続式であるので，計量精度がバッチ計量より劣るため，配合に精度が求められる混合物の製造には適していない．また連続生産方式のため稼働中に配合比率を切り替えることも困難であり，多種の配合別混合には適さない．ゆえに，我が国ではこの方式は普及していないが，使用骨材の品質，性状にバラツキが少ないなどの運転状況が整っていれば，単一配合，連続出荷に適した方式である．さらに，機構が単純なので，プラントの設置，解体が容易で移動性に富んでいる．欧米では移動性機能を付加したモービルタイプの機種も多く生産されている．近年，連続計量装置の精度機能が改善された装置も開発されているので，今後，製造品質をさらに高めることが可能な機種の開発が進められるであろう．連続方式アスファルトプラントの作業フローを**図-6.4**に示す．

6-1-2　アスファルトプラントの構成と各部機能

　ここでは，我が国で一般的なバッチ方式アスファルトプラントを例にアスファルトプラントの構成と各部機能を解説する（連続方式については割愛）．アスファルトプラントのユニット構成は**図-6.5**のように示すことができ，各ユニットを使用条件に合わせて選び組み合わせることが可能である．例えば，細粒分の多い配合の混合物を多く出荷する地域では，加熱乾燥用のドライヤの能力を増したユニットを組み込んでいる．

　材料の流れに沿って各構成ユニットの説明を行う．

　①骨材の貯蔵装置

　　　↓

　②骨材定量搬出装置

　　　↓

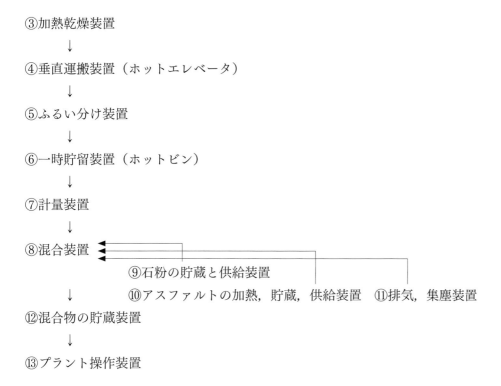

③加熱乾燥装置

　　　↓

④垂直運搬装置（ホットエレベータ）

　　　↓

⑤ふるい分け装置

　　　↓

⑥一時貯留装置（ホットビン）

　　　↓

⑦計量装置

　　　↓

⑧混合装置 ◀───────────────────┐

　　　　　　⑨石粉の貯蔵と供給装置

　　　↓　　⑩アスファルトの加熱，貯蔵，供給装置　⑪排気，集塵装置

⑫混合物の貯蔵装置

　　　↓

⑬プラント操作装置

1）骨材の貯蔵装置

　定められた範囲内で分級された骨材であっても，採取地域，箇所によって範囲内で粒度分布は異なり，たとえ同じ産地であっても，積込み，運搬，搬出状況によって粒度も含水比も異なり，バラツキがある．そこで設計値との差が少なく，なるべくバラツキの少ない貯蔵方法が必

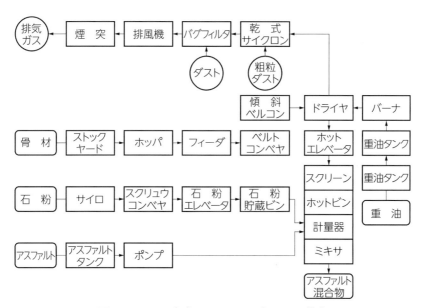

図-6.5　バッチ方式アスファルトプラントの構成

要である．特に，バッチ方式であっても2.5mm以下のふるい（スクリーン）でのふるい分けは行わないので，この細骨材粒度分布が変動しない材料を使用する必要がある．細骨材の量や性状の変化は，アスファルト混合物の品質に大きく影響するため留意しなければならない．各サイズの貯蔵量設定は，使用量の比率と材料補充状況によって定める．ストックされた骨材は加熱乾燥されるため，含水比が増さないように配慮する必要がある．骨材の水分除去には多くのエネルギーが必要であり，水分1%の増加は乾燥能力を10%低下させてしまう．

①ストックヤード方式

　一般的な骨材貯蔵方式である．貯蔵箇所より骨材をホイールローダにて運搬し供給するコールドビン供給方式（**図-6.6**）と，仕切り版端部に横断方向に壁を作り，直接定量供給装置を取り付ける直付けフィーダ方式（**図-6.7**）がある．両方式とも貯蔵ヤードは分級サイズ別に仕切りで分けられており，晴天時の自然乾燥機能が期待できる．反面，降雨による骨材含水比の変動を防ぐため降雨量の多い地域では屋根を付けることが望ましい．その際，材料搬入ダンプの搬出時のベッセルが屋根と接触しない十分な高さが必要である．特に，細骨材の貯蔵箇所には屋根の設置が必要である．また，ヤード底面は供給装置方向と逆に水勾配を付け，排水機能を持たせることも必要である．

a. コールドビン供給（ホッパ）方式

　最も一般的な方式．仕切りによって各サイズにストックされた材料を定められたコールドビンにホイールローダで供給する方式．骨材選別が容易であり，仕切りとコールドビンを増やすことで多種サイズに対応できる．ホイールローダでホッパに投入するため，そのつど，材料の確認が可能であり，設置も容易なので仮設プラントにも適している．また，フィーダ装置の保守点検が容易であり，信頼性が高いので，固定プラントにも多く採用されている．反面，骨材供給用ホイールローダを拘束して使用しなければならず，また，広いローダの走行エリアが必要となる．コールドビンを設置する際には，効率的なローダワークを考慮しなければならない．ヤード先端とコールドビンまでの距離は短すぎるとローダの反転作業がしにくくなり，逆に広すぎると効率が悪くなる．さらに，ビンホッパの高さをできる限り低く設置することにより，ローダ走行エリアの勾配が小さくなり，効率的なローダワークが可能となる（**図-6.8**，本体と

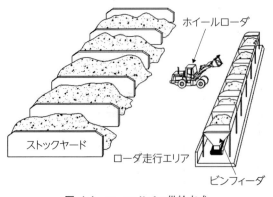

図-6.6　コールドビン供給方式

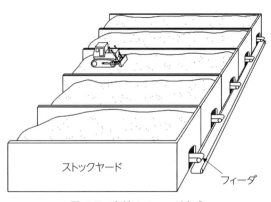

図-6.7　直付けフィーダ方式

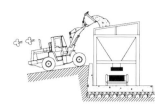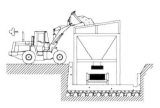

本体基礎のレベルに合わせると
ローダ走行エリアの傾斜がきつく
なり，ローダワークが困難になる
（積込み時にパワーを要するので，
燃費もかさみ，排気音も高くなる）.

掘り下げた位置にセットすると，
ローダワークが容易になる.

図-6.8　骨材供給用コールドビンの設置方法

写真-6.3　コールドビン供給方式
　　　　　（設置位置を低くした事例）

の取合いはドライヤ投入ベルコンで調整が可能）．特に，固定プラントとして設置する場合には，長期間にわたる効率的な運用管理への影響が大きくなるので，ローダワーク優先の設置が必要である（**写真-6.3**）.

b. 直付けフィーダ方式

　ローダ走行エリアが不要なので敷地面積の割に多量の骨材ストックが可能であり，上屋も設置しやすく，プラント敷地の有効利用ができる．多量搬出フィーダを取り付けることも可能なため，大型プラントに採用される場合もある．フィーダをヤードに直接設置するため装置の一部が骨材に埋まり，保守点検しにくい面があり，また，容易にフィーダを追加設置することも困難であるので多品種配合プラントには不向きな面もある.

②サイロ供給方式

　狭い敷地で多量に貯蔵できる．他の方式と異なり供給用のホイールローダや集積用のブルドーザが不要であり，経済的で，重機騒音の心配は少ない（**図6.9**，**写真-6.4**）．留意点としては，設備費が高く，容易に設置ができないので前述の直付けフィーダ方式と同様に骨材選別が難しい．また，底面部より材料搬出をするため，含水比の高い箇所からの搬出となり，加熱乾燥工程か

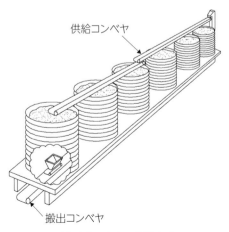

供給コンベヤ

搬出コンベヤ

図-6.9　サイロ供給方式

写真-6.4　サイロ供給方式

らは理想的とは言えない面がある．フィーダ搬出口もビンフィーダのような円錐形状でないため，円筒状としての貯蔵量は多くても，低部箇所での材料のデッドストック量が多くなる．また，含水比の高い細骨材を入れてしまい，ホッパでの詰まり現象であるブリッジング（アーチング）を起こすと解消が困難になる．ゆえに，乾燥した骨材を搬入することが必要である．しかし，最近では，骨材ヤードをサイロ供給方式にして敷地の確保をしている例も多い．

2) 骨材定量搬出装置

供給骨材の粒度，性状のバラツキの発生が少ないように配慮して材料がストックできた後の工程として骨材供給がある．この良否は混合物の品質とプラントの能力に大きな影響を与える．各サイズの供給量が適切でないと設計どおりの粒度の混合物が得られず，供給量に過不足が生じたり変動が大きいと加熱温度の不均一，ふるい分けの変動，ホットビンからのオーバーフロー，および計量待ちを生じ，プラントによる混合物の製造プロセスを乱して，所定の製造能力と規定の品質を得ることができなくなる．特に含水比の高くなりやすい細骨材の供給はブリッジングが起きやすいので，ホッパの形状（傾斜角，搬出口面積），バイブレータ，感知センサの取付け，フィーダの形状などを吟味する必要がある．使用量に合わせた搬出量の調整は，ふるい（スクリーン）を通過した後に一時貯留するホットビンの溜まり量をインジケータで確認しながら，骨材搬送時間（タイムラグ）を考慮して行う．各フィーダの搬出量の調整はゲートの開度と搬出装置の駆動回転数の調整によって行われる．最近の装置は，操作室で遠隔制御が可能であり，回転数を無段変速調整ができるので，これらの装置を駆使して，供給バランスの取れた操作が必要である．装置には幾つかの種類があるが，最近は，管理の容易なベルトフィーダ方式が主流となっている．

①レシプロフィーダ

シュートの底板を定められたストロークで往復運動させて，骨材を送り出す．搬出量の調整はゲートの開度およびクランク運動をさせる変速モータの回転数を変えることによって行う（**図-6.10**）．フィーダとしての安定性は劣るが，こぼれが少ないので細骨材用に使われている．しかし，最近では搬出量精度の高いベルトフィーダの採用実績が多い．

図-6.10　レシプロフィーダ

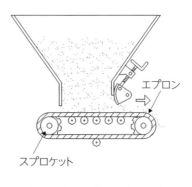

図-6.11　エプロンフィーダ

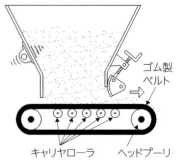

図-6.12　ベルトフィーダ

②エプロンフィーダ

波形に成型した鋼板（エプロン）をチェーンに取り付けて移動させる方法により骨材を切り出す機構で，チェーンはスプロケットで駆動されるため，すべりがなく，材料も波形鋼板（エプロン）によって搬出されるため精度のバラツキが少ない（**図-6.11**）．スクリーニングス，砂などの細骨材はエプロンに付着してこぼれるので，粗骨材用に多く用いられている．装置がすべて金属であるため腐食しやすく，この機種もベルトフィーダに変わりつつある．

③ベルトフィーダ

ホッパの下部にベルトコンベヤを取り付けた形状であり，搬出材料の荷重を支えるためにキャリヤローラが狭いピッチで並んでいる．ゴム製の幅広ベルトを使用しているため，エプロンフィーダと比べメンテナンスがしやすい（**図-6.12**）．搬出口も長手方向に大きく取れる．ベルトの駆動はヘッドプーリとの摩擦により伝達されるので，径が大きくなりフィーダの高さが高くなる面がある．また，ベルトテンションの調整頻度を高くする必要がある．搬出量の調整は，他の機種と同様にゲートの開度と駆動モータの回転数制御によって行う．細骨材から粗骨材まで幅広く対応が可能な機種である．

3）加熱乾燥装置

①加熱乾燥のメカニズム

アスファルトプラントの主機能である骨材加熱乾燥装置は，生産能力を定める重要な機構である．性状にバラツキの少ない状態でストックされ，定量搬出装置によって選定されたサイズ別の骨材がベルトコンベヤによって次工程である加熱乾燥装置に送られてくる．水を含んだ湿潤骨材を加熱乾燥するメカニズムは脱水作用と昇温作用に分けられる．加熱乾燥工程は**図-6.13**のように，まず骨材から水分を除去する作用としてA点からB点まで徐々に加熱され，B点を

第6章 アスファルトプラント

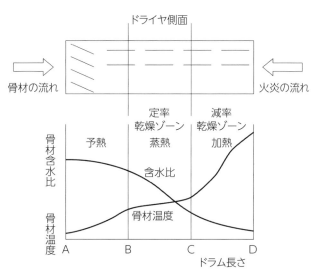

図-6.13 加熱乾燥の過程

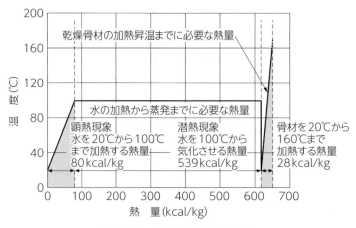

図-6.14　加熱に必要な熱量の例

過ぎると骨材温度は70〜80℃に昇温され急激に水分が除かれる．この間，バーナ火炎から発生されるエネルギーはほとんどが水分を蒸発させることに費やされるため乾燥速度は一定の値となるので，定率乾燥工程と呼ばれている．蒸発工程は加熱乾燥工程の中で最もエネルギーを必要とする箇所である．水を0℃から100℃に加熱するのに必要なカロリーは100 kcal/kg（418.6×10^3 J）であるが，その水分を蒸気（気体）にするためには539 kcal/kg（2,256×10^3 J）が必要になり，単に骨材のみを加熱して昇温するための比熱0.2 kcal/kg（0.8372×10^3 J）と比べると，水分の多い骨材を乾燥させることはいかにエネルギーを多く消費する工程であるのかが分かる（図-6.14）．しかしさらに水が蒸発することによって気体となり，容積は2,200倍になるため，骨材中の水分が多くなると，蒸発作用により燃焼用の空気量が少なくなり，不完全燃焼を起こしやすくなるので燃焼量を少なくすることを余儀なくされる．ゆえに，ドライヤにはできる限り骨材の含水比が低い状態で投入することにより，燃料消費量を少なくすることができ，生産能力を高めることが可能となるので，骨材の貯蔵では含水比の管理に配慮することが重要な管理項目である．C点に達すると蒸発作用が減少し，エネルギーは骨材加熱作用に費やされ，急激に骨材温度が上昇する．主なエネルギーは昇温に作用するため，減率乾燥工程と呼ばれている．D点を過ぎても粒径の大きな粗骨材内部の含有水分は完全には抜けきれていない状態でドライヤから排出される．しかし，ホットエレベータ，ふるい分け，一時貯留，計量，とミキシングまでに脱気が行われ，乾燥された骨材の水分は規定の0.05％以下になる．ゆえに，ホットビンでの一時貯留やドライミキシングは骨材からの脱気を促進する効果がある．

②ドライヤの構造

　効率的な加熱乾燥機能として横円筒形状の回転式ドライヤが用いられ，回転する筒の一方よりバーナの火炎が送られ，反対方向より骨材が送り込まれる．筒の中で熱交換が行われ，骨材が加熱乾燥される．お互いに流れが逆になるので向流式と呼ばれ，熱源と被加熱物との温度差が大きくなるため，加熱効率は高く，新規骨材を加熱する方式として採用されている（流れが同じ方式は並流式と呼ばれ温度管理が容易なのでアスファルト再生骨材の加熱に用いられてい

写真-6.5 ドラムドライヤの内部

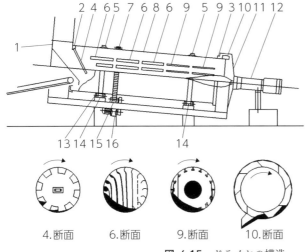

図-6.15 ドライヤの構造

1. コールドホッパ
2. コールドエアシール
3. ホットエアシール
4. 逆止め送り羽根
5. ドラムローラ
6. 掻き揚げ送り羽根
7. ドラムギヤ
8. ドラム
9. 保持羽根
10. 排出羽根
11. ホットホッパ
12. バーナ
13. サイドローラ
14. 支えローラ
15. ドラムピニオン
16. ギヤードモータ

る）．回転する筒の中には，熱交換機能を高めるため，形状の異なった，フライト（羽根）が内円周上に何枚も付いており，筒の長手位置によって異なった機能を持たせている（**写真-6.5**）．まず骨材の投入箇所では骨材を筒の中に送り込むためにフライトに傾斜を持たせている逆止め送り羽根が取り付けられている（**図-6.15**）．次に，フライトの回転動作によって円周上に持ち上げられた骨材をベール状に落下させ，効率的な熱交換を行う掻き揚げ送り羽根によって骨材中の水分が加熱蒸発作用によって除去される．さらにバーナ火炎に近い箇所では良好な燃焼状況を促進する燃焼空間を構成するため，骨材は円筒内側に保持機能を持った溝形羽根によってバーナ火炎外側を周回させる．この機構はドラムドライヤをバーナ火炎の高温より保護する機能も併せ持っており，また，保持された骨材は輻射熱によって加熱昇温される機能がある．さらに，円筒内で燃焼させるので燃焼音を遮断する効果もある．以前はバーナの先端に耐火煉瓦等で造られた燃焼室がドラムドライヤとの間に備えられていて，熱交換効率も悪く，燃焼音の遮断効果も少なかった．このように，最近のドライヤは高効率になり，逆に，熱交換後の排ガスの温度が低くなり過ぎ（100℃以下），後述する集塵装置の濾布が結露（水蒸気が水になる）してしまうことがあるので排ガス温度にも留意する必要がある．

---**メカコラム**---

熱伝達機能の種類

　加熱ドライヤにおいてバーナ火炎によって発生した熱は，骨材に対して加熱された気体との接触による向流式加熱，火炎より放出される輻射熱によって伝達される放射加熱，そして，加熱された部材から伝わる伝導加熱として作用する．

　火炎により発生した熱風は，骨材がベール状に落ちる際のバラけて各個の表面積がまんべんなくさらされる状態で作用し，熱交換が行われる向流式加熱の方が効率が良い．なお，火炎と材料の流れる方向の違いによる向流式と並流式との温度変化曲線はそれぞれ**図-6.16, 17**のようになる．

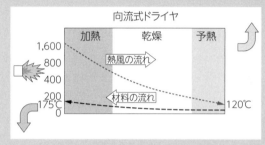

図-6.16　向流式加熱の材料の温度変化
（バージンプラントに用いられる）

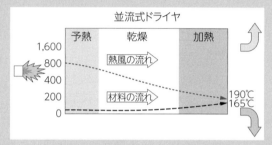

図-6.17　並流式加熱の材料の温度変化
（リサイクルプラントに用いられる）

〔参 考 文 献〕
1) Hot-mix Asphalt Paving HANDBOOK2000 US Army Corps of Engineers
2) アスファルトプラントテキスト（第13版），日工（株）研修センター

前節では，アスファルトプラントについて，まず製造工程による分類を紹介し，材料の流れに沿って骨材の貯蔵から加熱乾燥装置に至るまでの各部機能を解説しました．ここでは，その後工程である，いわゆるミキシングタワー各部の機能について詳しく解説していきます．

6-2　ミキシングタワーの機構

はじめに

アスファルトプラントにおいて最も特徴的な工程である使用骨材の加熱乾燥後の工程として，乾燥状態になった骨材をサイズ別にふるい分け，配合割合に重量計量を行い，アスファルトを添加して混合を行うミキシングタワー部（**図-6.18**）での工程に沿って解説する．

6-2-1　垂直搬送装置（ホットエレベータ）

ドライヤによって加熱乾燥された骨材は，ホットエレベータによって，ミキシングタワー最上部に垂直搬送される．骨材を搬送する動力搬送機構は垂直搬送，傾斜搬送，水平搬送に分類できる．垂直搬送としては，このほかにもチェーンにバケットを連続して取り付けたバケットチェーンエレベータや，混合物をサイロに投入するためのホッパ巻上げ機構がある．また傾斜，水平搬送機構としては冷骨材を搬送するベルトコンベヤがある．乾燥加熱骨材を垂直搬送する箇所はホットエレベータと呼ばれている．加熱乾燥された骨材を垂直搬送する目的は，高所から重力落下搬送機能を利用してふるい分け，計量，混合のプロセスに沿って骨材を搬送するた

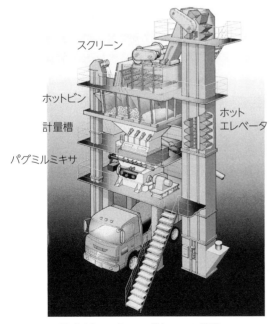

図-6.18　ミキシングタワーの構造

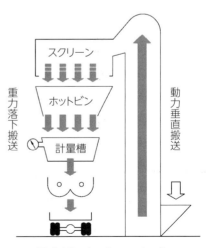

図-6.19　ホットエレベータ

写真-6.6　全高の高いバッチ方式アスファルトプラント

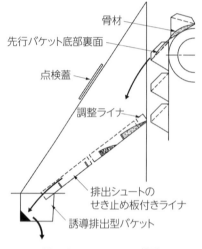

骨材
先行バケット底部裏面
点検蓋
調整ライナ
排出シュートの
せき止め板付きライナ
誘導排出型バケット

図-6.21　バケットの構造

写真-6.7　誘導排出型バケット

めである（**図-6.19**）．このホットエレベータはバッチ方式アスファルトプラントの特徴の1つでもある．

　最近，プラントの大型化，多種配合対応大容量ホットビン，さらに，欧州ではミキサの下に混合物貯蔵用のホットサイロを取り付け，サイロ用スキップを不要とした機種も開発されるなど，ミキシングタワーの高さが高く，ホットエレベータが長くなる傾向がある（**写真-6.6**）．材料の垂直搬送機構ではチェーンやスプロケットホイールの偏磨耗の防止が重要なポイントとなる．ホットエレベータ等に用いられるバケットチェーンは乾燥した骨材を搬送するため，材料のバケットへの付着が無く，**図-6.20**のように，材料を排出する際に排出済みの先行バケットの底部裏面がシュートの役目をする仕組みになっている（**写真-6.7**に誘導排出型バケットを示す）．この形状を採用することにより，排出の際の材料こぼれが少なくなるため，チェーン，スプロケットの磨耗も著しく減少する．さらに，ふるい分け装置に骨材を送り込む排出シュートには，骨材を滞留させる低いせきを設けて，直接排出シュートに落下する骨材が当たらないようにして，ライナの磨耗を防いでいる．

6-2-2　ふるい分け装置（振動スクリーン）

　加熱乾燥された骨材をスクリーン（ふるい）により分級する．スクリーンの形状は，筒状にした数種類の異なった網目の金網を回転させ分級するトロンメル方式と，長方形の網目の異なった板状の金網に間隔を空け，重ねた状態で起振器によって振動させ分級する振動スクリーン方式がある（図-6.21）．現在生産されているアスファルトプラントには，単位体積能力の大きい振動スクリーン方式がほとんど用いられている．

1）網目と能力
　骨材寸法から網の必要面積を求めると，寸法と分級能力の関係は図-6.22のようになり骨材寸法が小さいほど面積が必要になる．また，振動スクリーンの網目の使用限界最小寸法は1.2mm〜2.5mmとされている．通常一番下に配置する最小寸法の網目は詰まりにくい2.5mm×5.0mm寸法の網が使用されている．このため，混合物の性状に大きな影響のある細粒部分（2.5mm以下）の粒度構成はふるい分け機構によって管理制御はできず，使用する砂の粒度構成にバラツキの少ないことが望まれる．一般的に，網の分級能力は密粒混合物向けに組み付けられている．

2）網目と粒度
　網目の開口寸法と通過骨材寸法との関係は，骨材寸法に対して10〜20%大きめの寸法の網を

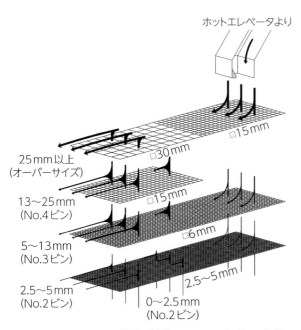

図-6.21　ふるい分け装置（振動スクリーン方式）の構造

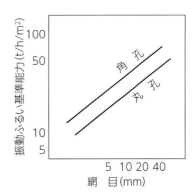

図-6.22　スクリーンの網目と分級能力の関係

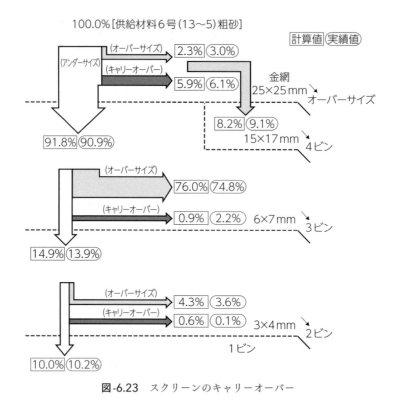

図-6.23　スクリーンのキャリーオーバー

使用する．このため，供給量が少なすぎると開口寸法に近い大きめの骨材が通過してしまい，逆に多すぎると規定寸法内であっても通過しにくくなる．さらに，ふるい分け能力を超える過剰供給の場合には**キャリーオーバー現象**が起き，骨材の一部がふるい分けできずに通過してしまう．

　このように供給量によって通過率が異なり，網下の粒度にバラツキを生じるので，変動の少ない一定量の供給を心掛ける必要がある．しかし，合成粒度の偏った特殊な混合物の製造時，例えば，排水性混合物は，一般的に多量の粗骨材（6号砕石等）と少量の砂の2種類のみを使用するので，粗骨材のふるい分け能力の限界を超え，キャリーオーバー量が多くなり（**図-6.23**），ふるい分け能力に応じた製造能力に調整する必要がある．さらに，隣接するビンに溜まった不必要な粒度の砕石を抜き取る操作，または，粒度を検知したうえで計量混合させる技術が必要になる．

3）網目と骨材形状

　インパクトクラッシャによって生産された骨材の辺長率は1.35〜1.6，偏平率は0.7〜0.5程度である．偏平率，辺長率の大きな平たく細長い形状の骨材は通過率が悪く，詰まりを起こしやすい．特に排水性混合物の場合には，空隙率に関係するとともに，ふるい分けでのキャリーオーバー現象により合成粒度のバラツキが起こりやすくなる．

6-2-3　一時貯留装置（ホットビン）

　ホットビンはスクリーンでふるい分けられた加熱乾燥骨材を，粒度ごとに貯蔵する装置で，4
または5区画に仕切られており，ホットエレベータ側から砂，砕石小，砕石中，砕石大に区分
されている．各粒度別の容量は一般的な密粒混合物の粒度合成比率に応じて，8から10バッチ
程度となっている．しかし，前述したように，最近の傾向として多様化する粒度合成により，
必要なストック容量が大幅に異なる場合もある（**図-6.24**）．多様化する粒度合成に素早く対応
するためや瞬発製造能力を発揮させるために投入シュートを切り替えることができる複列ビン
（ダブルホットビン：**図-6.25**，**写真-6.8**）や大容量ホットビンも採用されている．大容量ホッ
トビンは滞留時間が長くなるため，貯蔵中の骨材からの残留水分が除去されるメリットもある
（**図-6.26**）．槽（ビン）には温度計，貯蔵量を感知するための貯蔵量検出器，計量槽への排出
ゲートが取り付けられている．

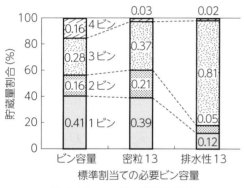

図-6.24　ビン別の貯蔵量構成

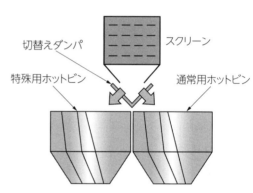

図-6.25　ダブルホットビンシステム

写真-6.8　ダブルホットビンの構造

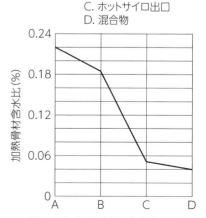

A. ドライヤ出口
B. エプロンコンベヤ出口
C. ホットサイロ出口
D. 混合物

図-6.26　加熱骨材の含水比変化

133

写真-6.9　空満表示装置

1）貯蔵量検出装置（ビンジケータ）

　貯蔵量検出装置はビン内の骨材貯蔵高さを電気的にリニヤに感知する装置と，センサを上下に取り付け貯蔵位置を感知させる空満表示があり，一般的には信頼性の高い空満表示装置（**写真-6.9**）が使用されている．いずれにしても，ビンの形状が台形であるため高さと貯蔵量との関係は正比例せず，これらの装置は単に目安を示しているにすぎないが，この装置を使用してホットビン内の貯蔵量を絶えず一定量にすることが望ましい．貯蔵量が少なすぎて計量待ちを起こすことは能力を落とすとともに品質にも影響を与える．さらに，ホットビンでの滞留時間が短くなり，骨材温度の均一化と水分除去機能も期待できなくなる．また，溜め過ぎて，オーバーフローを起こす過剰供給は，計量精度に影響を与えることになる．

2）試料採取口

　混合物の骨材配合は，ホットビンに貯蔵された乾燥骨材による合成粒度を，配合設計時に定めた冷骨材合成粒度に合わせることで管理する．ホットビンに貯蔵された骨材の粒度を測定するために各ビンごとに試料採取口が取り付けられている．試料採取は各ビンの骨材分布が安定した時点で行う．

3）排出ゲート

　ビンにストックされた骨材は排出ゲートから直下に位置する計量槽に落下投入される．その際計量する量や，貯蔵量によってゲートを閉じるタイミングが一定であると計量値に過不足を生じる．そこでゲート開閉のタイミングを予測して設定値を調整し，設計値に合わせる**落差補正**が行われている．

　排出ゲートの開口面積を小さくすると計量誤差は小さくなるが排出時間が長くなり，開口面積を大きくすると排水時間は短くなるが計量誤差が大きくなる．そこで，計量値に近くなるとゲートが半開となり，開口面積を小さくして落差による計量誤差を小さくする2段階計量による制御も行われている．最近ではさらに進歩し，計量時の累積速度に応じてゲートの開閉タイミングをコンピュータにより制御する**自動落差補正機構**が用いられている．特に，微妙な合成粒度の配合率の変動が品質に大きく影響する排水性混合物製造等には，バラツキの少ない均一

な材料の供給と正確な計量による合成粒度の配合率によって高い品質を得ることができる.

6-2-4 計量装置

計量方式には容積計量と重量計量とがある.コールドビンからの搬出は連続容積計量に当たる.容積計量の場合には材料の形状,圧密具合,含水具合によってバラツキを生じる.一方,乾燥状態の重量を計量すること(重量計量)は材料の性状には影響することなく,正確な計量が可能である.ミキシングタワー部での乾燥骨材,石粉(フィラー+回収ダスト),アスファルトは重量計量で行う.重量計量は材料ごとに計量装置がある.骨材の計量は1つの計量装置でサイズ別に次々と加算して計量する累積計量が行われ,アスファルトと石粉はそれぞれ別の計量装置で計量する.これらの計量装置は計量槽と計量器によって構成されている.

ここでは計量器について解説する.計量器は振り子式,バネ式,さお式(**写真-6.10**),ロードセル式(**写真-6.11**)はかりが用いられるが,現在ではほとんどのアスファルトプラントで荷重による部材のひずみを電気的に変換させるロードセル式はかりが用いられている.ロードセル式は他の方式に比べ可動部分がなく構造が単純であり,半永久的な寿命で経年変化も少ない.また電子式であり,制御機器との接続が容易にできる.センサとして使用されているひず

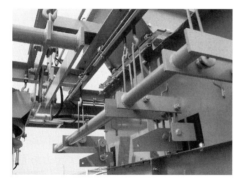

写真-6.10 さお式計量装置
多数の吊り環とさおを介して荷重を1カ所に集め計量装置に接続する.

写真-6.11 ロードセル直吊り計量装置
荷重を直接セルで受ける方式.摩擦抵抗箇所がないので直接荷重を計量できる.

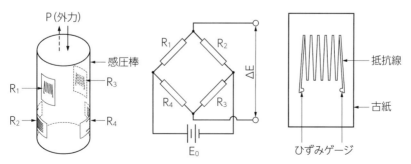

図-6.27 ロードセルに使われているセンサの構造

みゲージの構造は，細い抵抗線を温度変化の少ない金属に折り返して接着させて，抵抗値の変化が出やすい形状にしてある（**図-6.27**）．ただし，落雷の影響等の異常高圧電流によるダメージを受けやすいので，そのような天候の場合は留意する（精度を確認する）必要がある．

6-2-5　混 合 装 置

混合装置はミキサとアスファルト噴射装置で構成されている．骨材，石粉，アスファルトの順にミキサに投入され，骨材にアスファルトを均一に被覆させる機能を有している．計量された骨材はミキサに投入され，5秒程度カラ練りされ（ドライミキシング），粒度と温度を均一化させた後にミキサ上部に設置した複数のスプレーノズルよりアスファルトを噴射し，骨材に満遍なく被覆するように混合する（ウエットミキシング）．一般に混合時間は40〜50秒とされており，材料の投入から混合物の排出までの1バッチのミキシング時間は60秒程度となる．この際，ドライミキシング時間を長く取りすぎるとミキサライナ（内張り）やパドルチップ（手に相当する部分）の磨耗を早め，逆にウエットミキシングの時間を長く取りすぎるとアスファルトの酸化を早め，針入度を著しく低下させてしまう．

1）ミキサの形状

ミキサの形状は2本の平行な軸にパドルチップがらせん状になるようシャフトに配置する．軸を左右のパドルチップで掻き揚げるように相反対方向に回転させることで骨材を平面的に8の字を描くように高速移動させ，短時間で効率的な混合が可能としている（パグミルミキサ：**写真-6.12**）．ミキサ容量はパドルチップの先端が描く円の直径を高さ（ライブゾーン）とした側面積（**図-6.28**）にミキサ幅を乗じた数値で表す．チップ上端までが埋まる状態では，その上部の材料が流動せず混合が不完全になり，また，投入材料が少なすぎると材料がミキサ側壁に偏り，十分な混合ができない（**図-6.29**）．ゆえに，許容容積と混合時間によってミキサ能力を定めている．リサイクル混合物を製造する場合には，再生骨材や加熱再生材の添加量によってミキサ

写真-6.12　パグミルミキサの混合イメージ

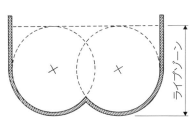

図-6.28 パグミルミキサのライブゾーン

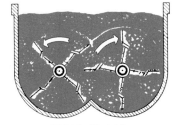

混合量が多すぎる 混合量が少なすぎる

図-6.29 ミキサの最適混合量

容量を大きくする必要がある．下端部ライナと羽（チップ）は耐磨耗性に優れたクローム鋳鉄を用いている．ライナの寿命は8～12万バッチとされている．チップの寿命はライナの半分とされており，骨材の流れ方向を強制的に変える返し羽は寿命がさらに短いので，十分な点検が必要になる．シャフトに取り付けられたパドルチップの形状は反転できるようになっているので，チップ先端の磨耗が進んだときには早めに反転させて，アームまでの磨耗を防ぐ必要もある．

―メカコラム―

アスファルトプラントに使用される空圧機器

　アスファルトプラントの計量槽ゲートおよびミキサゲート，その他のゲート等は，加工作業の際に使用する高い出力は必要ないので，下記の特徴を有するエアシリンダが使用されている．

空圧機器の特長

①電磁機器に比べてストロークを長く取れる．

②油圧機器と比べ低い圧力で使用できる．

③圧力伝達媒介に作動油を必要としない．

④油圧機器と異なり，大気放出が可能なため排圧戻り回路が不要となる．

⑤油圧機器と同様に作業速度の調整がしやすい．

⑥油圧機器とは異なり，伸縮位置を途中で制御することは不可能．

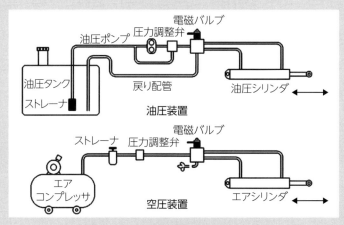

図-6.30 油圧装置と空圧装置の比較

第6章 アスファルトプラント

〔参 考 文 献〕

1）Hot-mix Asphalt Paving HANDBOOK 2000 US Army Corps of Engineers
2）THE ASPHALT HANDBOOK, ASPHALT INSTITUTE, MANUAL SERIES No.4（MS-4），1989 EDITION
3）アスファルトプラントテキスト（13版），日工（株）研修センター
4）排水性混合物の製造上の問題点とその対策に関する検討，日本道路建設業協会第10回懸賞論文

> 　前節では，アスファルトプラントの機構の中でも，ミキシングタワー部にポイントを絞って紹介しました．6-3では，アスファルトや石粉等の貯留装置や供給装置，排気装置や集塵装置，プラントの操作装置について，詳しく解説します．

6-3　ドライヤ非通過材料経路,排煙処理,混合物貯留装置と操作制御機構

はじめに

　バッチ方式アスファルトプラントの使用材料の流れは，回収ダストを含んで**図-6.31**のようなフローとなる．スムーズな運転を行うためには，骨材の加熱状況，ふるい分け状況，各サイズ別の貯留状況，そして，骨材の含有水分が加熱され発生する水蒸気の処理，乾燥による骨材微粒分の発生ダストの処理状況，など多くの工程の制御状況を監視しなければならない．しかし，アスファルトプラントでは密閉された装置の中でそれぞれの処理が行われるため，ベルトコンベヤからドライヤへの投入以後はミキサから混合物が製品として練り落とされるまで目視による確認は不可能である．そこで，多くの自動制御装置，センサ，監視モニタが装備されている．特に，最近では作業環境改善のため，自動化，遠隔操作化も進んでいる．反面，操作員が直接，異音や異常振動など，機械内部の状況を把握しづらくなっているので各処理装置のメカニズムを理解したうえで，センサの不良，作業装置の異常などによるトラブルを未然に防ぐ定期的な予防整備の必要性がある．

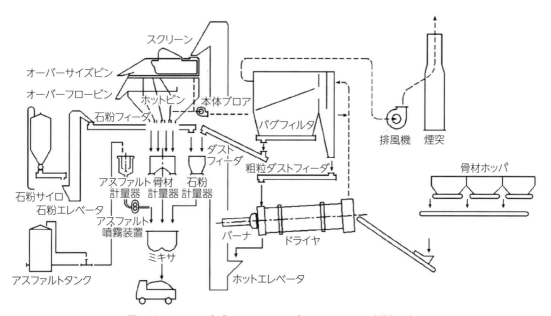

図-6-31　バッチ方式アスファルトプラントにおける材料の流れ

第6章　アスファルトプラント

6-3-1　石粉の貯蔵と供給装置

　装置概要は**図-6.32**のようになる．石粉は粒子が小さいため流動性があり，液体を取り扱うような要領が必要な場合もある．また吸湿性もあり，強風を伴う降雨時に圧送用通気孔から雨水が流入したり，サイロ内の貯蔵量が少ない場合には，タンク内の未充填部分の結露によって凝固現象が起き，搬送装置が詰まることもある．こういった場合の対処としては，石粉をフル充填して空間を無くす方法が効果的である．

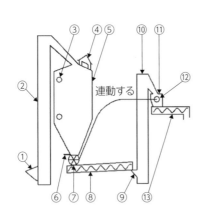

①	石粉サイロ供給口
②	サイロエレベータ
③	レベル計
④	通気孔
⑤	石粉サイロ
⑥	スルースゲート
⑦	ロータリバルブ
⑧	石粉スクリュウ(サイロスクリュウ)
⑨	供給口
⑩	石粉エレベータ
⑪	貯蔵槽
⑫	空満検出器(トルクモータ)
⑬	石粉フィーダ

図-6.32　石粉供給装置

6-3-2　アスファルトの加熱,貯蔵,供給装置

　加熱装置付き保温タンクからミキサスプレーまでの装置，配管は**図-6.33**のようになる．アスファルトをストックする備蓄用タンクには，温度降下を防止するため全面が保温材で囲われており，加温用電気ヒータが取り付けられている．我が国ではほとんどの場合，タンクまでタンクローリで加熱された液状のアスファルトが搬入されるので異物の混入は少ないが，アスファルトタンクも長時間使用すると，加温ヒータの表面にスラッジが付着し，昇温効果が著しく落ちるため，定期的な点検が必要になる．また，配管，計量槽なども加熱保温されているためスラッジ塊がストレーナや計量タンク底部に蓄積するので加熱機能が落ちるとともに，アスファルトスプレーノズルを詰まらせ，均一なスプレーパターンとならず混合品質に影響する場合もある．

6-3-3　排気,集塵装置(ダスト回収装置)

　アスファルトプラントは他の建設機械と異なり，加熱乾燥装置を備えている．骨材を効率よく加熱乾燥させる過程で，骨材に含まれている微粒分（ダスト分）が燃焼ガスの中に混じって

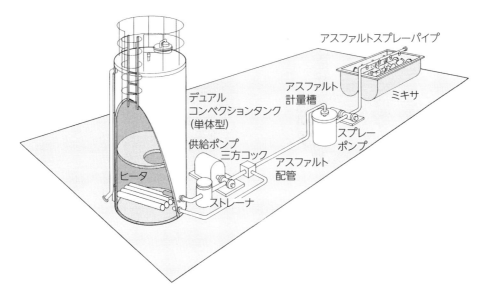

図-6.33　アスファルト供給システム

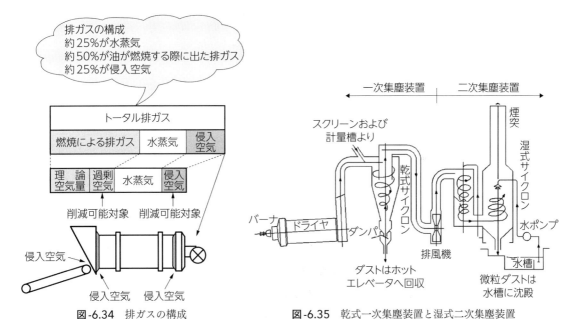

図-6.34　排ガスの構成

図-6.35　乾式一次集塵装置と湿式二次集塵装置

排出される．その状態では大気中に排出できないので，排煙中に含まれるダスト分を除去する必要がある．排ガスは**図-6.34**に示すように，単に，骨材を加熱乾燥するために使用される燃焼ガスのほかに，骨材に含まれていた水分によって発生する水蒸気，回転するドライヤのドラムシール部分や骨材投入口から流入する侵入空気などで構成される．これらの多量に発生する排ガスを処理して，含有する微粒分を捕捉するために，大掛かりな集塵装置が取り付けられている．

1）湿式集塵装置

以前は排ガスの集塵を主な機能として，乾式のプレ集塵装置と主集塵装置として湿式の水洗

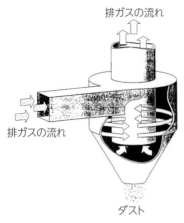

図-6.36　サイクロン集塵装置

写真-6.13　マルチサイクロン集塵装置

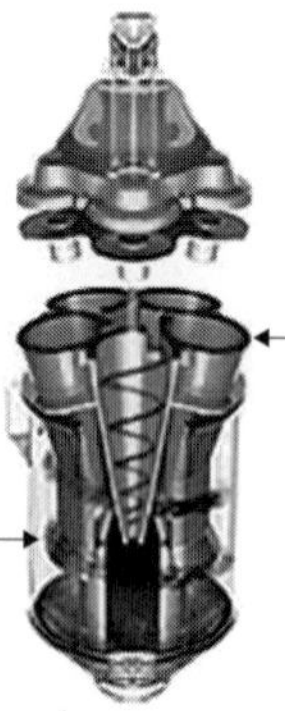

全体が大きな1つのサイクロン集塵装置になっており，大きなダストを回収する．次に小さなサイクロン集塵装置5機で小さなダストを回収する

小さなサイクロン

大きなサイクロン

図-6.37　掃除機のサイクロン集塵装置

シャワースクラバーとを組み合わせた装置が用いられていた（**図-6.35**）．粉塵は0.1mm～0.05mm程度の粒子は数秒で沈降するが，1μm以下になると空気の粘性により沈降に数時間もかかってしまう．そこで，プレ集塵装置としての捕集効率を瞬時に高めるために，排ガスを筒状の円周端部より投入し，ガスを内円に沿って回転させ，含有ダスト粒子に発生する遠心力によって排ガス中よりダストを分離させる機構（サイクロン集塵装置）が採用された（**図-6.36**）．さらに，サイクロン集塵機構は円筒の直径を小さくして遠心力を強くし，捕集効率を高めることができるので，小型のサイクロンを衛星状に配置したマルチサイクロンを備えた機種も存在した（**写真-6.13**）．この機構を用いた家庭用掃除機も開発されている（**図-6.37**）．しかし，この乾式サイクロンと湿式集塵装置との組合わせは，ヘドロ状になる捕集ダストの処理と排出ガスの排出規制が強まったことにより，効率の限界もあり用いられなくなった．

2）乾式集塵装置

　現在では，湿式集塵装置の代わりに，二次集塵機としての集塵効率が高く，乾燥状態で含有ダストを捕集できるバグフィルタ（筒状の濾布）が用いられるようになった（フィルタ付き家庭用電気掃除機と同様の機構）．

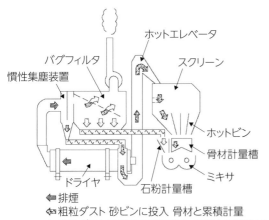

図-6.38　排煙回収ダスト処理イメージ

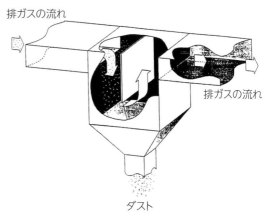

図-6.39　慣性集塵装置

①ダスト回収機構

　回収ダストは元々使用骨材に含まれていたものなので，構成骨材の一部として使用可能である．0.075mm以下の粒子は使用量としては少量であるが，混合物の性状に与える影響は大きいので，回収ダストのバラツキの小さい添加方法に配慮する必要がある．そこで，近年のモデルとしては，ダストの回収機構を粒径によって分別し，**図-6.38**のように，プレ集塵装置で回収された粒度の粗いダストはホットエレベータを介して砂ビンに戻し，骨材として累積計量され，バグフィルタで回収された微粒子ダストはフィラーの補足材として累積計量される．このシステムの使用により，投入骨材をすべて使用することが可能になり，ダストを廃棄物として処理する高額な費用が不要になっている．しかし，前述したように，添加量のバラツキは品質性状に影響する度合いが高いので，さらに，ダストの粒径分別機能を高めるために，プレ集塵装置の捕集効率を落として，粒径の大きな粗粒ダストのみを捕集する慣性集塵装置が用いられるようになった（**図-6.39**）．そのため，従来のプレ集塵装置に乾式サイクロンを用いていた機構（バグフィルタに送られるダストは5～7kg/バッチ，75μm以下100％）より，微粒ダスト分を捕集せずにバグフィルタへ送っているので，従来のバグ回収ダスト使用量より約3倍多くなる（15～20kg/バッチ，75μm以下75％程度）．いずれにしてもシステムを熟知し，運用に配慮する必要がある．

②運用管理と構造

　バグフィルタの運用上の問題点は排ガスの温度管理にある．使用している濾布の耐熱温度は最大230℃であり，骨材を170℃程度に加熱するためのドライヤ排ガス温度は高くなるので，それほど耐熱温度に余裕はない．そこで，バグフィルタの各所に温度センサを設置して制御を行っている（**図-6.40**）．一方，逆に流入温度が低すぎて排ガスに急激な温度降下が起きた場合には排ガス中の含有水分が結露し，濾布機能を損なうこともある．バグフィルタは不織状の濾布によってダストを捕捉する構造となっているため，ある程度捕捉した後，排ガスの侵入方向とは逆の方向から圧搾空気を瞬時に流し捕捉したダストを払い落とす．この作業をブロックごとに

143

区切って行い，常に一定の集塵機能を保っている（**図-6.41**）．バグハウス底部に払い落とされた回収ダストはスクリュウフィーダにて搬出され，石粉補足材として使用される．なお，回収されたダストは加熱されているため，運転停止後，残留分に含まれている水分が温度降下により結露し，搬送装置を詰まらせることがあるので，回収ダストの残留分は抜き取ることが望ましい．

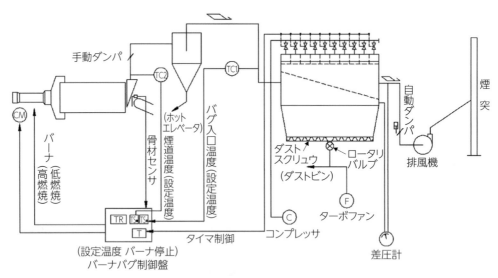

図-6.40　バグフィルタの仕組み

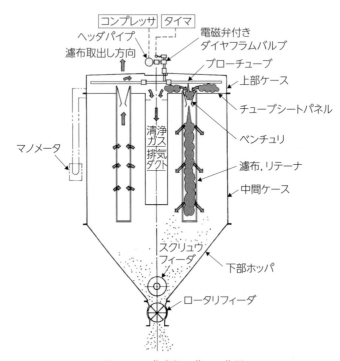

図-6.41　集塵払い落とし作用

6-3-4　混合物の貯蔵装置（ホットストレージサイロ）

　通常，ミキサより搬出された加熱アスファルト混合物はミキサ直下に停車したダンプトラックのベッセルに積み込まれる．そして舗設現場に運搬され敷きならし用フィニッシャにチャージされる．アスファルト混合物はバインダとして用いられているアスファルトの熱可塑性により，混合物の温度降下によって使用時間に制約を受ける．そこで一般的には2時間程度を温度降下限度として運搬計画を立てる．一方，混合物製造装置としてのアスファルトプラントの運用としては連続運転することが，出荷能力，混合物の品質，運転経費の面から望ましい．しかし，敷きならし現場の状況，運搬ルート上の交通状況，運搬用ダンプトラックの使用台数，などにより計画どおりの運行ができない場合には連続運転が困難になる．さらに，夜間，休日などプラントの運転規制を受ける場合には出荷時間を調整する必要がある．そこで，加熱混合物を一時貯蔵するバッファ機構として保温機能を備えたホットストレージサイロがある（**写真-6.14**）．ホットストレージサイロを使用した場合のアスファルトプラント稼働タイムチャートの一例を**図-6.42**に示す．このようにホットストレージサイロを使用した場合，効率的な連続運転が可能になる．最近，特に都市部では予測不可能な交通状況，夜間施工の増大傾向に対応するためにホットストレージサイロを設置するプラントが多くなってきている．またサイロを複数設置することにより，配合の異なった混合物を個別にストックできる．さらに，この機能を活用して，郊外のアスファルトプラントで製造した混合物を運搬して，市街地施工用に設置したサテライトホットストレージサイロに貯蔵して市街地工事での利便性を高めている（**写真-6.15**）．製造された混合物を複数回運搬することになるが，時間的制約が無く施工のタイミングに合わせて供給が可能となり，また乾燥設備ではないので，設置許可も得やすいという利点がある．

写真-6.14　ホットストレージサイロ付きプラント

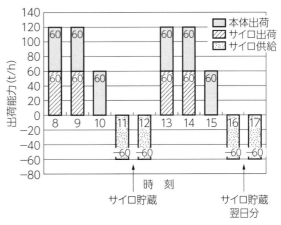

図-6.42　アスファルトプラント稼働タイムチャート

第6章　アスファルトプラント

1）ホットストレージサイロの構造

①混合物搬送装置

　バッチ方式アスファルトプラントではミキサより，バッチごとに混合物が搬出されるので，一般的な構造としてはバッチ容量のバケットが必要となる．バケットの移動方法はガイドレールによって移動用ローラが取り付けられたバケットを高速ウインチでサイロ上部まで巻き上げゲートを開閉して投入する．複数のサイロを並列させ，貯蔵容量を増すことができる（図-6.43）．しかし，バッチサイクルタイム内にサイロへの搬送を終了させなくてはならず，短時間で投入を終了させるために，高速移動が必要になる．牽引ロープには巻上げ開始時の衝撃荷重が掛かるのでロープの保守管理は安全運行上欠かせない点検項目である．複数のサイロへの投入には横持ちトロリを備える場合もあり，この方法はサイクルタイムに対応することは可能となるが，複数のバケットへの排出回数が増すため，混合物の温度降下の影響を受ける（図-6.44）．バケットへの混合物の付着防止対策としては，付着防止剤の散布，またはバケットを電気加熱する装置が取り付けられている．我が国での使用例は少ないが，連続方式アスファルトプラントには連続運転を維持するためのバッファとしてホットストレージサイロは必需設備であり，こ

 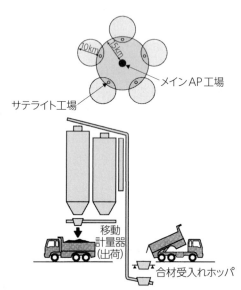

写真-6.15　サテライトホットストレージサイロ

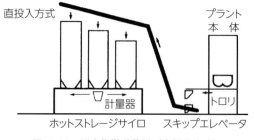 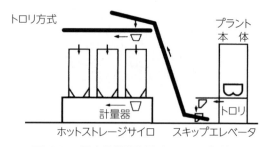

図-6.43　混合物搬送装置（直投入方式）　　　**図-6.44**　混合物搬送装置（トロリー方式）

の場合のサイロへの搬送装置としては連続搬送機能のあるスラットコンベヤが用いられている（**写真**-6.16）．

②排出ゲート

ホットストレージサイロの排出ゲートは，ダンプトラックへの積込み用にサイロ下部に備えられた排出ゲートから冷気が侵入しやすいので高い密閉機能が求められている．そのためプラント製造メーカーごとに工夫を凝らしており，ダブルアクションによりゲートを密閉シールに密着させるタイプや，ゲートのリップ部分をオイルバスに浸し，密閉させる方法などが採用されている．

③保温加温装置

サイロ本体は一般的な形状として円筒形であり，外側にグラスウールなどの断熱材が取り付けられ，保温されている．排出時の冷気侵入抑制とスムーズな流動を促進するため，サイロ下部の円錐部分とゲート部分は電気ヒータによって加温されている．

④酸化防止装置

長時間混合物を貯蔵する場合には，サイロ内に投入された混合物の上部はタンク空隙部分の空気に接するため空気中の含有酸素により，アスファルトが酸化され混合物の品質に影響を及ぼす．そのためタンク空隙部に不活性ガス（炭酸ガスなど）を充満し酸化の促進を防止させる装置が備えられている．

2）ホットストレージサイロの形状

備蓄時間制約が小さく，単に連続運転を維持することを主機能とする場合には，簡易な保温設備のみの形状が用いられる場合もある（**写真**-6.17）．降雨量の比較的多い我が国では天候回復まで長時間貯蔵する場合もあるのであまり用いられていない．ホットストレージサイロには通常の形状ではミキサからサイロに混合物を投入するために前述したような大掛かりな搬送装置が別途必要になる．また，品質面でも骨材分離現象や温度降下は免れない．そこで，前項で紹介したようにミキシングタワー部分を高くして，ミキサ直下にホットストレージサイロを設置し，これらの問題を解決したモデルが欧州で採用され始めている（**写真**-6.18）．このモデル

写真-6.16　連続方式アスファルトプラントの
　　　　　　　ホットストレージサイロ

写真-6.17　簡易保温設備のみのホットストレージサイロ

第6章　アスファルトプラント

にはミキサ直下のトロリを介して複数のサイロに供給するモデルもある（**写真-6.19**）．確かに，タワー部が高くなり，ホットエレベータも長くなるが，加熱混合物を搬送するより，バインダ無添加状態の加熱骨材を搬送する方がはるかに容易である．重力落下搬送機能をうまく活用している．

写真-6.18　ミキサ直下投入型のホットストレージサイロ

写真-6.19　3連のホットストレージサイロを備えたプラント

6-3-5　プラントの操作装置

　アスファルトプラントを運転するためには各装置を駆動する電動モータに電気を供給する動力配線とそのスイッチング操作をプログラム制御する制御機構が必要になる．制御する箇所は製造に直接関連する箇所のほかに排ガス処理設備，監視装置など多くの付帯設備を制御しなくてはならず，膨大な制御情報を操作箇所まで運び入れる必要がある．そのため大量の操作配線が必要であったが，現在は操作データのデジタル化により多重通信システムの採用が可能となり，数本のケーブルにより多量の操作データを送れるようになった．操作もパソコンの機能が使用されている．さらに，電話回線を利用した遠隔操作も可能となり，製造メーカーからの遠隔メンテナンスサービスも受けることが可能となっている（イメージは**図-6.45**）．反面，操作システムの各ユニットがブラックボックス化されているためユーザー側での保守には限界がある．ゆえに，電子化された制御システムの運用面に適した新たな環境に配慮する必要があり，特に落雷などによる高電圧の衝撃を受けることは，大きなダメージにつながる．

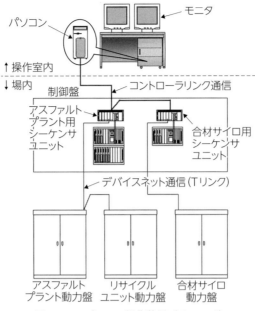

図-6.45 プラント操作装置（イメージ）

〔参 考 文 献〕

1) Hot-mix Asphalt Paving, HANDBOOK 2000 US Army Corps of Engineers

2) THE ASPHALT HANDBOOK, ASPHALT INSTITUTE, MANUAL SERIES No.4（MS-4），1989 EDITION

3) アスファルトプラントテキスト（13版），日工（株）研修センター

4) 福川：アスファルトフィニッシャへの材料供給方法の合理化，建設の機械化，pp.33〜38（1999. 10）

第6章

アスファルトプラント

─メカコラム─

シーケンスコントロール, フィードバックコントロール

　車を運転する場合にまず，ブレーキペダルを踏み込み，サイドブレーキを外し，エンジンをかけ，クラッチを踏み込み，変速レバーを入れる……. このように定められた順序どおりに操作することにより車を発進させることができる. 日常使用しているエレベータも同じく，扉が閉まり行き先ボタンを押してから動き出す. アスファルトプラントの操作も同様に幾つもの作業ユニットより構成されているため，おのおのの作業ユニットが規定の条件に合致したときに，次の工程に進むことができる. 例えば，骨材の累積計量ユニット部分ではいずれかのビンの骨材が設定値に達しない場合には骨材計量が完了していないので排出ゲートが開かず次の工程に進まない. ゆえに，いかに優れた全自動制御機構であっても定められた条件を満たしていなければ作用しない. これらそれぞれの作業ユニットを順序どおり'繋ぐ'操作制御を「シーケンスコントロール」と呼んでいる. そして，操作はIC化されたシーケンサ（プログラム）によって行われる. 以前は多数の電磁接点リレーによって行われていた. 一方，骨材の加熱乾燥作業におけるドライヤのバーナは設定された温度設定値と加熱された骨材温度情報によってバーナの開度が調整される. これらの操作制御は情報（Feed）が戻される（Back）ことによって制御するのでフィードバックコントロールと呼ばれている. 一般的な自動制御装置はこの2つの制御機構が組み合わさって構成されている. 参考としてエレベータのフローを図-6.46に示す.

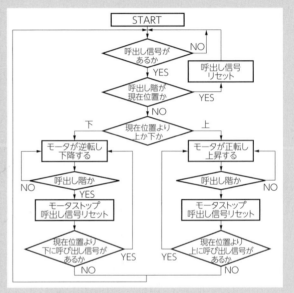

図-6.46 エレベータのフローチャート

> 　リサイクルプラントは，アスファルト舗装を再生利用するための施設です．アスファルト舗装を解砕するなどして再生骨材を製造するラインと，再生骨材を加熱して再生合材を製造するラインを有し，それぞれ含有アスファルトの影響を考慮したシステムとなっています．以下に，アスファルトプラントの解説の締めくくりとして，リサイクルプラントについて詳しく紹介します．

6-4　リサイクルプラント

は じ め に

　アスファルト合材は熱可塑性の物質であるアスファルトを骨材の結合材として使用しており，基本的に再加熱することで再生，再利用が可能になる．しかし，アスファルトの性状は経年劣化し，骨材粒度も採取・解砕時に細粒化する．このため，リサイクルプラントではアスファルトの劣化を回復させる添加剤の使用や粒度調整用の新規骨材を追加し，古いアスファルトで被覆された状態で供給される再生骨材を分級・加熱・計量するための設備を必要とする．

　再生アスファルト合材製造における一連の作業工程は再生骨材の製造（**図-6.47**）と再生合材の製造に分けられる（**図-6.48**）.

6-4-1　旧材解砕設備

　再生アスファルト合材に使用される再生骨材の製造では，固まった状態の古いアスファルト合材から構成骨材をなるべく細粒化させずに解砕する機能が求められる．アスファルト合材の再生工法の開発当初は，温水解砕やスチーム解砕が行われていたが，現在では後工程の再加熱処理と解砕能力の点から機械的な常温解砕が採用されている．方法は大別して，①切削機によって削り取られたものと（切削材），②剥がし取った舗装版（塊ガラ）を施設に運び込んで解砕す

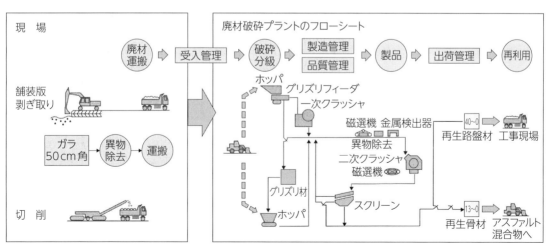

図-6.47　再生骨材の製造工程

第6章　アスファルトプラント

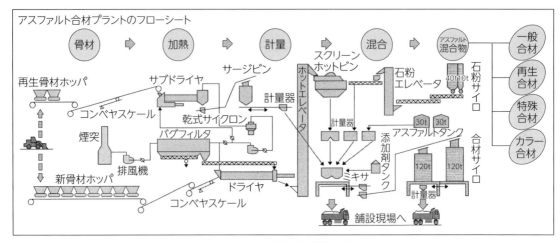

図-6.48　再生合材の製造工程

図-6.49　切削オーバーレイなどに使用される切削解砕装置

る方法（機械解砕）がある．いずれの方法においても，構成骨材を元のとおりに分級することは不可能であり，製造されたときの合成粒度とは異なるものとなる．

ゆえに，室内試験によって解砕材の粒度分布を把握して，配合設計が行われる．

1）切削解砕装置

切削オーバーレイなどに使用される切削機（**図**-6.49）は，筒状のドラムに多数の切削ビットを取り付けた切削ドラムを回転させながら既設路面を移動して舗装体を削り取る．解砕粒度はおおむね30 mmアンダーとなり，回収された解砕材は直接二次解砕装置に投入され，ふるい分け装置を通して加熱再生に使用できる粒度に調整される．切削機（ロードプレーナ）の構造機能については後述する．

2）機械解砕装置

一般的な解砕設備は**図**-6.50のように，アスファルト舗装を剥ぎ取って持ち込まれたアスコン塊を，

　　1．粗割り

　　↓

　2．土砂分級

　↓

　3．一次解砕

　↓

　4．ふるい分け

　↓

　5．二次解砕

する工程となる．

①圧縮解砕（ジョークラッシャ）

　一次解砕に用いられるジョークラッシャは，開口部を上にしてテーパー状に配置された2枚の解砕板上部におおよそ50 cm角に粗割りされたアスコン塊を投入する．下方峡間部に挟まれたアスコン塊は，解砕板下部先端が揺動することによる圧縮作用により解砕され，重力によって下方に排出される（**図-6.51**）．解砕板の間隔と揺動ストロークを変えることにより，解砕寸法を調整することができる．間隔を狭くすれば解砕寸法は細かくなるが，解砕能力も小さくなり，骨材も解砕されやすくなる．アスコン塊解砕用ジョークラッシャは一般的な岩石破砕用と

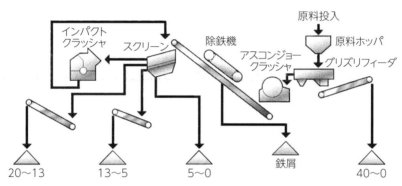

図-6.50　一般的な機械解砕装置

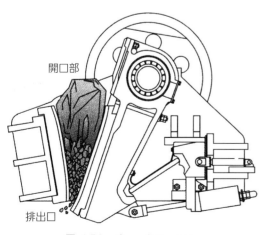

図-6.51　ジョークラッシャ

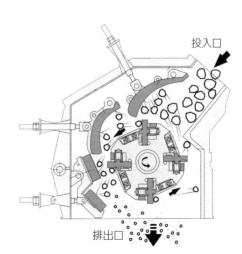

図-6.52　インパクトクラッシャ

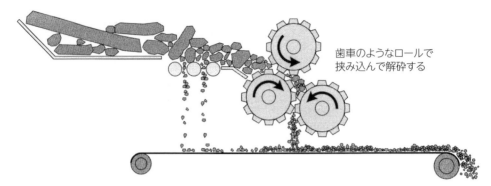

歯車のようなロールで
挟み込んで解砕する

図-6.53 ロールクラッシャの構造

解砕板が異なり，たわみ性の大きなアスファルトによって結合されている材料を解砕することができる形状となっている．特に夏場気温が高くなると，岩破砕用のタイプでは単に圧縮変形し，伸餅状になってしまう．

②打撃解砕（インパクトクラッシャ）

主に一次解砕用のジョークラッシャと組み合わせて二次解砕用に用いられる．小規模の場合には，ブレーカなどで小割りをしたアスコン塊を直接投入して細割する．構造は打撃板付きロータを高速回転させアスコン塊を固定してある反発板に衝突させ，解砕させる（**図-6.52**）．

形状は岩破砕用と同じであるが，ロータの回転数を変えている．

③回転解砕（ロールクラッシャ）

一次解砕としてジョークラッシャと同様に使用される．2本または3本のロールの円周上に多数の突起を付けてアスコン塊を挟むように強い回転トルクで回転させ，突起箇所による圧縮とせん断作用により解砕する（**図-6.53**）．ジョークラッシャは構造上アスコン塊投入開口部の大きさをそれほど大きくできないが，この装置は大きくすることが可能であり，舗装版の小割り作業を大幅に省略することができ，また，低速回転のため，振動，騒音の発生を減少させることが可能である．

6-4-2 再生骨材貯蔵，定量搬出

解砕，または切削されたアスコン塊は分級して再生骨材となり，再加熱処理するために一時貯蔵される．アスファルトがコーティングされた状態の再生骨材を貯蔵，供給するためには新規骨材とは異なる管理が必要である．

1）再生骨材貯蔵ヤード

再生骨材を長期間または，高く積み上げるとアスファルトが被覆されているので圧密作用により再結合し，塊となり，ビンフィーダからの定量供給が困難になる．貯蔵許容期間は外気温

により異なるが，積上げ高さはおおむね2m程度以下とすることが望ましい．しかし，ヤードの面積を多く要することとなるので，再生アスファルトプラントの製造能力に応じて解砕設備の能力を設定する必要がある．

2）定量供給装置

再生骨材は前述した性状のため，新規骨材のようにヤードやコルゲートサイロから直接フィーダを取り付けて定量搬出することは不可能であり，ショベルローダにてタイヤで踏み固めないよう下からすくい，ビンホッパに投入し，定量搬出させる．ビンホッパには再結合塊の混入を防ぐためのグリズリバーが取り付けられている（**写真-6.20**）．ホッパ部の形状はウォール傾斜角を大きく取り，さらに，振動板を取り付け材料がすべりやすくし，また，フィーダと接するスカート部分の形状は出口ゲート部を反対の端部より広くテーパー状にし，粘性を持つ材料のスカートサイドウォールに掛かる搬出時の摩擦を減じて，連続容積計量の精度を改良した形状のモデルもある（**図-6.54**）．

また，オプションとして排出された材料をさらにほぐすプレパライザ装置を取り付ける場合もある（**写真-6.21**）．

写真-6.20　ビンホッパのグリズリバー

写真-6.21　プレパライザ装置

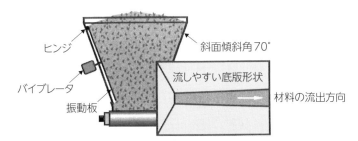

図-6.54　連続計量の精度を改良したビンホッパ

155

6-4-3　再生合材加熱混合方式

　再生骨材を使用した合材を新規合材と同様の性状に再生するためには，細粒化した粒度を補正するため新規骨材の補足と，劣化したアスファルトの性状を再生させるための添加剤や新アスファルトの補足が必要になる．そのため，再生骨材のみで再生アスファルト混合物を製造することはほとんど実施されておらず，**図-6.55**のように，混合比率は異なるが，新材（新規骨材，新アスファルト）との混合方式が主流となっている．

　新規骨材のみを使用してアスファルト混合物を生産する場合には高い加熱温度で温度差（サーマルヘッド）を大きく取り，効率的に加熱乾燥させることが可能であるが，再生骨材を再加熱する場合には被覆しているアスファルトの性状にダメージを与えない程度のサーマルヘッドで行う必要がある．ゆえに，バーナの火炎が直接当たらないような仕組みが必要であり，昇温作用後半のサーマルヘッドも低くして，加熱温度制御を容易にするためにバーナからの熱風の流れる方向と材料を並行して流す並流式（**図-6.56**および**図-6.17**参照）を採用している．この際，何らかのトラブルで異常加熱が起きた場合には含有アスファルトが燃焼し，火災の発生する危険性があるという認識を持つ必要がある．

　加熱混合方式においては，①新規合材に常温で再生骨材を添加する方式，②再生骨材と新規骨材を混合したものを加熱する方式，③再生骨材と新規骨材を個別に加熱した後に混合する方式に分別できる（**図-6.57**）．

1）常温再生骨材添加方式

　この方式は，バッチ方式アスファルトプラントに装置を付帯させて使用する．新規骨材の加熱温度を通常使用（170〜180℃）より20〜30℃程度高く（200〜210℃）加熱（スーパーヒート）して，ミキサに常温の再生骨材を10〜15％程度投入し，スーパーヒートされた新規骨材と一緒に混練を行い，常温で投入された再生骨材との温度交換をすることにより，混合物として

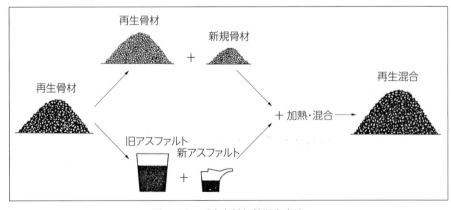

図-6.55　再生合材加熱混合方法

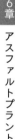

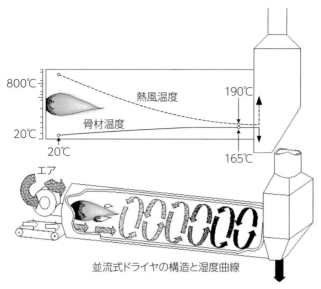

図-6.56 並流加熱方式

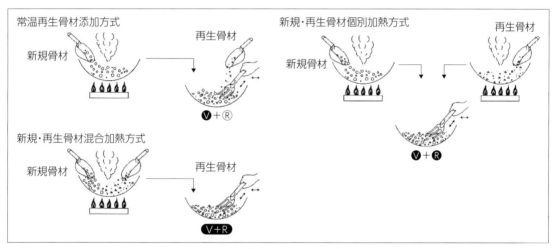

図-6.57 新規・再生骨材加熱方式

の所定の温度を確保する簡便なリサイクル工法である．この工法は新材（新規骨材，新アスファルト）の使用割合が多いので混合物としての品質も安定しやすい．この方式では再生骨材の添加量を増すには，新規骨材の加熱温度をより高くする必要がある．

しかし，排気ガス温度が高くなり，集塵装置のバグフィルタ耐熱温度の限界に近くなるため，加熱温度はこの限界により規制される．混練された混合物の温度は添加する再生骨材の含有水分によっても大きく左右される．装置は，加熱部分が無いため比較的簡便であり，図-6.58のように専用の骨材ホッパよりバケットエレベータでミキサタワー脇に設置されたサージビンに一時貯蔵され，添加使用量を計量されて（専用の計量槽，または新材の計量槽での累積計量がある），新材のバッチに合わせて，ミキサに投入される．

157

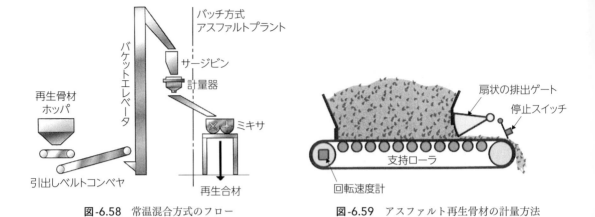

図-6.58　常温混合方式のフロー　　　　　図-6.59　アスファルト再生骨材の計量方法

再生骨材を投入した際に水蒸気が瞬間的に発生する場合があるため，脱気ダクトの設置を要し，ミキサでのドライミキシングタイムを通常より若干長く取ることも必要である．

2）新規・再生骨材混合加熱方式

再生骨材はアスファルトがコーティングされているため，再加熱してからスクリーンにてふるい分けを行うことはできない．ゆえに再生骨材の計量はビンフィーダからの定量搬出による連続容積計量方式が採用されており（**図-6.59**），この方式は，連続方式アスファルトプラントを改造した機構で構成されている．

また，新規骨材もふるい分けを行わないため，新規・再生骨材の粒度構成のバラツキが少なく，連続運転が可能な条件下での運用が望まれる．方式として①混合投入方式，②個別投入方式に分類することができる．

①新規・再生骨材混合投入方式

機構的には連続（コンテニアス）プラントであり，ビンフィーダよりおのおの定量搬出した材料をコンベヤスケール付きのドライヤ投入ベルトコンベヤに送り，投入量を連続重量計量を行いながらドライヤに一緒に投入し，アスファルトもドライヤ内スプレー添加で，加熱，乾燥，に併せて回転するドラム機能によりミキシングも行ってしまう（アフターミキサを取り付けたタイプもある，**図-6.60**）．ドライヤ内部でアスファルトをスプレーした場合には発生ダストも捕捉可能なため集塵装置を省略できる場合もある．

②新規・再生骨材個別投入方式

1つの加熱乾燥用ドライヤに新規・再生骨材に適した加熱ゾーンを設け，ビンフィーダより定量搬出した新規骨材と再生骨材を個別に設けた投入口より投入し，昇温させる（**図-6.61**）．いろいろな形状のドライヤが開発され使用されているが，最も普及している形状はバーナの火炎から離れたドライヤドラムの中央に回転しているドラムに投入できる特殊な形状の再生骨材投入口（センターフィード）を設け，ここから再生骨材を投入し，バーナ側ドラム端部から入れて加熱された新材とが混合され，骨材温度を均一化するもので，コンテニアスタイプのプラ

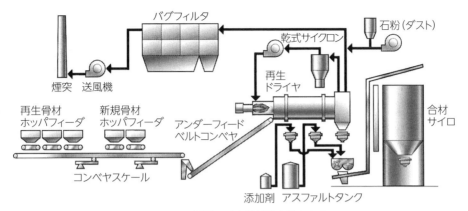

図-6.60　新規・再生骨材混合投入方式

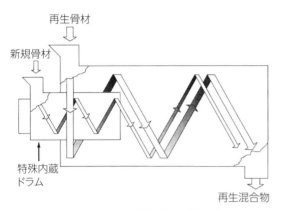

図-6.61　新規・再生骨材個別投入方式

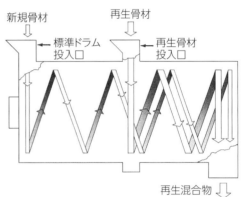

図-6.62　新規・再生骨材個別投入方式（普及タイプ）

写真-6.22　コンテニアスタイプのプラントのリサイクルユニット

ントに多く採用されている（図-6.62, 写真-6.22）

3）新規・再生骨材個別加熱方式

前項で述べた常温再生骨材添加方式では混入使用量に限界があるため，100％の再生骨材を

159

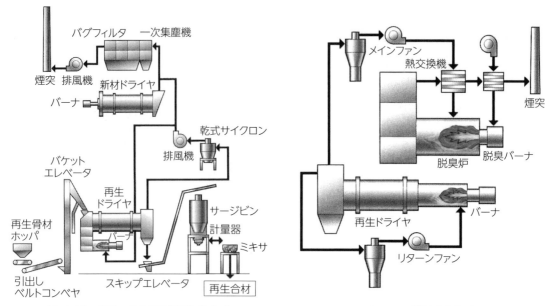

図-6.63　新規・再生骨材個別加熱方式　　　　　　**図-6.64**　排煙脱臭装置

専用ドライヤで昇温させ，サージビンに一時ストックさせた後に計量され，バッチプラントの新規混合物製造ラインのミキサに投入されて，混練される．ミキサ容量は新規・再生骨材を合わせて混合するため容量を増したサイズのものが取り付けられる．この方式は，アスファルトがコーティングされた再生骨材100％のものを加熱するためドライヤ内部へのアスファルト付着，再加熱時の発生臭気の対策が必要となるが，再生混合物の適正な加熱温度を確保することができ，再生骨材の骨材粒度管理を適正に行えば，品質を高く保ったうえで，再生骨材の混入率を50％以上に高めることが可能である．我が国ではこのタイプのアスファルト加熱リサイクルプラントが多く採用されている（**図-6.63**）．

6-4-4　排煙脱臭装置（図-6.64）

　アスファルトがコーティングされている再生骨材を再加熱する際には，含有アスファルトが加熱され臭気のある排煙が発生する．そこで，作業環境面においても今後は排煙の脱臭対策は必要になってくる．現在行われている対策は，排煙を高温（700〜800℃）で酸化分解することにより臭気分を除去する方法がとられている．しかし，多量のエネルギーを要することになるため，排ガスの熱回収装置として熱交換機が取り付けられ，バーナ燃焼用の空気を加温させている．また発生したダストを捕捉するバグフィルタの耐熱温度（250℃まで）を下回る温度で通過させる必要があり，結果的にその機能も併せ持つことができる．

―メカコラム―

連続重量計量装置（コンベヤスケール）

コンテニアスタイプのプラント装置において骨材はビンフィーダよりサイズ別に定量搬出され，ドライヤに送られる．この際，定量搬出する量はフィーダの排出ゲート断面積に移動床（ベルトコンベヤ）の単位時間当たりの移動距離を掛けることにより次のように単位時間当たりの搬出容積の計量ができる．

搬出量＝(排出ゲート断面積)×(ベルトコンベヤの移動速度)

しかしこの機構では，材料の堆積密度と材料とのすべり，排出ゲートと材料との抵抗値による搬出断面形状の変形など，材料の性状の不均一性により計量値にバラツキが生じやすい（例えばバッチ方式アスファルトプラントではスクリーンで分級された材料はサイズ別に重量計量される）．そこで，各ビンフィーダより容積計量された材料はドライヤ投入ベルトコンベヤによって搬送されるが，ベルトに載った材料はキャリヤローラによってその荷重が支えられているので，ここにかかる荷重をロードセルで検出し，ベルトの単位時間当たりの移動距離を掛け，単位時間当たりの搬送重量を連続で検出し，投入量の補正を行っている（**図-6.65, 66**）．

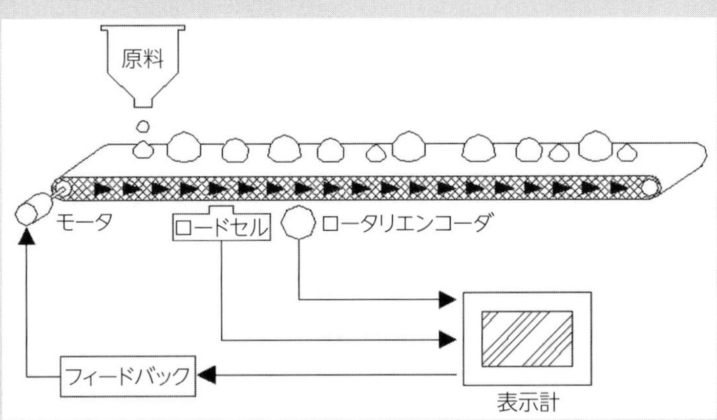

図-6.65　連続重量計量装置

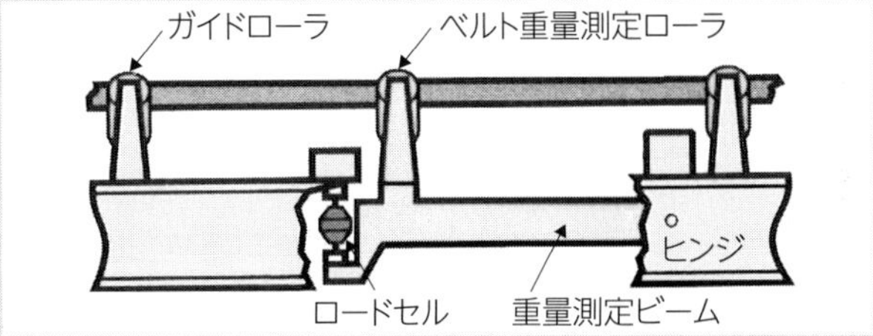

図-6.66　連続重量計量装置の構造

〔参 考 文 献〕
1）Hot-mix Asphalt Paving HANDBOOK 2000, US Army Corps of Engineers
2）THE ASPHALT HANDBOOK, ASPHALT INSTITUTE, MANUAL SERIES No.4 (MS-4), 1989 EDITION
3）アスファルトプラントテキスト（13版），日工株式会社研修センター
4）recycling book, CMI CORPORATION, 1979
5）RECYCLE MAT SYSTEM, BARBER-GREENE社

第7章

リサイクル関連機械

路上加熱リサイクルトレインの施工
近年，省資源の観点から路上再生工法として，基層路盤の強化再生，アスファルト舗装面の加熱再生工法が行われている．各工法の再生プロセス，機械編成，編成機械の構造，機能等を解説する．なお，撤去した既存アスファルト舗装のプラント再生については**第6章**で解説している．

舗装の補修作業は，既設舗装の廃材の搬出と新材料の搬入を伴います．そこで，その場で対象材料を再利用処理する装置が開発されています．ここでは，舗装におけるこれらリサイクルの事例として，路上路盤再生工法で用いられる機械についてご紹介します．

7-1　路上路盤再生工法

はじめに

　本書の冒頭で述べたように，舗装においては，動かない対象である路面を建設機械が移動しながら作業する．補修を行う場合にはさらに，その場所から使用材料を搬出して，設備に運搬し，改良を行い，再び現位置に戻して再利用するか，または，新規の材料を新たに搬入するための移動が伴う．しかし，搬出する使用材料をその場で再利用することができれば，搬出，搬入作業が不要となり，移動を大幅に減ずることができる．このような工法は，路上（現位置）再生工法：In-Place Recycling（**図-7.1**，**写真-7.1**）と呼ばれている．一方，処理装置（移動プラント）を対象現場内に持ち込み，対象材料を比較的短い距離運搬して改良を行う方法は仮設（移動）プラント再生工法：On-Site Recycling（**図-7.1**，**写真-7.2**）と呼ばれ，常設の処理施設

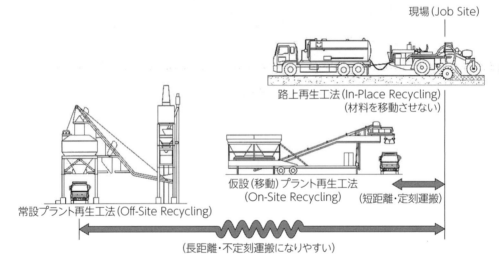

図-7.1　物流面から見た各再生工法の比較

写真-7.1　路上（現位置）再生工法（路上路盤再生工法）

写真-7.2　仮設（移動）プラント再生工法

で改良された材料を使用する方法を常設プラント再生工法：Off-Site Recycling（**図-7.1**）と呼んでいる．さらに，路上再生工法には，常温混合物を対象とした，路上路盤再生工法：Cold In-Place Recycling とアスファルト混合物を対象とした路上表層再生工法：Hot In-Place Recycling があり，それぞれ専用の機械装置が開発されている．

ここでは，路上路盤再生工法について述べる．

7-1-1　路上路盤再生工法の特長

この工法に用いる装置は，**2-2-1** で説明を行ったロードスタビライザにリサイクル機能を付加したものである．リサイクル機能の利点は何と言っても，対象路盤をその場で機能回復，改良することができるので材料運搬作業を大幅に減ずることができることにある（**図-7.1**）．さらに，路上表層再生工法と異なり，再生材の処理を常温で行うため，加熱用燃料を使用せず，運搬用燃料を節減し，大幅に CO_2 排出を削減できる省エネルギー工法であることに注目したい．

7-1-2　路上路盤再生工法の種類

常温再生工法では既設アスファルト舗装のみを再生する施工例は少なく，既設アスファルト層と下層の路盤とを解砕混合し，同時に安定材を加え強化路盤として再生させる（**図-7.2**）．再生材の強度を高めるための安定材にセメント系，アスファルト系，あるいはその両方を添加するいくつかの工法に分類できる．

1）セメント系
①セメント（スラリー化）添加工法
既設舗装と路盤材を解砕混合した再生路盤材にセメントを添加して強化する工法である．添加するセメントをスラリー状にして，精度の高い含水調整とセメントの飛散防止を図る場合も

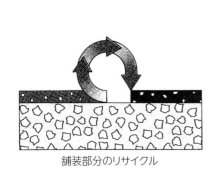

舗装部分のリサイクル　　　　舗装部分と路盤材のリサイクル

図-7.2　路盤材も再生する常温再生工法

ある（**図-7.3**，スラリー機構は**2-2-2 2**）にて記述）.

2）アスファルト系

従来工法としてアスファルト乳剤を使用する工法と，近年実用化された工法で加熱アスファルトに少量の水を添加し，その発泡作用によって分散されたアスファルトを混合するフォームドアスファルト工法がある.

①アスファルト乳剤＋セメント添加工法
　（**3-2-2 3**）にて記述，**図-7.4**）
②フォームドアスファルト（＋セメント）工法
　（**3-2-2 4**）にて記述，**図-7.5**）

3）各部の構造機能

路上路盤再生機械は，各種の機能を複合的に組み合わせるため，装置は複雑になり，機械重

アスファルト塊と　　　アスファルト塊と　　　セメント　　　　水　　　セメント安定処理
路盤材　　　　　　　路盤材を混合した　　（3〜5％程度）　　　　　路盤材
　　　　　　　　　　　再生骨材

図-7.3　セメント添加工法

アスファルト塊と　　アスファルト塊と　　アスファルト　　セメント　　水　　セメント瀝青
路盤材　　　　　　路盤材を混合した　　乳剤　　　（2〜3％程度）　　　安定処理路盤材
　　　　　　　　　再生骨材　　　　　（4.5〜5.5％程度）

図-7.4　アスファルト乳剤添加工法

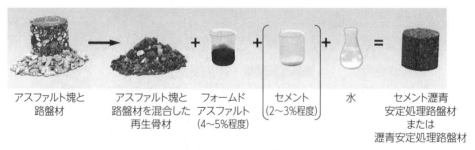

アスファルト塊と　　アスファルト塊と　　フォームド　　セメント　　水　　セメント瀝青
路盤材　　　　　　路盤材を混合した　　アスファルト　（2〜3％程度）　　安定処理路盤材
　　　　　　　　　再生骨材　　　　　（4〜5％程度）　　　　　　　　　または
　　　　　　　　　　　　　　　　　　　　　　　　　　　　　　　　　瀝青安定処理路盤材

図-7.5　フォームドアスファルト工法（必要に応じセメントも添加）

写真-7.3　解砕混合ロータ

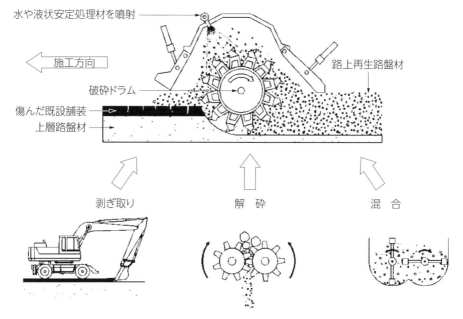

図-7.6　再生スタビライザのロータの機能

量がかさみ，寸法も大きくなりがちである．しかし他の機械と同様に，移動運搬する際の制限内に収めなくてはならないことに変わりはない．そこで，構成部材が吟味され，構造的にも工夫が凝らされて省スペース化が図られている．

①解砕混合装置

解砕混合ロータの形状は路面切削機（ロードプレーナ：機種によっては添加材噴射機能を取り付けてリサイクル仕様にできるものもある）と同様で，既設路面を解砕する能力を備えている（**写真-7.3**）．

解砕混合ロータには安定材や含水調整用の水の噴射装置が取り付けられており，舗装の剥ぎ取り＋解砕＋混合機能が備わっている（**図-7.6**）．さらに，解砕粒度を均一にするため，フード内に打撃板を取り付け（**図-7.7**），舗装面を面状に押さえ込み，解砕時に大きな塊状になること

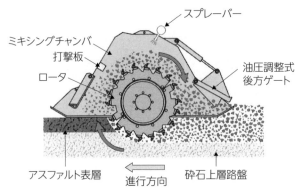

図-7.7　フード内に打撃板を取り付けた再生ロータ

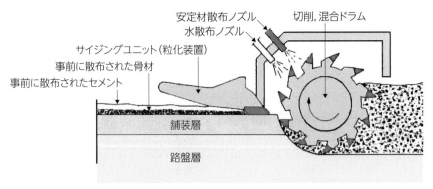

図-7.8　サイジングユニット

を防ぐ対策（サイジングユニット）がなされている機種もある（**図-7.8**）．

②安定材計量機構

　解砕ミキシングロータを回転させながら移動することにより，ロータ幅×切削深さ×移動速度から時間当たりの処理量が算出できる（移動速度6m/min×切削幅2m×切削深さ0.25mとすれば3m³/minとなる）．そこで，設計値に合わせた量の安定材を移動速度に応じて速度比例供給システム（**第2章の図-2.15および2.18参照**）によってフード内に噴射させる（**図-7.6,7**）．急激な作業速度の変化や発進停止の繰返しは，このような移動速度に比例した添加ができなくなり，施工品質に影響を与える結果となる．

4）作業機能の集約化

　施工品質を高めるため，各種の機能を付加した機械（ユニット）を配置した作業では機械ユニット数が増すことにより，機械編成が長くなり（**図-7.9**），施工適用箇所の制限を受けることになる．そこで，さらに各種の機能を集約させ作業機械の編成を短くした機種が開発されている．

①粉状添加機構の搭載

　機械編成を短くするとともに，現位置で既設路面の修復作業を行うため，粉状添加材の飛散を極力抑える必要があり，粉状安定材タンクと定量散布装置を内蔵し（**写真-7.4**），ミキシング

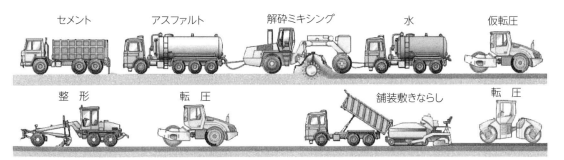

図-7.9　路上路盤再生工法の一般的な機械編成

写真-7.4　安定材散布装置付きスタビライザ

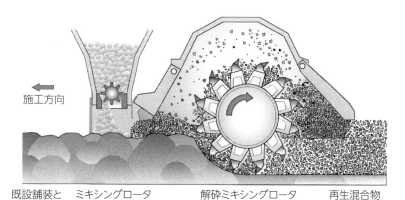

施工方向

既設舗装と　　ミキシングロータ　　　　　解砕ミキシングロータ　　　再生混合物
既設路盤　　　直前で安定材散布

図-7.10　安定材散布装置付きスタビライザ

ロータ直前で散布することにより，飛散を防いでいる（**図-7.10**）．

②液状添加機構の搭載

　液状安定材を解砕混合作業工程前に既設路面にあらかじめ散布することは不可能であるので直接ミキシングロータの中に噴射させる．そのためローリを本体に接続し，ホースより供給させる．このとき，機械編成が長くならないようにタンクを本体に内蔵させ，単独での作業を可能にしている（**第2章**の**図-2.19, 20**参照）．

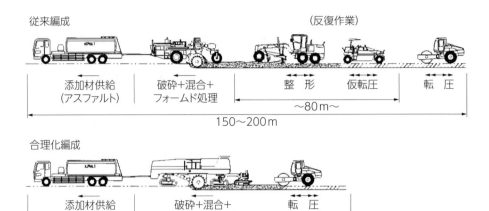

従来編成　　　　　　　　　　　　　　　　　（反復作業）

添加材供給
（アスファルト）　｜破砕＋混合＋　｜　　整　形　｜仮転圧｜　転　圧
　　　　　　　　　フォームド処理
　　　　　　　　　　　　　　　　　　←〜80m〜→
　　　　　　　150〜200m

合理化編成

添加材供給
（アスファルト）　｜破砕＋混合＋　｜　転　圧
　　　　　　　　フォームド処理＋整形
　　　　　　　　〜80m〜

図-7.11　機械編成の比較

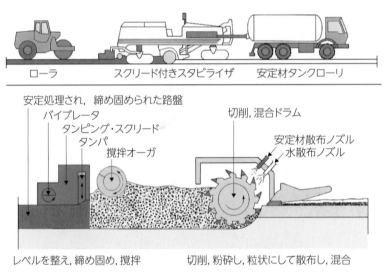

ローラ　｜　スクリード付きスタビライザ　｜　安定材タンクローリ

安定処理され，締め固められた路盤
バイブレータ
タンピング・スクリード
タンパ
撹拌オーガ

切削，混合ドラム
安定材散布ノズル
水散布ノズル

レベルを整え，締め固め，撹拌　　　切削，粉砕し，粒状にして散布し，混合

図-7.12　敷きならし機能を付加したスタビライザ

③敷きならし機構の搭載

　さらに理想的なユニット構造としては，再生混合物を敷きならす機能を付加することによってモータグレーダやペーバ（フィニッシャ）のユニットが不要になる．特にモータグレーダを使用する場合には長い作業エリアを必要とするため改善効果は大きい．

　しかし，それだけ機械ユニット重量がかさむ結果となる（**図-7.12**）．例えば**写真-7.5**に示す機械ユニットは約50t近くになり，さらに，機能アップして施工中に作業幅員を変えられる機種においては（**図-7.13**, **写真-7.6**），80tを超える重量になるため，国内での使用は困難であろう．

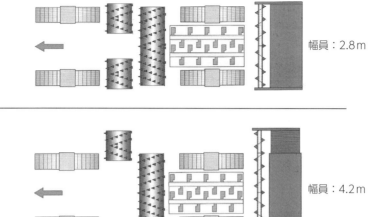

幅員：2.8m

幅員：4.2m

施工幅員：2.8〜4.2m，施工深さ：0〜300mm（ただし，混合物層は200mmまで）

図-7.13 幅員可変式ロータ（平面図）

写真-7.5 敷きならし機能を付加したスタビライザ

写真-7.6 幅員可変式スタビライザ

〔参 考 文 献〕
1）FAYAT GROUP Product Line Road Building Equipment Guide (2007-2008)
2）Wirtgen Cold Recycling Manual (Nov. 1998)
3）話題—米国カリフォルニア州における CFA 工法の現状，舗装，pp.22〜24，および口絵（2007. 11）

第7章 リサイクル関連機械

―**メカコラム**―

回転数比例制御機構

　機械操作の自動化に欠かせない機構であり，あらゆる装置に組み込まれている．本書中のスタビラ
イザの安定材供給量制御装置，セメント散布機の散布量制御装置，アスファルトフィニッシャの前輪
駆動同調装置，アスファルトプラントにおける各種計量供給装置など．主作業装置の動きに変動が起
きた場合には変動量に応じて従動作業装置を制御する機構であり，作業条件により従動率（駆動比例
率）を容易に設定できる機構にする必要がある（**図-7.14**）．近年電子機器の発達により各種センサと
ともに，信頼性の高い比例制御機構が開発され，建設機械の自動化が推進されている．しかし，前述
したように主作業装置に急激な変動を与える操作により，自動制御機構が追従しきれなくなることが
あるという認識が必要である．

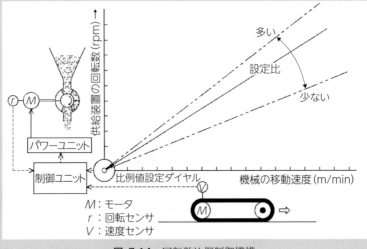

図-7.14　回転数比例制御機構

前節では，リサイクル関連機械のうちで路上路盤再生工法にかかわるものについて紹介しました．ここでは，路上表層再生工法に使用されている機械について，工法の概要や新たな適用方法も含めて紹介していきます．

7-2　路上表層再生工法

はじめに

7-1で紹介した路上路盤再生工法は，主に常温にて路盤を再生する工法（Cold In-Place Recycling）である．一方，路上表層再生工法は表層を加熱して再生する工法である．アスファルトの熱可塑性を利用して加熱により表層を軟化させてかきほぐすため骨材の破砕が少なく，アスコンの骨材粒度分布をほとんど変えることなく再生（**図-7.15**）することができる．加熱して現位置で舗装を再生することからHot In-Place Recyclingと呼ばれている．路上表層再生工法は材料運搬を大幅に減量する省エネルギー工法として1960年代に米国で開発され，その後欧州や我が国においても採用されるようになり，我が国のピーク時（1982～1994年）には年間150～200万 m² の施工実績があった．特に高速道路の補修においてスピーディーな省エネルギー工法として多く採用されていた．しかし，スパイクタイヤの使用禁止により，供用早期に補修が必要なほど摩耗わだちが生じなくなったこと，表層に排水性舗装（高機能舗装）を適用することが多くなったことなどから，この工法は急激に減少した．ただし，現在でも急速合理化施工方法として，施工数量は減少したものの各所で施工されている．また，その高い機能と可能性を生かして薄層再生工法など新たな施工方法の開発も行われている．

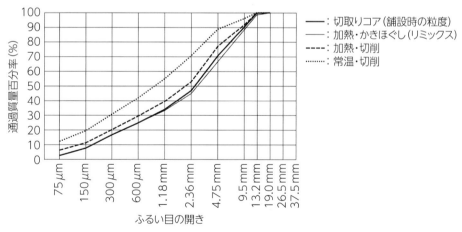

図-7.15　既設舗装をかきほぐした場合の粒度比較

7-2-1　工法概要

路上表層再生工法と表面処理や切削＋オーバーレイなどその他の工法との使い分けに用いる

第7章　リサイクル関連機械

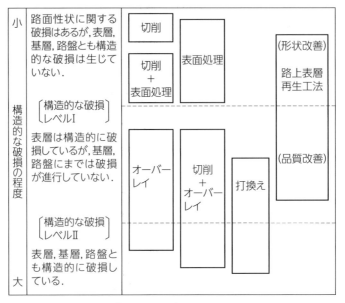

図-7.16　工法選定のガイドライン

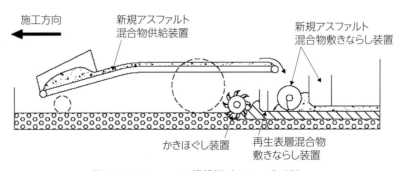

図-7.17　リペーバの機構例（リペーブ工法）

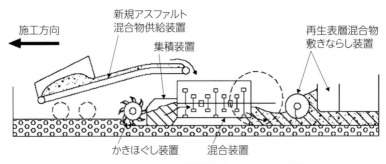

図-7.18　リミキサの機構例（リミックス工法）

ガイドラインを**図-7.16**に示す．

　路上表層再生工法は，交通荷重による流動わだちを補修するための路面形状改善として，既存路面を加熱して整形し，同時に新規混合物を載せて修正するリペーブ工法（**図-7.17**）と混合物の経年機能劣化，対荷重機能強化，表層への新機能付加などの品質改善を目的として，新

規混合物や各種の改質剤等を添加するリミックス工法（**図-7.18**），および路面形状の整形のみを行うリフォーム工法に大別されるが，リフォーム工法の採用はほとんどない．

7-2-2　機 械 装 置

路上表層再生工法に使用される機械編成は，Train（列車）またはFleet（艦隊）と呼ばれ縦列に配置した数台の機械ユニットが通過する短時間で路面をリニューアルする機能を有する．

1）機 械 編 成
一般的な機械編成は**図-7.19**のようになる．施工能力，加熱方式，計量，混合方式などによって様々な機械編成がある．

①中小規模編成
市街地での施工では，機械編成をできる限り少なくして，工事規制区間を短くすることが望まれる（**写真-7.7, 図-7.20**）．

②大規模編成
施工能力を上げるために，大型のヒータユニットを複数台連ねた長い機械編成となる（**写真-7.8, 図-7.21**）．

③ドライヤ加熱方式
かきほぐした混合物を追加加熱する自走ドラムドライヤユニットを含む機械編成（**写真-7.9, 図-7.22**）となる．

④バッチ混合方式
一般的な使用材料の計量は，対象となる既設路面の形状が一定であることを想定して，かき

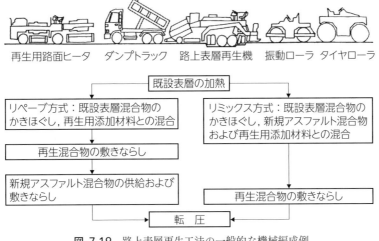

再生用路面ヒータ　　ダンプトラック　　路上表層再生機　　振動ローラ　タイヤローラ

既設表層の加熱

リペーブ方式：既設表層混合物のかきほぐし，再生用添加材料との混合

リミックス方式：既設表層混合物のかきほぐし，新規アスファルト混合物および再生用添加材料との混合

再生混合物の敷きならし

新規アスファルト混合物の供給および敷きならし

再生混合物の敷きならし

転　圧

図-7.19　路上表層再生工法の一般的な機械編成例

写真-7.7　中小規模工事の施工

写真-7.8　大規模工事の施工

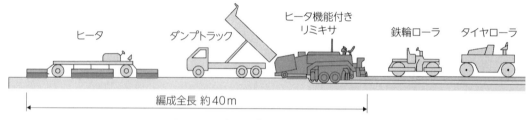

ヒータ　　　　ダンプトラック　　ヒータ機能付き　　　鉄輪ローラ　　タイヤローラ
リミキサ

編成全長　約40m

図-7.20　中小規模施工の機械編成例

プレヒータ No.1　　プレヒータ No.2　　ヒータ付き切削機　合材ダンプトラック　　　　　アスファルト
フィニッシャ
ヒータ付き連続式ミキサ車

14,800　　　　14,800　　　　16,500　　　　　　　　17,300

編成全長　約80m

図-7.21　大規模施工の機械編成例

写真-7.9　自走ドラムドライヤユニット

写真-7.10　バッチ混合方式の施工

ピックアップローダ　　　　　　　　　　　ドラムドライヤ

図-7.22　自走ドラムドライヤユニット

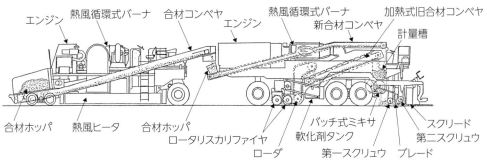

図-7.23　バッチ混合方式の機構

ほぐし深さ×施工幅員×処理速度＝時間当たりの処理容積によって連続容積計量が行われ，追加混合物，改質剤などが定められた容量連続添加される．しかし，路面形状や処理速度が変化した場合には瞬時の対応は不可能である．そこで，計量槽を設け，おのおのの使用，処理材料を重量計量し，バッチごとの混合を可能としたシステムも開発されている（**写真-7.10, 図-7.23**）.

7-2-3　各 部 機 構

　路上表層再生工法には加熱機構と，加熱した材料を取り扱うユニットが必要であり，それぞれ種々の機能が集約されている．舗装関連機械では最も高度な技術的対応が求められる装置といえる．

1）加 熱 装 置

　路上表層再生工法の最も重要な機能を受け持つ箇所である．一般的には，路面をヒータで加熱し，アスコンの温度を上げることにより，

①かきほぐし作業を容易にする．

②かきほぐし時の骨材の細粒化を防ぐ．

③後工程の混合，整形作業に必要なワーカビリティを確保する．

等の利点がある．

　しかし，プラントリサイクルのように解砕して熱効率を高めた状態で加熱するのではなく，塊のまま上面片側のみからの加熱となる．

　また，加熱面積も機械の運搬時の寸法制限により大きくできない．さらに，可燃物であるア

写真-7.11　赤外線輻射方式の路面ヒータ車

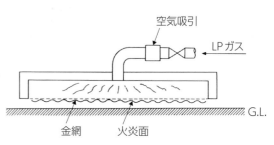

図-7.24　赤外線輻射方式ヒータの機構例

スファルトの加熱限界から加熱温度にも上限がある．そこで，ヒータユニットを縦列に並べ，低速で移動させ，時間をかけて路面を加熱する必要がある．この加熱方式にはLPガスを熱源とした赤外線輻射方式（Radiant Heater）と灯油を用いた熱風循環方式（Hot Gas Circulating System）がある．

①赤外線輻射方式

　LPガスを燃焼させ金網を加熱することにより金網の輻射熱で路面を加熱する方式．我が国では野外で大型のボンベを使用できないので，50 kgボンベを複数並べて使用する（海外では大型ボンベも使用されている）．このヒータエレメントは産業界でも各方面で多く使用され，量産されており，軽量で取扱いが容易なため管理しやすい．加熱温度調整範囲は比較的狭く，被加熱物との間隔（接近距離）を調節することによって温度調整を行う．使用されるヒータユニットは11,000 kcal/h，寸法740×124（mm）のエレメントを数十個組み合わせることによって構成されている．ヒータの移動速度が一定しているときには問題がないが，施工途中で一時停止時間が長くなると路面温度を急激に上昇させてしまう場合がある（**写真-7.11, 図-7.24**）．

②熱風循環方式

　灯油バーナによって発生した熱風を大型の送風機でヒータ本体の加熱面に設けた無数のノズルから路面に高速噴射して，既設舗装面を昇温させる．加熱後の熱風は送風機に戻され，降下した熱風温度を昇温するための加熱バーナからの熱風とともに適正加熱温度の熱風が循環される．大量の熱風が循環されるため熱効率が高く，外気へ排出される熱風量も少ない．低酸素の熱風を循環させるため，既設舗装のアスファルトの酸化劣化も抑制できる．熱風温度は熱風発生装置出口で検出し，これが一定となるようにバーナ燃焼量が自動的にコントロールされるため，任意に設定でき，燃焼温度の調整範囲も広く，路面を過加熱することなく発煙量も抑えることができる．また，バーナ火炎が見えない構造となっているため，市街地での工事に適している（**写真-7.12, 図-7.25**）．さらに，前述の赤外線輻射方式のヒータのようにヒータと被加熱物との接近距離に加熱温度差が生じにくいので，路面がわだち形状でも均一な加熱作業ができる．

　一方，路面を加熱したエネルギーは表層から下の層にも伝達するため，逆に，施工後の開放時間を長引かせる結果ともなる．そこで，路面をヒータでプレヒートした後，解砕した混合物を装置にかき揚げ，路面より分離した状態で所定の温度まで追加加熱させる方法も採用されている（**図-7.26**）．

写真-7.12 熱風循環方式の路面ヒータ車

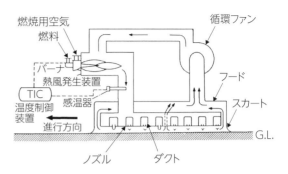

図-7.25 熱風循環方式ヒータの機構例

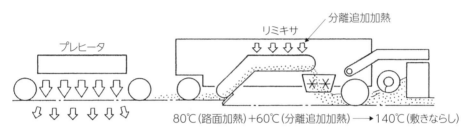

80℃(路面加熱)+60℃(分離追加加熱)→140℃(敷きならし)

図-7.26 分離追加加熱方式ヒータの機構

写真-7.13 パドルをスクリュウの形状にしたかきほぐし装置

2）かきほぐし装置

　加熱されたアスファルト舗装（混合物）表面をビットが多数付いたロータまたはパドルによってかきほぐす装置．ロータの形状は路面切削機に似ているが，常温切削する必要がないので，ロータの必要回転トルクは少なくてすむ．施工幅員に対応するように伸縮機能が備えられ，また，かきほぐされた混合物を中央部に寄せるために，パドルをスクリュウ形状にしたものもある（**写真-7.13**）.

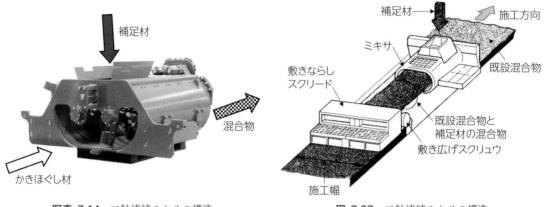

写真-7.14　二軸連続ミキサの構造　　　　　　図-7.27　二軸連続ミキサの構造

写真-7.15　バッチミキサの施工

3) 混 合 装 置

　新規補足混合物や添加剤を混合するための装置は，かきほぐしロータのミキシング機能を利用する方式と，かきほぐされ，機体中央部に集められた混合物に二軸連続ミキサの上部より新規補足混合物や添加剤を投入し混合する方法がある（**写真-7.14**, **図-7.27**）．さらに，ミキシング機能を高めるため加熱された既設混合物をかき揚げ，二軸連続ミキサまたは重量計量した混合物をバッチミキサにて混合する装置も開発されている（**写真-7.15**）．

7-2-4　新しい工法への適用

　路上表層再生工法に用いる機械の機能に着目し，既設舗装の形状や機能を修正（再生）しながら薄層（3 cm以下）で密粒度アスファルト混合物やポーラスアスファルト混合物でオーバーレイする工法への適用も試されている．薄層排水性舗装（リペーブ排水性舗装）の施工方法を**図-7.28**に示す．

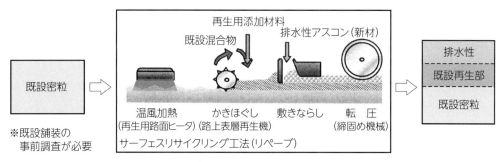

既設舗装を加熱しながらかきほぐして回収し，リミキサ内で再生用添加剤を混合する．この混合物を同機の第1スクリードで敷きならし，第2スクリードでその上にポーラスアスファルト混合物を敷きならした後，転圧機械にて2層を同時に転圧する．

図-7.28　薄層排水性舗装（リペーブ排水性舗装）の施工方法

―メカコラム―

アスファルト混合物の熱伝導率

　既設アスファルト舗装に品質的なダメージを与えずに加熱昇温するには加熱温度を高くすることができない．また，アスファルト混合物の熱伝導率が低いため，適度な加熱処理時間を要することになる．アスファルト混合物の熱伝導率は，様々な値が紹介されており，混合物の種類によって多少異なると思われるが，ロードヒータ車による路面加熱温度の推定などには，$1.1 \sim 1.5 \, \text{kcal/m·h·°C}$ の平均値をとって $1.3 \, \text{kcal/m·h·°C}$ 程度が利用されている．

第7章　リサイクル関連機械

〔参 考 文 献〕
1) FAYAT GROUP Product Line Road Building Equipment Guide（2007-2008）
2) 路上表層再生工法機械施工マニュアル，SR工法技術振興会（1996.2）
3) 舗装再生便覧，（社）日本道路協会（2004.2）
4) 福川，門澤：アスファルト路上表層再生工法における高品質施工の実現とその装置の開発経過，道路建設，No.501，pp.66〜73（1989.10）
5) 福川，門澤：重交通・積雪区間の路上表層再生工，舗装，pp.8〜13（1983.11）

第8章

維持修繕用機械

ダンプカーと縦走する路面切削機
アスファルト舗装の維持修繕工事の主流となっている切削オーバー
レイ工事における使用機械編成，コンクリート舗装修繕に用いられ
る表面処理機械，および簡易舗装表面再生処理工法を解説する．

　日本における舗装の補修は，全国的に量・規模とも年々増加する傾向にあります．この章では，舗装の補修を実施するうえで欠かすことのできない機械を紹介していきます．ここでは，路面を削り取る路面切削機について，その機構や機能を詳しく解説します．

8-1　路面切削機

はじめに

　我が国を含め世界各地で道路舗装の補修が行われ，アスファルト舗装においては切削オーバーレイ工法が主流になっている．この工法で欠かすことのできない施工機械として路面切削機が開発された．この機械は現在では機能，能力とも飛躍的に高まり，コンクリート舗装面の切削をも可能にしている．また，この機能を活用して前述（**第7章**参照）した路上路盤再生工法：Cold In-Place Recycling が可能なロードスタビライザなども開発された．

8-1-1　路面切削のメカニズム

　アスファルト舗装用混合物の構成骨材はアスファルトで接着して固められる．そこで，開発当初はヒータを用いて路面を事前に加熱して，接着機能を低下させて切削を容易にした工法が採用された時期があった．その後，油田ボーリングに用いられる掘削用ビットメーカーが道路用切削ビットを開発したことにより，加熱する必要のないコールド切削が可能となった．現在では，ほとんどがコールド切削である．ビットの形状にはビット先端が平らな平ビットと，尖った円錐形のコニカルビットがある．開発当初は平ビットが用いられていたが，先端のチップにより骨材をせん断させるため，切削抵抗が大きく，発熱作用も伴う．さらに，ビット先端が磨耗により丸くなると切削能力が著しく低下してしまう．一方，先端の尖ったコニカルビットは，円錐状の超硬チップによって舗装用混合物をはつり，解砕させ，剥ぎ取ることができる．平ビットに比べ，解砕エネルギーも少ないため，発熱量も小さく，コールド切削を可能としている．さらに，円錐状であるため解砕機能が働き，構成骨材が破砕されにくく，切削された材料の再利用率を高めることができる．

8-1-2　コニカルビットの形状

　弾丸のような先端のコニカルビットは円錐部の先端に超硬チップが埋め込まれており，筒状の後部にはバネ鋼スリーブが取り付けられている（**図-8.1**）．このビットを回転する切削ドラムに配列されたホルダの円筒孔に打ち込んで取り付ける（**図-8.2**）．ビットに取り付けられたバネ鋼スリーブが作用し，ビットの脱落防止とチップの偏減りを防ぐため切削時にビットを自転

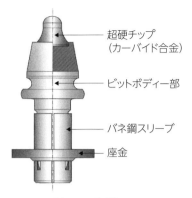

図-8.1　切削ビット

超硬チップ
（カーバイド合金）

ビットボディー部

バネ鋼スリーブ

座金

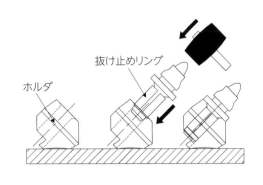

図-8.2　切削ビット取付け方法

抜け止めリング

ホルダ

写真-8.1　切削ビットの交換作業

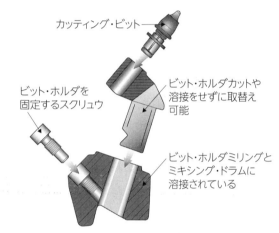

図-8.3　セットスクリュウ方式のビットホルダ

カッティング・ビット

ビット・ホルダを
固定するスクリュウ

ビット・ホルダカットや
溶接をせずに取替え
可能

ビット・ホルダミリングと
ミキシング・ドラムに
溶接されている

第8章　維持修繕用機械

させるためのギャップを確保する構造となっている．切削作業によりビット先端の超硬チップが磨耗した場合には，ホルダ後部の円筒孔よりビット後部を打撃して取り出し交換する（**写真-8.1**）．ビットの磨耗度合いは切削する対象となる舗装構成と切削深さ，そして外気温などによって大きく異なる．作業条件によって適合する硬度のチップを取り付けたビットを用いる．アスファルト合材においても使用するバインダの種類によって磨耗度合いが大幅に異なる．ビットの交換は作業中には不可能なので，大規模な連続切削作業には複数台の切削機を投入する必要がある．また，ビットを保持しているホルダも磨耗するので定期的に交換する必要があり，特に，舗装版が粒状化した後にも結合粘性が残留する特殊バインダ混合物の場合にはホルダ部の磨耗も早い．磨耗したホルダの交換は一般的には，ドラムとの溶接部を切断して交換する．この作業を容易にするための，セットスクリュウにて特殊なホルダを固定する機構も開発されている（**図-8.3**）．一方，切削作業によるチップの磨耗は均一にはならず，ビットの取付け位置によって，磨耗度合いが異なり，横断方向の切削深さが異なってしまうことがある（**図-8.4**）．磨耗の度合いに合わせた，ビット高さの微調整が必要であり，ビット取付け箇所のローテーションなどによって，均一な磨耗状態を保つ必要がある．また，切削作業時には粉塵の発生と摩擦

上：磨耗したビットでは
　　切削面が凹凸になる
下：新しいビットでは
　　切削面が平滑にできる

図-8.4　切削ビット磨耗のイメージ

による発熱を生じる．そのため，切削ドラムを覆うフード内にノズルを設け散水することにより粉塵を抑え，ビットを冷却している．特に，コンクリートの切削においては多量の散水用水を要するので，積載タンク容量では足りなくなり，ローリによる補給が必要になる．

8-1-3　切削ドラムの形状とビットの配列

　ビットホルダは切削された材料をドラム中央に寄せるために，ドラム円周に沿ってスパイラル状に取り付けられている．さらに，スパイラル間にはプレートが数枚取り付けられており，前方へ掻き出す作用を高める（**写真-8.2**）．ビットホルダの取付けスパイラルの間隔によって，切削断面の切削ピッチが形成される．一般的なピッチは15 mmであり，表層のオーバーレイ工事などに使用され，80本/m（ドラム当たり160本程度）の割合で取り付けられている．また，細切削（Fine Milling）はピッチを8 mm以下として，表層の整形切削などに用いられる（**図-8.5**）ほか，最近では市街地施工時での切削騒音低減対策として使用する場合もある．ただし，対象混合物の種類によってはピッチを狭くすると，切削材が細粒化され，骨材の再利用率が低下する場合もある．切削ドラムの両端には，側面を切削するために円周に沿って，斜めに取り付けられたビットが追加されている（片側6本程度，**写真-8.3**）．これらの，現場条件に合わせた切削形

写真-8.2　切削材掻き出しプレート

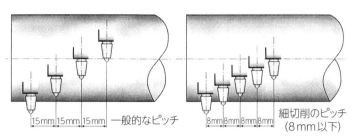

15mm 15mm 15mm 一般的なピッチ　8mm 8mm 8mm 8mm 細切削のピッチ（8mm以下）

図-8.5 切削ビットの配列

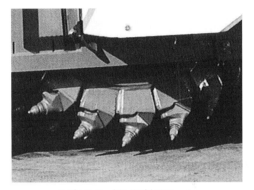

写真-8.3 側面切削用ビット

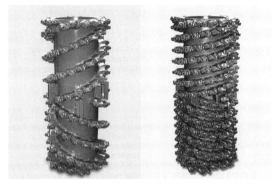

写真-8.4 切削ドラム（左：一般切削用，右：細切削用）

状を得るためには，現場条件に適したビット配置のドラムに交換する必要がある（**写真-8.4**）.

8-1-4 ドラム駆動方式

切削ドラムを回転させるためには，切削ドラム幅1m当たり250PS〜300PS（184kW〜221kW）の出力が必要になっている．そのため，大型機はエンジンからのパワーロスをできるだけ小さくするため，Vベルトを介してドラムに内蔵された減速機をダイレクトに駆動する方式を採用している（**写真-8.5**）.

写真-8.5 ダイレクト駆動方式

第8章 維持修繕用機械

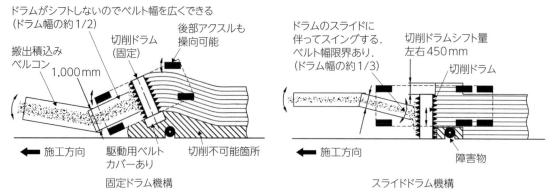

図-8.6　ドラム機構による特徴

　一方，路上の障害物回避，構造物際の切削において有効なドラムのサイドシフト機構には，三次元的な自由度が必要なので，ドラムに内蔵された油圧モータにて駆動する方式が採用されており，左右450mmのスライドシフトを可能にしている（**図-8.6**）．

8-1-5　切削方向（アップカット方式，ダウンカット方式）

　切削ビットを取り付けたドラムの回転は，回転方向が進行方向と同じでビット回転軌跡が舗装面に対して上から下に働くダウンカット方式と，進行方向に逆らってビット回転軌跡が下から上へ働くアップカット方式とに分けられる（**図-8.7**）．ダウンカット方式の場合には上からの切削衝撃を受ける反力支持基盤があるため，均一な切削寸法（粒度）になる．しかし，強い上向きの反力を受けるため，押さえ込むための大きな質量が必要になり，上下の振動幅も大きくなって平滑な切削面を得にくい．一方，アップカットの場合には，下方斜めから切削するため，上向きの切削反力は小さいが，反力の支持基盤がないため，切削寸法にバラツキを生じやすく（**図-8.8**），切削対象舗装面の下層が砕石路盤の場合には舗装面を起こしてしまい，大割のブロック状となり，切削材積込みベルトを破断する要因にもなる．そこで，切削ドラム直前の位置に切削面を押さえ込むシュー（サイジング装置）を取り付けた機種もある（**写真-8.6**）．

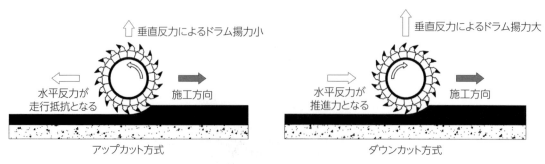

図-8.7　切削方式による特徴

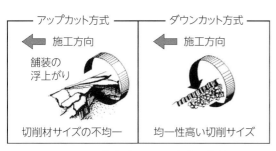

この面を路面に押し付けて舗装版の浮上がりを抑える

図-8.8　切削方式による切削材の特徴　　　　　　　**写真-8.6**　サイジング装置

施工方向 ⟹ ダウンカット方式

アップカット方式　施工方向 ⟹

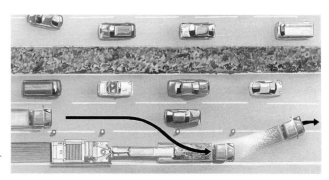

図-8.9　切削材の排出方向によるダンプの動線　　**図-8.10**　アップカット方式の切削材搬出ダンプの動線

　アップカット方式は切削材を前方に出せるため，切削材搬出ダンプトラックを隣接する供用路線へスムーズに流入することや切削作業前方に直進離脱することに適しており（**図-8.9, 10**），ほとんどの機種に採用されている．いずれにしても，ドラムの上下振動を小さくする必要があり，一般的には切削ドラム幅1m当たり約15tの重量が必要になっている．

8-1-6　切削深さ調整機構

　切削深さの調整は回転する切削ドラムを昇降させることにより行い，ドラムを支持している走行装置自体を上下させ調整する本体フレーム昇降式と，ドラムのみを上下させるドラム昇降式（**図-8.11**）がある．本体フレーム昇降式のアクスル（走行部分）は，独立昇降するので段差走行が可能である．一方，切削深さの検知，管理は一般的には隣接する既設路面を基準として行われる．その感知方法は，切削ドラム両端に取り付けられた上下方向にスライドするサイドプレートの底部を既設路面にすべらせ，ドラムビット先端の描く円周軌跡下端との高さの差をサイドプレートに取り付けたスケールロッドで読み取る方法や，ワイヤを介して伸縮センサで感知させる方法が採用されている（**図-8.12**）．切削面の横断勾配は，切削ドラムカバー上部に取り付けられた傾斜センサによって制御させる機種が多い．この機能を使用すれば片側の切

第8章

維持修繕用機械

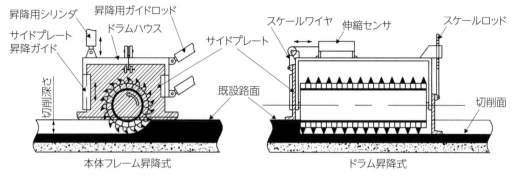

図-8.11　切削深さ調整機構

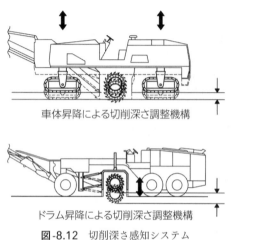

図-8.12　切削深さ感知システム

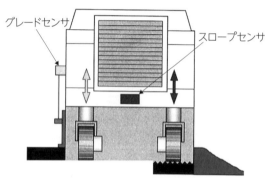

図-8.13　傾斜センサによる片側制御

写真-8.7　切削深さの超音波計測システム

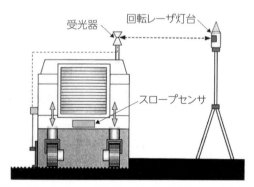

図-8.14　回転レーザを用いた切削深さ制御システム

削深さの制御で勾配の管理が可能になる（**図-8.13**）．このように間接的な情報によって切削深さを管理しても，先端チップの磨耗に伴ってビットの長さが短くなり，切削深さが小さくなるので，作業中であっても直接切削深さを計測して常にビットの磨耗度合いをチェックする必要がある．この時，切削側断面に直接スケールを当てる場合は，磨耗しやすいサイドビットの磨耗度合いを考慮する必要があり，既設路面から伸ばしたロッドを基準とするか，変動のない構

造物を基準として水糸を張り，切削深さをチェックする必要がある．一方，この方式で切削深さの制御を行う場合には既設路面の高さを基準とするので表面の凹凸は切削面にその影響が現れる．事前に現況高さを測量し，切削深さの補正を行う必要がある．また基準高さを既設路面に求める場合には，アスファルトフィニッシャ編（**第7章**参照）で記述した基準路面高さを平準化させるロングスキーや非接触のレーザや超音波を用いた測距システムも使用され始めている（**写真-8.7**）．また，基準高さを作業圏外に設け，回転レーザシステムを用いて切削深さを制御する方法も用いられている（**図-8.14**）．さらに，後述する情報化施工システムを用いて計画設計座標に合わせた高精度な切削高さ制御が実用化され，大規模な空港関連改修工事にも使用されている．

8-1-7　切削幅の調整

　一般的には切削幅への対応は，1台の機械をレーン移動させるか（移動性の面からホイールタイプが用いられる），複数の機械を並列作業させる．このとき，切削機の走行位置をずらすか，切削ドラムをシフトさせて切削ラップ幅を変えることにより，切削幅の微調整ができる．切削深さが大きい場合には既設路面に前方の片方の走行部分を走らせた段差走行によって部分切削が可能となる（**写真-8.8**）．さらに，切削形状変更と同様にドラムの交換によっても行われる（**写真-8.9**）．7-2で記述した路上表層再生工法のように，路面を加熱しないので切削抵抗が大きく，振動を伴った大きな反力を受けるため，機械重量が必要になり，剛性の高い構造となる．切削幅を広くすると機械重量がさらにかさみ，運搬上の限界になる．そのため，ドラムの伸縮機構を備えた機種は機能面で優れているものの，使用上の制限を受けやすい．

写真-8.8　切削深さが大きい場合の切削方法

写真-8.9　各種交換ドラム

8-1-8　切削材回収機構

　対象舗装面は切削作業によって，粒状化された切削材となり，廃棄されるか，再利用される．いずれにしても，対象路面から撤去する必要があり，切削機開発当初は，専用の回収搬出機が

写真-8.10　切削材の回収搬出機

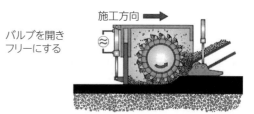

図-8.16　ベルコンの回転速度による切削材の落下位置
　　　　 調整機能

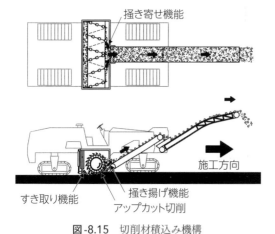

図-8.15　切削材積込み機構

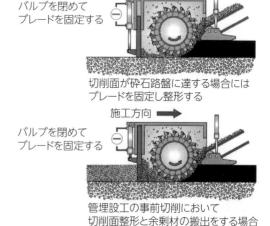

図-8.17　昇降シリンダロック機構

　使用されていた（**写真-8.10**）．この作業は現位置（In-Place）で行われるため，投入される機械類は極力少ない方が望ましく，現在は回収搬出装置が切削機本体に装着されている．

　前述したように，切削により粒状化した切削材は，ドラムの回転方向がアップカットのためドラム前方に送り出される．そして，スパイラル状に取り付けられたビットホルダの働きによって，ドラム中央部に寄せられる．切削ドラム中央直前に取り付けられた，ベルコンによって掻き揚げ搬出され，積込み用スイングベルコンに送られ，ダンプトラックのベッセルに高速搬出される（**図-8.15**）．搬出される切削材をダンプトラックに均一に積み込むために，排出ベルコンのベルト速度を変えることで落下位置を調整可能とする機種もある（**図-8.16**）．

　切削ドラムの中央部には常に切削材が集まり，その中を回転するビットホルダが通過するた

192

め，両端のホルダより磨耗の度合いが大きくなる．ゆえに，ドラムの前に設けられた掻き揚げベルコンの幅はできるだけ広い方がよい．しかし，ドラムのサイドシフト機構が組み込まれている機種は，ベルコンもドラムのシフトに伴ってスイングするためベルト幅を広くすることができない．一方，ドラムの後方に取り残された切削材はロータフード後部に取り付けられたブレードにより掻き取られ，一定量たまると切削ビットによって前方へ送られ，同様に回収される．この後方に設けられた掻き取りブレードは舗装版を対象とする場合にはブレードの自重によってブレード底部が切削面を引きずり，切削材を掻き取る．切削面が凝結力の無い砕石路盤に達するときには，自重によってブレードが食い込んでしまうので，路盤面を整形するためにも昇降シリンダをロックする必要がある（**図-8.17**）．

8-1-9　機能応用機種

　路面切削機の機能を用いて様々な用途開発も行われている．

1）小型切削機

　路面切削作業において大きな障害になるのが，対象路面上のマンホールや橋梁部の接合ジョイント部などの構造物である．従来はその部分の除去作業は人力でのはつり作業によって行われることが多かった．現在では各種の小型切削機が開発され，使用することにより切削作業の合理化が図られている（**写真-8.11**）．

2）切削材現位置再生工法

　近年では，対象路面の切削材をダンプトラックに積み込まないで，切削ドラムフード内に改良剤を添加し，切削とミキシングを同時に行い，再生混合物の製造をし，機体後方に取り付けられたスクリードによって敷きならしていく，究極のCold In-Place Recyclingにも応用されている（**写真-8.12**）．

3）脱輪防止喚起凹凸ライン切削

　円形の切削機走行用車輪の形状を多角形にすると走行に伴って車体が上下し，フレームに固

第8章　維持修繕用機械

写真-8.11　小型切削機

写真-8.12　切削材現位置再生工法

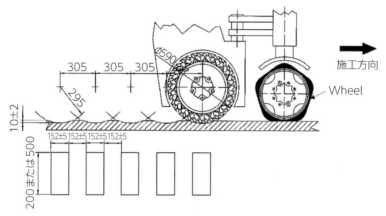

図-8.18　脱輪防止喚起凹凸切削パターン

写真-8.13　脱輪防止喚起凹凸切削

定されている切削ドラムも切削，空転を繰り返すことによって，切削箇所と非切削箇所が交互にパターン化される（**図-8.18**）．この形状を路肩側に施工すれば，その箇所を走行車両のタイヤが通過すると，車両に振動を与えて，注意を促すことができる（**写真-8.13**）．

4）路面すべり抵抗値回復切削

供用中の空港では，許容作業時間が極端に短く限られており，ビットの切削間隔を極端に狭い6mmピッチとし，通常ドラム1回転で1回打撃するビット配置を1回転で2回打撃する配置（ダブルスパイラル）にしたマイクロファインミリングドラムを使用して広い作業面積の滑走路のすべり抵抗値改善，回復作業を短時間で施工した報告がある．

〔参 考 文 献〕
1）Wirtgen, Manual For The Application Of Cold Milling Machines, January 2004
2）TSファイン・ミリング工法研究会，TSファイン・ミリング工法　技術資料
3）海老澤秀治：米国カリフォルニア州におけるCFA工法の現状，舗装，pp.22〜24（2007. 11）
4）Wirtgen, Job Report Cold Milling, Rehabilitation of the runway at Charleroi Airport，2007

―メカコラム―

トルク（回転力）

　切削ドラムを駆動させるためには強力な回転力が必要になる．このように建設機械では大きな回転力を必要とする機種が多い．回転力は作用半径により変化する．例えば，**図-8.19**のようにスパナを使用してネジを締めこむ場合に同じ力で締めこんでも，スパナの柄の長さを長くしたほうが，回転量（角度）は少なくなるものの回転力は大きくなる．回転力は作用点に掛かる回転モーメントで表し，トルクと呼ぶ．トルクは $T(\mathrm{N \cdot m}) = 力 P(\mathrm{N}) \times 回転半径 r(\mathrm{m})$ となる．エンジンからの回転数の高い出力，すなわち長い柄の作用は，歯車を組み合わせてコンパクトに納めたギヤボックス（変速機）によって高いトルクが得られることを可能にしている．同様に油圧機構を用いて，同様の機能を発揮させている．しかし，変速比を極端に大きくすることは伝達効率を減ずることにつながるので，建設機械に用いられる原動機は（エンジンにおいては）ピストンの可動ストロークを長くした低回転，高トルク仕様となっている．

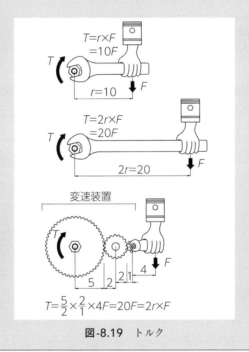

図-8.19　トルク

維持修繕用機械の1つとして，忘れてはならないのが路面を清掃する車両です．これには，文字どおり路面を清掃する路面清掃車（スイーパ）と排水性舗装の空隙づまりを洗浄する機能回復車（空隙づまり洗浄車）があります．ここでは，路面清掃用車両について，その機能や課題等を含めて詳しく解説していきます．

8-2　路面清掃用車両

は じ め に

道路の清掃作業としては，主に舗装路面を清掃する路面清掃作業と排水性舗装の空隙づまりを清掃してその機能低下を回復させる空隙づまり洗浄作業がある．以下，これらに使用される特殊車両について述べる．

8-2-1　路面清掃車（スイーパ）

スイーパは道路の維持管理のための清掃作業のみでなく，道路舗装工事における新設工事，補修工事などの施工作業過程においても使用される．新設工事では各層間の付着を阻害するダストなどの除去に用いられる．道路舗装補修工事の代表的な切削オーバーレイ工事においては切削面の清掃作業に不可欠な作業車両である．また，その機能を活用して付随する集水桝などの清掃にも使用されている．

1）集塵機能による分類

路面清掃車の集塵機能の形式は，ブラシで集めた塵埃をコンベヤによりホッパに収集するブラシ式と，ブラシで集めた塵埃を真空になったホッパ内にダクトによって収集する真空吸引式に分類することができる（**図-8.20**）．

①ブ ラ シ 式

ちり取りとほうきを組み合わせた形状で，比較的粒径の大きなものを効率よく集積することができ，強力な回転ブラシにより，半付着状態の固形物を剥ぎ取る機能も備わっているため，

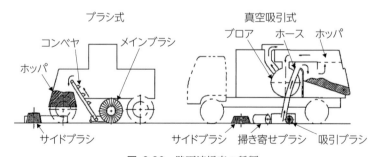

図-8.20　路面清掃車の種類

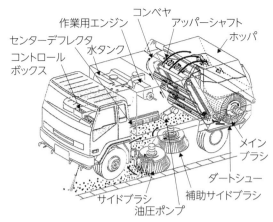

センターデフレクタ
コントロール
ボックス
作業用エンジン　コンベヤ
水タンク　　アッパーシャフト
ホッパ
メイン
ブラシ
ダートシュー
サイドブラシ　補助サイドブラシ
油圧ポンプ

図-8.21　ブラシ式スイーパの例

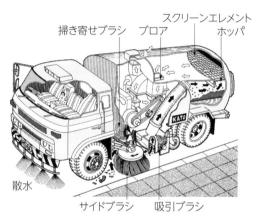

掃き寄せブラシ　ブロア　スクリーンエレメント
ホッパ

散水

サイドブラシ　吸引ブラシ

◀ 矢印の方向に塵埃が空気と共に吸引されていく
◁ 矢印の方向に空気のみ送られ排出される

図-8.22　真空吸引式スイーパの例

写真-8.14　狭隘な箇所（集水桝）の清掃状況

切削面の清掃作業に使用されている．集塵作業は主にブラシが路面上を回転し集塵するのでブラシが切削面を擦る音が出る程度で，騒音は比較的低く市街地での路面清掃作業にも多く使用されている．路面上の塵埃は左右に配置した縦回転軸に装着されたサイドブラシにより中央に集められ，路面から除去された塵埃は後部に配置された横回転のメインブラシによって集塵ホッパに送り込まれる（**図-8.21**）．そのため，メインブラシは積込み機能も必要となり，真空吸引式に比較してブラシの直径が倍になっている．

②真空吸引式（バキュームタイプ）

集塵の原理は一般家庭で使用されている掃除機と同じで，搭載されている補助エンジンで大型のブロア（排風器）を回転させ，吸引側を集塵ボックスにつなぎ負圧状態にすることにより，回転ブラシによって集められた塵埃を吸い取る構造になっている．空気吸入集塵のため，比重が軽く細粒分の多い塵埃の集塵には適している．この真空吸引式は，水も吸引することが可能で雨天時でも使用することができる．また，集塵ボックスに直接パイプ状のダクトをつなぐこ

とにより，集水桝のような，狭隘な箇所に蓄積した塵埃を除去することも可能にしている（**写真-8.14**）．排気側にフィルタを取り付けることにより粉塵の発生を抑えることができるので，屋内での使用にも適している（**図-8.22**）．作業は空気流を使用した間接搬送となるため，ブラシ式に比べ約3倍の出力をもつサブエンジンが必要となる．

2）ブラシの形状

　ブラシ式，真空吸引式とも回転ブラシが使用されており，主にサイドブラシとメインブラシ，またはサイドブラシと掃き寄せブラシ等で構成されている（**図-8.23～25**）．使用されるブラシの材料は，作業の目的により，鋼製と樹脂（ポリプロピレン）製から適宜選択する．

①サイドブラシ

　サイドブラシ（ガッタブラシ）の形状はブラシが編み笠のようなテーパー状になっており，こまをひっくり返した状態で縦軸を傾斜させ，回転する方向によって，任意の方向に塵埃を集める．また，回転軸は，左右に円弧状に動き，既存の構造物や舗装断面と接触させ，作業箇所の残留骨材を強力な掻き取り作用により取り除く機溝となっている．切削作業に用いる場合には，偏平形状の鋼製ワイヤブラシが使用される．使用する際に押さえ込み荷重を強くすると掻

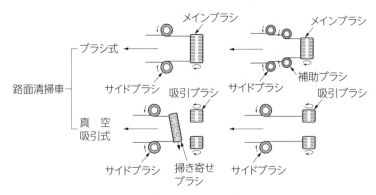

図-8.23　路面清掃車のブラシ配列

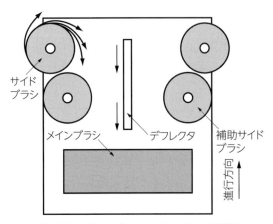

図-8.24　ブラシ式スイーパのブラシ配置例

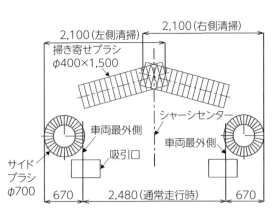

図-8.25　真空吸引式スイーパのブラシ配置例

写真-8.15　サイドブラシ植込み状況

写真-8.16　サイドブラシ植込み品

写真-8.17　メインブラシ（左：鋼製ブラシ，右：ポリプロピレン製ブラシ）

きはがし機能は大きくなるが，路面を過度に傷め，またワイヤの磨耗を著しく早めてしまう．サイドブラシのワイヤの取付け方法は，サイドブラシ用セグメントに開けられたワイヤ断面の穴にワイヤをUの字に折り曲げた状態で差し込んで形成する（**写真-8.15, 16**）．このため強すぎる圧力で使用すると折曲げ箇所が破断して，ワイヤが抜け落ちてしまう．抜け落ちた鋼製ワイヤが後工程に支障を来す作業には離脱ワイヤの除去に配慮する必要がある．特に，空港関連工事での使用に際しては航空機に多大なダメージを与える危険性があるので徹底的な除去作業が求められる．一方，サイドブラシの取付けアームは左右に可動するので，舗装面の拡幅部に対してある程度は対応可能であるが，機械集塵が不可能な箇所は手作業で補い，特に見落としやすい夜間での切削オーバーレイ工事においては，切削材の取残し箇所がないように配慮する必要がある．

②メインブラシ

　メインブラシはサイドブラシの後部に位置し，筒状のブラシを横軸にて進行方向に回転させ路面上の塵埃を回収させる．ブラシは積込みにも用いるため直径がϕ800〜900mm程度と大きい．一方，真空吸引式の場合には，ブラシは路面からの掻き取り作業のみに用いるため，直径はϕ400mm程度になっている．メインブラシもサイドブラシと同様に作業目的に応じて鋼製と樹脂製から選択することができる（**写真-8.17**）．ポリプロピレン製のブラシドラムはチャンネルブラシと呼ばれるブラシ製法でロープ状の付け根とブラシの"毛"に当たる部分の一方が一

体化した縄のれんのような簾の根の部分をスパイラル状にメインブラシ用コアに巻きつけて構成している.

　また，使用後のマテリアルリサイクルに配慮してメインブラシ部とチャンネル部分を同種のポリプロピレン材で融着して一体化し，ブラシ交換を容易にした製品も開発されている.

8-2-2　排水性舗装の機能回復車

　排水性舗装の普及に伴い，供用後の排水機能，騒音低減機能の回復を目的として，舗装の空隙面に詰まった塵埃を除去する特殊作業車両が開発された.　排水性舗装は空隙がつぶれたり，詰まったりするとその機能が低下する.　このうち空隙つぶれは耐荷重や耐流動性に優れた特殊バインダの開発が進み解決されてきた.　このため，空隙づまり物を除去できれば機能の回復が可能となる.　この回復作業は供用中の交通帯で作業を行うため，交通規制が不要な方法が望ましい.　一般道で交通規制が不要な作業速度は20 km/h以上である.　秒速にすると1秒間に5.5 m

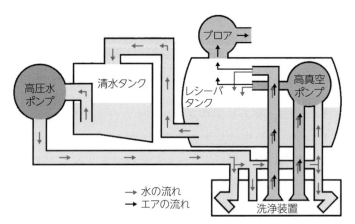

図-8.26　洗浄装置の水リサイクルシステム

前後からの空中噴射によるV型高圧水洗浄および水中噴射によるキャビテーション
洗浄と高真空吸引およびブロア吸引により高い機能回復効果が得られる.

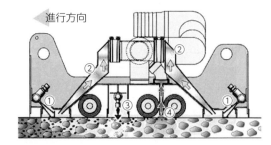

①V型高圧水噴射 (空中)　　③キャビテーションジェット噴射 (水中)
②ブロア吸引　　　　　　　④高真空吸引

図-8.27　キャビテーション洗浄装置

写真-8.18　機能回復車

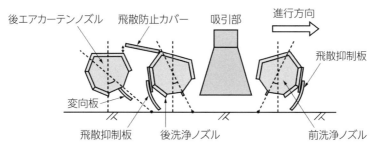

図-8.28　高圧空気噴射洗浄方式の清掃ユニット

の移動となるため，集塵吸引部の長さを1.5mとした場合，わずか0.27秒で当該箇所の清掃吸引作業を行わなければならない．一般的な機能回復車はトラックに集塵吸引ユニットが牽引され，高圧水が対象路面箇所に斜め上方から噴射されて，舗装面の空隙箇所に付着した塵埃を水で洗い出して混濁水と共にタンク内に真空吸引される構造となっている（**図-8.26**）．複雑な形状の空隙からごく短い時間内で堆積塵埃を完全に掻き出すことは非常に困難である．そこで，高速で高圧水が噴射された際に発生する無数の気泡が消滅するとき（キャビテーション）の衝撃エネルギーを利用した洗浄機能を有する装置も開発されている（**図-8.27**）．

このような強力な装置を使用しても，現在，20km/h以上で十分な洗浄効果を発揮できる機種は開発されていない．このため，20km/h以上の空隙洗浄作業を頻繁に行って空隙づまりを予防するという考え方から，混濁水の処理が不要で比較的安価な作業が可能となる高圧空気噴射方式の開発も行われている（**図-8.28**）．

〔参 考 文 献〕
1）日本建設機械要覧2001,（社）日本建設機械化協会（2001）
2）増山幸衛, 草刈憲嗣：排水性舗装の機能回復作業の方向性, 舗装, Vol.36, pp.26〜32（2001.11）
3）阿部忠行, 杉浦博幸：排水性舗装の効率的な機能維持を目指して, 建設物価, pp.20〜24（2008.6）

―メカコラム―

PTO（Power Take-Off）

　建設用特殊車両は一般のオンロード車両を改良して使用する機種も多い．車両本体のエンジンより作業に使用する動力を取り出す箇所（装置）をPTO（動力取出し装置）と呼んでいる．身近な例として，ダンプトラックのベッセル昇降装置，生コンアジテータ車の回転駆動装置，アスファルトクッカー車のかくはん羽根回転駆動装置，トラッククレーンのウインチ機構，レッカー車，など数多く存在する．取出し箇所によって，トランスミッションPTO（図-8.29），フライホイールPTO（図-8.30）などから直接メカニカルに装置を駆動させるか，または駆動用の油圧ポンプを回転させる機構が採用されている．ただし，クランクシャフトプーリよりベルトを駆動するタイプはPTOとは呼ばない．

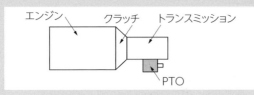

図-8.29　トランスミッションPTO

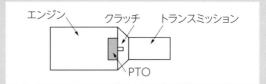

図-8.30　フライホイールPTO

> 　ここでは路面を研掃したり切削したりする舗装表面処理機について解説します．すべり対策や景観向上を意図した路面仕上げのほか，舗装の層間付着力の確保や不良箇所の削除など広く活用されていますので，ぜひ役立ててください．

8-3　舗装表面処理機械

はじめに

　コンクリート舗装をセメントコンクリートでオーバーレイする場合，既設舗装と一体化させる強固な付着力を確保するために，既設舗装面に細かな凹凸形状を施す．また，既設舗装の切削を伴う工事では切削によりルーズとなった部分の除去が必要である．

　コンクリート舗装をアスファルト合材でオーバーレイする場合も同様の下地処理が望ましい．また，新設を含め，鋼床版上を舗装する場合にも前処理として塗装やさびの除去作業（ケレン作業）が行われる．この作業を均一，かつ合理的に行うために，砂粒の径程度の投射材（砥粒材，研粒材と呼ぶこともある）として小径鋼球（ショット）を対象面に高速で吹き付ける工法をショットブラストと呼んでおり，橋梁の床版増厚コンクリート工事等に多く使用されている．また，投射に超高圧水を用いる工法をウォーターブラストまたは，ウォータージェットと呼んでいる．

　すべりやすい既設路面（**写真-8.19**）のすべり抵抗を改善する目的で，既設舗装面にショットブラスト作業を施す場合（**写真-8.20**）がある．海外では，すべり抵抗改善の目的で大型の

写真-8.19　すべりやすい路面の一例

写真-8.20　すべり抵抗改善のためにショットブラストされた路面

写真-8.21　ダスト運搬ダンプと大型高速ショットブラスト車

写真-8.22　空港のグルービング工法

高速ショットブラスト車も開発され（**写真-8.21**），使用されている．また，我が国においては，更なるすべり抵抗改善の目的で，空港滑走路面などに数cmピッチで多数の細溝を施すグルービングが採用されている（**写真-8.22**）．

8-3-1　ショットブラスト

　ショットブラストは工作物の凹凸形状に合わせた作業が可能であり，工業用金属加工製品など硬度のあるものの表面研削，鋳物製品のバリ取り，ガラス製品の模様付けなど多方面に用いられている．砥粒材として砂粒を圧縮空気により高速で吹き付けて工作物表面を研磨するため，従来はサンドブラスト（sand blast）が主流であったが，現在では砂に代わって主に金属粒子（ショット・ガンのshot）によるショットブラストが多く用いられるようになった．この装置を用いてブラスト処理を行う場合には，塗装作業と同様に対象工作物を移動（work）するか，最近では塗装ロボットを使用するように投射ノズルが工作物の周りを動いて研磨作業を行う．しかし，広い路面，または船舶のような大型構造物を対象とする場合には道具（Tool）としてのショットブラスト装置を面上移動させる必要がある．そのため，平面移動可能で連続施工ができる装置が開発された．研掃機の能力は研掃幅（cm），ショットの投射量（kg/min），投射速度

(m/min), 移動速度（m/min）などで規定される. また, 水を使用しない乾式処理であるため, 後工程の舗装作業への影響も少なく, 発生汚泥処理や洗浄を必要としない利点もある（産業用としては湿式タイプもある）.

1）投射方式による分類

　砥粒材を投射する方法には, 圧縮空気を用いて行う空気式と, 高速回転羽根による遠心力によって行う機械式がある.

①空気式投射

　圧縮空気を使用するためエアブラストとも呼ばれる. 圧縮空気により砥粒材を投射する方式で（**図-8.31**）, 機械式に比べ投射作業効率は小さく, 大量投射はできないものの, 投射条件を細かく設定することができる. 圧縮空気で投射された砥粒材と剥ぎ取られた研掃ダストは, 砂粒を使用する場合には廃棄物として処理する必要がある. ショットブラストでは回収分別機構が装着されており, 密閉された処理室に組み込む方式と, ブロアの負圧で吸い取り, 回収砥粒材と分別して, 砥粒材としてのショットを再利用する方式が採用されている. また, ノズルを産業用ロボットに取り付け, 複雑な形状の工作物の自動処理作業にも使用されている（**図-8.32**）. さらに噴射エアホースと回収ダクトを組み合わせることにより, フレキシブルな位置対応が可能になり, 建設用としては, 噴射ノズルの小回りがきき, ダストの発生が少ない防塵研磨と回収機能を兼備したガンホルダの採用により, 屋内での細部箇所の処理工事などに使用されている（**写真-8.23**）.

②機械式投射

　軸上に何枚かの板を取り付けた羽根車を回転させる構造であり, これが回転羽根により発生する送風作用で軸に沿った開口部から空気を吸い込む排風器を兼ねた構造となっている. この開口部から砥粒材を入れてやれば, 送風作用と同じく, 出口から砥粒材が投射される（**図-8.33**）. 機械的な投射機構であるため, 作業効率が高く, 比較的広範囲に多量の砥粒材を投射できるので大型の工作物や, 多量の対象物を連続処理するのに適している. 使用された砥粒材は, 回収装置によって研掃ダストと共に回収され, 分別して循環使用される. 連続処理が必要な道路の

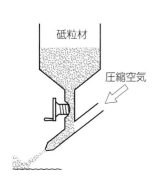

図-8.31　エアブラスト機構の原理

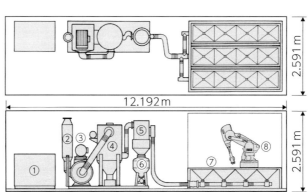

①コンプレッサ
②消音器
③ターボブロア
④集塵機
⑤サイクロン
⑥ブラストタンク
⑦作業台
⑧ロボット

図-8.32　自動処理作業用エアブラストの例

写真-8.23　エアブラストのガンホルダ

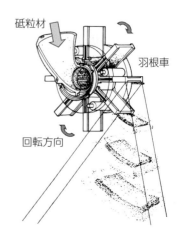

図-8.33　機械式ブラストの機構例

写真-8.24　マグネットバー

舗装を対象とする作業には，ほとんどこのシステムが使用されている．

2）投射材（砥粒材）の種類

　ショットブラストの砥粒材としては，対象物と作業目的により，金属，セラミック，合成樹脂，ガラス材などが使用されている．特殊な例としては，ドライアイスの粉末を投射することで砥粒材の回収を必要としない方法もある．一般的には鋼球のショットが使用されており，舗装工事にも使用されている．基本的にはショットは回収して循環使用されるが，移動しながらの作業であるため，投射口を囲ったゴムシールと路面にできるすき間よりショットが飛び出す場合がある．空港関連施設での使用に際しては，未回収のショット材が航空機に多大なダメージを与える危険性があるので，未回収のショット材を路面清掃用スイーパやマグネットバー（**写真-8.24**）などで念入りに回収する必要がある．

①スチールショット

　金属溶解炉で鋳造された球状の金属粒を熱処理したもので，粒度はϕ3mm以下であり，舗装関連ではϕ1.4mmのものが使用されている．

②スチールグリッド

　鋳造された金属粒を破砕したもので，破砕面が鋭角な金属粒となるため，強力な研掃力がある．舗装関連では，鋼板の研掃作業に使用される場合もある．

3）自走式ショットブラスト機（研掃装置）の構造

　インペラと呼ばれる耐磨耗性のある羽根車の遠心力によって，砥粒材が投射され，コントロールゲージと呼ばれる装置で投射角度が調整され，対象物に当たって，研掃，研磨作業が行われる．投射され跳ね返った砥粒材と研掃ダストは，跳ね返りの慣性エネルギーをうまく生かした形状のダクトと集塵装置の強力なブロアの吸引力によって研掃機に吸い上げられ，質量差を利用した慣性セパレータなどにより研掃ダストと回収ショットに分別され，ショットはインペラに戻り再使用される．集塵機に送られた研掃ダストはダストボックスに集められ，回収エアはクリーンな状態で排気される（**図-8.34**）．機械編成としては，研掃機と吸引集塵機が分離して

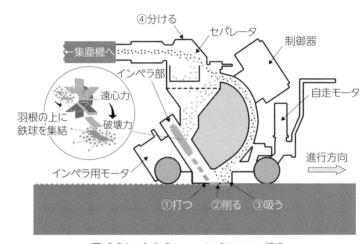

図-8.34　自走式ショットブラストの構造

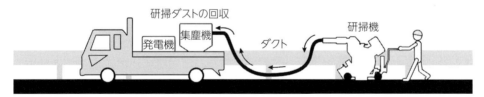

図-8.35　研掃機と吸引集塵機が分離したタイプ

写真-8.25　研掃機と吸引集塵機が分離したタイプ

写真-8.26　研掃機に集塵装置等をすべて搭載したタイプ

第8章　維持修繕用機械

207

写真-8.27　研掃機に集塵装置等をすべて搭載したタイプ
（複数台でもスマートに施工）

写真-8.28　集塵したダストを排出している
ダスト運搬ダンプ

ダクトによって繋がっているタイプ（**図-8.35, 写真-8.25**）と研掃機に集塵装置，動力装置などすべてを搭載したタイプ（**写真-8.26, 27**）がある．さらに大型の装置としては，**写真-8.21**に示したような，集塵ダストボックスを搭載したトラックと研掃機を連結し，作業の途中で連結を外し，トラック単独でダストを排出することを可能とした機種もある（**写真-8.28**）．

8-3-2　ウォータージェット（ウォーターブラスト）

　ウォータージェットは超高圧ポンプで加圧された水を $\phi 0.1 \sim 1\,mm$ のノズルから高速の水噴流として噴出させ対象面に衝突したときに生ずる圧力（衝突圧）と力（衝突力）および水くさび作用により対象物を破壊することができる．このノズルを線上で移動させれば切断機能を，回転移動させれば平面はつり機能を発揮することができる．建設分野においては，噴射圧力を調整することにより，コンクリート構造物の補修工事，付着物除去作業，さらに，コンクリート舗装のすべり抵抗の回復にも使用されている．特に，ショットブラスト工法では不可能な対象物の硬度に合わせた圧力設定が可能という特長を生かして，コンクリート舗装の表面磨耗部

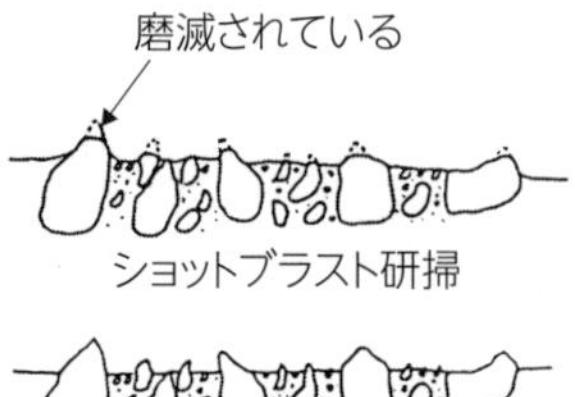

磨滅されている

ショットブラスト研掃

超高圧水研掃

図-8.36　研掃路面の仕上がりの比較

写真-8.29　コンクリート表面を研掃中の大掛かりなウォーターブラスト装置

鉄筋までの除去　　　　　　鉄筋以深までの除去

写真-8.30　ウォーターブラストは除去深さが任意に設定可能

表-8.1　ショットブラスト工法とウォータージェット工法の比較

	事前準備	作業スペース	施工面	凹凸量の制御	研掃（切削）深さの制御	振動	事後処理
ショットブラスト	特になし	ブラスタ，集塵機	乾式作業	困難	困難	多少発生	粉塵処理
ウォータージェット	給水作業	ブラスタ，高圧ポンプ，泥水ろ過	湿式作業	可能	可能	ほとんど発生しない	泥水処理

を補修する切削オーバーレイ工法において切削面を付着強度が大きくなる形状にすることができるので（**図**-8.36），空港などでの大掛かりな装置を用いた施工実績が報告されている（**写真**-8.29）.

1）工法の特徴

　ここで，ショットブラストを含む他の切削破砕工法と，ウォータージェットを比較した一般的な特徴を述べる.

イ．ブレーカ，削岩機などの打撃破砕とは異なり，振動が少なく，粉塵の発生が少ない.

ロ．対象物に与える変形，ひずみ，残留応力が少なく，打撃破砕と異なりマイクロクラックの発生も少なく，構造物への影響も小さい.

ハ．対象物に応じた，適切な圧力，流量を設定することにより，劣化部のみをはつることができ，また，鉄筋を傷めずにコンクリートの除去処理ができる（**写真**-8.30）.

ニ．墳射水に研磨剤を混入することにより，硬度の高い対象物も切断でき，鉄筋コンクリート構造物の無振動解体が可能（アブレッシブウォータージェット）.

ホ．超高水圧を発生させるため，清水を多量に使用する.

ヘ．濁水，はく離廃材の処理工程が必要である.

ト．処理面の清掃工程が必要である.

　表-8.1にショットブラスト工法とウォータージェット工法の比較を示す.

2）施 工 手 順

　ウォーターブラスト（ウォータージェット工法）では多量の清水を使用することによって，はく離廃材が含まれた濁水処理工程と処理箇所の養生，清掃工程が必要になる．代表的な施工手順を**図**-8.37に，現場施工編成を**写真**-8.31に示す.

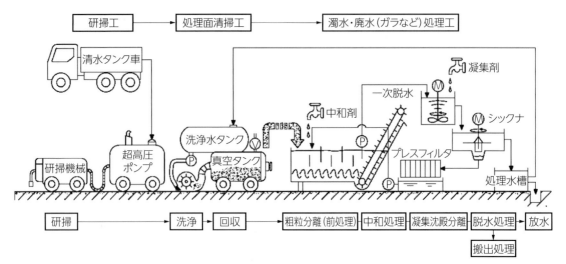

図-8.37　ウォータージェット工法の作業手順

写真-8.31　ウォータージェットの施工編成例

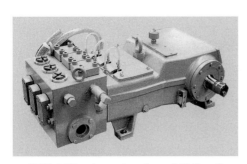

写真-8.32　ウォータージェット用ポンプ

写真-8.33　高出力ディーゼルエンジン駆動のポンプユニット

3）主な機械設備

①超高圧ポンプ

　ポンプ回転軸から往復運動に変えて複列のピストンを動かし，水を超加圧（300 MPa以上のものもある）させるプランジャ（ピストン）ポンプが用いられる（**写真-8.32**）．そのためピス

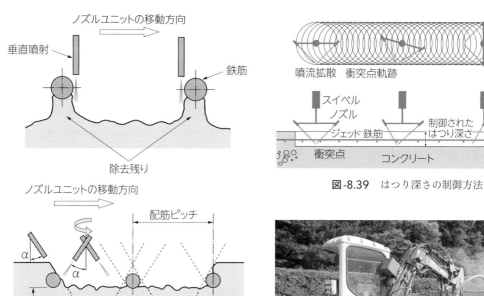

図-8.38　噴射ノズルの機構

図-8.39　はつり深さの制御方法

写真-8.34　レシプロケータ

トンとシリンダ間に異物の噛み込みによる傷ができないように，不純物を含まない水を多量に供給する必要がある（施工規模にもよるが150l/minにも至るものもある）．移動性を考慮して高出力のディーゼルエンジンによって駆動される（**写真-8.33**）．

②噴射ノズル機溝

　切断作業には垂直噴射ノズルが用いられているが，ノズルを回転させ移動させることにより平面のはつりが可能になる．さらに，ノズルを傾斜させることにより，鉄筋下などの除去残りを少なくできる（**図-8.38**）．さらに最近では，ノズル回転軸と対称に取り付けられたノズルの噴射水流が交差衝突する箇所では水流が拡散し，破壊エネルギーが急激に減少することを利用して，噴射角度を調整することにより，噴射位置が上下に変わり，はつり深さを調整することを可能にしている（**図-8.39**）．

③ノズル自動パターン装置

　広い面積でのはつり作業には，ムラのないノズルパターンを描く必要がある．そこで，ノズルユニットをインプットデータに基づいて，左右に移動しながら前進するレシプロケータが開発され，使用されている（**写真-8.34**）．

8-3-3　グルービング工法

走行車両と路面とのグリップ力を増すために，路面の横断方向に浅い細溝を一定のピッチで施す．施工状況を**写真-8.34**に，飛行場での滑走路面加工形状の一例を**図-8.40**に示す．

1）機 械 構 造
コンクリートカッタの切削ブレードを回転軸上に定められた間隔で何枚も配置したカッティングヘッドで路面に溝を切り込む構造となっており（**図-8.41**），この間隔は調整可能である．

2）装 置 編 成
一般的な機械の編成を**図-8.42**に示す．グルービングではカッティングヘッドを備えたグルーバとブレードを冷やす冷却水が必要で冷却水タンクと使用した冷却水と切削粉によって発生する汚泥をグルーバに取り付けられたバキュームによって回収し，分別して再使用する．そのため，使用水の備蓄と汚泥回収用のタンク車が必要であり，また，処理箇所の細かい残留物を除去するため，後工程として高圧洗浄作業が欠かせない．大量の水を使用するため，汚泥水の処理設備も必要となる．

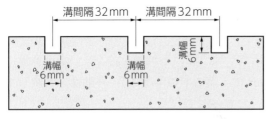

図-8.40　グルービング溝の形状例

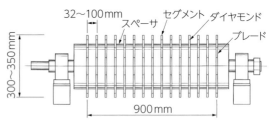

図-8.41　カッティングヘッドの構造

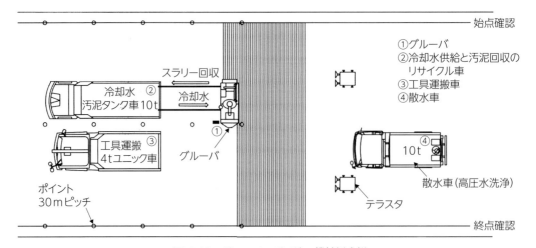

図-8.42　グルービング工法の機械編成例

―メカコラム―

油圧駆動装置と空圧駆動装置

　建設機械の駆動装置には，原動機より変速機を介して，直接またはチェーン・スプロケット，Ｖベルトによってメカニカルに作業装置を駆動させる方法がある．複雑に入り組んだ作業装置を限られたスペースに収め，さらに，正確な制御と，必要な駆動力を得るためには，油圧と空圧を使用した動力伝達装置が採用されている．空圧駆動の場合には，動力伝達媒体として外気を使用するので吸気，排気量の制約を受けることがなく，単純な回路で構成される．しかし，気体は圧力による容積変化が大きく，シリンダを使用した位置制御には適さない点もある．また，使用圧力は圧力容器の制限により，0.7 MPaと低く，使用箇所も限られている．一方，液体である作動油を使用した油圧駆動装置は，制御しやすく，年々その使用圧力も高くなり30 MPa以上に達するシステムも使用され，作業効率を高くしている．ただし，作動油を循環させて使用するためのクローズド回路であるため，空圧装置より複雑な機構となる．

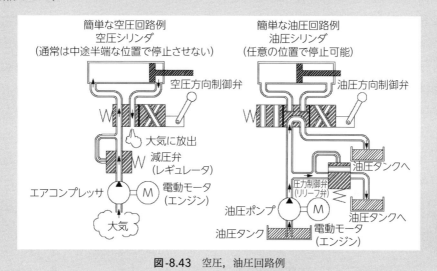

図-8.43　空圧，油圧回路例

〔参考資料および文献〕
1）HUMBLE EQUIPMENT COMPANY INC.：SURFACE ABRADING FOR SKID RESISTANCE
2）コンクリートコーリング（株）C.C.C Safetrac Systems およびWATER・JET
3）厚地鉄工（株）：ブラストマシン－アスコン ASCON VACUUM BLAST MACHINE
4）新東サーブラスト（株）：SINTO サーブラスト工法の実際
5）（株）フタミ：Super Blaster Method of Construction
6）NELCO MANUFACTURING CORP.：PORTA SHOT-BLAST
7）大林道路（株）：新工法説明資料OJS 工法
8）日本ウォータージェット施工協会：ウォータージェット工法計画・施工の手引き

　舗装において重要な役割を担うプライムコートやタックコートの施工には，乳剤を所定量均一に散布する機械が必要となります．また，舗装路面にスラリー状の材料を薄く舗設することで舗装の寿命を延ばすマイクロサーフェシングには，材料混合と敷きならし機能を兼ね備えた専用の機械が必要となります．ここでは，これらに用いるアスファルトディストリビュータやマイクロサーフェシングペーバといった機械についてご紹介します．

8-4　舗装表面散布機械

は じ め に

　アスファルト舗装において砕石路盤とアスファルト合材とのなじみをよくするためにストレートアスファルトを乳化させたアスファルト乳剤をプライムコートとして$1 \sim 2 \, l/\text{m}^2$程度散布する．また，下層の混合物と上層の混合物の接着を良くするためにタックコートとして乳剤を$0.3 \sim 0.6 \, l/\text{m}^2$程度散布することもある．その際，施工幅員に合わせ，均一に散布する装置として，自走する車両に貯蔵タンクと散布装置を搭載したアスファルトディストリビュータが使用され（**写真-8.35**），込み入った箇所や手引き施工部分にはハンドガイドのスプレヤが使用される（**写真-8.36**）．海外ではこの乳剤散布装置に骨材チップ散布装置を連結したスプレヤスプレッダ（**写真-8.37**）が道路補修用に使用されている．同様の構造であるマイクロサーフェシングペーバ

写真-8.35　アスファルトディストリビュータ

写真-8.36　ハンドガイドスプレヤ

写真-8.37　スプレヤスプレッダ

写真-8.38　マイクロサーフェシングペーバ

（**写真**-8.38）はスラリーシールまたはマイクロサーフェーシング工法に使用される．この機械は自走する車両に材料を積み込むことで，搭載混合装置内でアスファルト乳剤に細粒骨材や各種の添加剤を加えた常温の液状混合物であるスラリー（アスファルト舗装の表層補強剤）を作りながら，敷きならしていくことができる．

8-4-1　アスファルトディストリビュータ（乳剤散布装置）

1）基 本 構 造

　アスファルトディストリビュータは車両に乳剤タンクと散布装置を架装し，車両後方下部に散布スプレーバーを装備する機構となっている．タンク内の乳剤圧送機構にはギアポンプ方式（**図**-8.44）と空圧方式（**図**-8.45）がある．

2）乳剤圧送機構
①ギアポンプ方式

　ギアポンプ方式はタンクにストックされた乳剤をギアポンプで加圧散布させる構造となっており（**図**-8.46），乳剤が高温，高粘度，あるいは多量散布の場合，および寒冷地での施工に適している．この方式に使用されるアスファルトポンプはヘリカルギアによる定量吐出型が多く採用されている．回転数に比例した吐出量が得られることから，散布に必要な吐出量をあらかじめ散布表，あるいはスプレーメータで求め，ポンプの回転数を設定する．ポンプの回転数制御はサブエンジンによるものから，運転席より電気的に遠隔操作できるものまで，その仕様に合わせた方式が採用できる．さらに，加温ジャケット付きポンプの使用により，ストレートアスファルトから乳剤まで幅広く対応が可能である．空圧方式では不可となる加温が可能で，乳剤をバーナで加温しながらポンプを駆動して乳剤を循環させることにより，寒冷期の散布作業にも対応できる．また，散布中のノズルの詰まりに対しても，吐出流量の変化による管内圧力上昇により，異物を排出する機能も持ち合わせている．

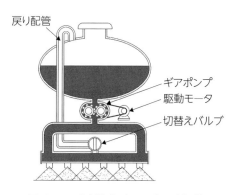

図-8.44　乳剤散布（ギアポンプ方式）

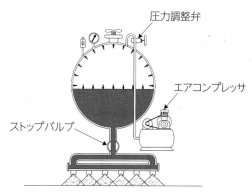

図-8.45　乳剤散布（空圧方式）

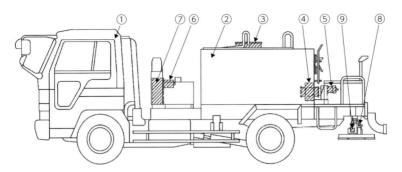

①キャブ付きシャーシ
②タンク
③マンホール
④アスファルトポンプ
⑤トロコイドモータ
⑥ピストンポンプ
⑦油圧タンク
⑧スプレーバーユニット
⑨エアバルブ

図-8.46　ギアポンプ方式ディストリビュータ

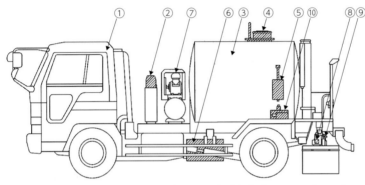

①キャブ付きシャーシ
②スペアタイヤ
③タンク
④マンホール
⑤温水サブタンク
⑥ヒータ
⑦コンプレッサユニット
⑧自動スライドスプレーバー
⑨エアバルブ
⑩ポンプ（温水循環用）

図-8.47　空圧方式ディストリビュータ

②空圧方式

　空圧方式は圧力タンクに入れた乳剤を，エアコンプレッサで作り出した圧縮空気でタンク内を加圧状態にして，スプレーバーより散布させる構造となっている（**図-8.47**）．簡易型のイメージが強いが，改質乳剤を使う機会が増えるようになってからはギアポンプ方式の場合，改質用添加物がギアによりせん断される懸念があったため見直されるようになり，散布性能を向上した機種が開発されている．空圧方式の最大の特徴は一定圧力においては，散布幅に関係なくノズル1個ごとの吐出量が一定であり，散布幅に比例した総吐出量が得られるので，散布量（l/m^2）は車速のみで決定される．タンク内の圧力が一定であるので，ノズル数の変化にもすぐ対応することができ，散布走行中にも散布幅を容易に変更することができる．ギアポンプ方式では散布幅（ノズル個数）に合わせた吐出量の設定（回転数）が必要となる．また，加圧エアを利用した洗浄，清掃機能が標準装備されており，硬化の早い特殊乳剤などの取扱いに適している．空圧方式のデメリットはタンクの機密性を必要とし，加圧に若干準備時間を要することである．また，前述したように，ギアポンプ方式と比較して，乳剤を加温してスプレーバーへ循環させることができないことに加え，吸入排出に加減圧切替え作業を伴うことなど，圧力に対しても認識しておく必要がある．

3）散布ノズル

　乳剤などの散布作業において最も重要な要素機構である．ノズルの選定は散布溶液の種類，

散布量にもよるが，使用箇所に合わせて適正な噴射パターンの選定ができる．散布圧力とノズルからの噴射量は比例関係にあるが，ノズル形状，オリフィス（ノズル径）によって，均一な噴射パターンが構成される適正圧力範囲内で使用される．ディストリビュータに使用されているノズルは扇形散布型と空円錐散布型の2種類である．

①扇形散布型（フラット・パターン）

　一般に使用されるノズルである．噴射形状は扇形になり，路面への投射パターンは幅広の線状になる．2重，または3重交差散布で使用され，主に厚撒き散布に適している．なお，薄撒き散布ではノズルのオリフィス径が小さくなり，異物などの詰まりが発生しやすい（**図-8.48**）．

②空円錐散布型（ホローコーン・パターン）

　噴射形状が空円錐形状になり，路面への投射パターンはドーナツ状の中空円環状の輪が描かれる．扇形散布ノズルと比較して同圧，同噴射量の場合，オリフィス面積が3倍以上あるため，異物混入時の対応には有利であり（**図-8.49**），薄撒き散布，詰まり対策として選定されている．また，直線を描く扇形散布ノズルに比べ，輪を描くため投射線が長く，噴射時，路面から溶液の跳ね返りが少なくできるので，簡易スプレヤを用いた人力散布に選定する場合もある．

第8章 維持修繕用機械

噴射形状	投射パターン	ノズル

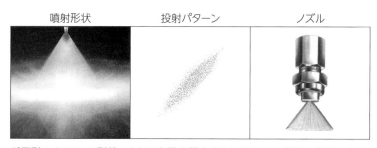

だ円形のオリフィス形状，または丸孔を偏向させたオリフィス構造の採用により，フラットまたはシート状に細長いスプレー形状を生成させるのがフラット・スプレーパターンである．だ円オリフィスの場合は，接続するパイプの中心軸とスプレーパターンの中心軸が同一となり，丸孔オリフィスの場合は，スプレー方向を偏向させる中心軸からそらすように使用する．

図-8.48　フラット・スプレーパターン

噴射形状	投射パターン	ノズル

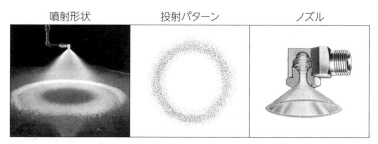

ホローコーンは，中空の円環状のスプレーパターンを生成するものである．液はチャンバ内を旋回しながらオリフィス部に到達し，噴出すると同時に空円錐状のスプレーパターンを生成する．

図-8.49　ホローコーン・スプレーパターン

4) スプレーバー

　ノズルを取り付ける散布管はスプレーバーと称される．スプレーバーの長さは散布幅に対応するため車体幅員以上の延長も可能な構造になっている．最大幅は道路幅員に合わせ，おおむね3.6m前後である．長さの調整は旧来，折り畳む方式であったが（**図-8.50**），最近では延長部をスライドさせる方式が一般的であり，スライド方法は手動式（**図-8.51**）から油圧方式（**図-8.52**）に移行している．

5) 加温装置

　施工時の外気温によって乳剤の粘度が大きく左右されるため，均一な散布状況を得るために，搬入された乳剤の温度を著しく下げないように種々の加温装置が装着されている．ストレートアスファルトなどを散布する場合にはタンク内に煙道を設け，バーナで直接加熱する方式もあるが，最近では温度に敏感な特殊乳剤の温度管理にバーナで80〜90℃に加熱昇温した温水を循環してタンク，スプレーバーを加温する装置が採用されている．特殊乳剤の使用箇所は小工事でも多くなっており，少量散布でも管理を容易にする効果がある（**図-8.53**）．

6) 作業装置駆動方式

　空圧方式に使用するコンプレッサやギアポンプ方式に使用されるポンプを駆動させる動力源として，サブエンジンを搭載する方法と，車両のエンジン駆動力を利用したPTO（動力取出し装置）が採用されている．

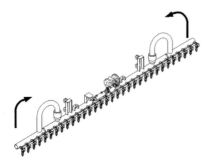

図-8.50　折畳み式

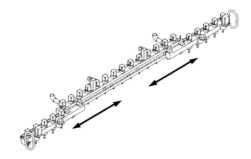

図-8.51　スライド手動式

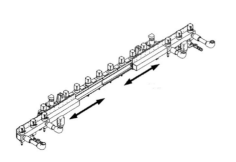

図-8.52　スライド油圧式

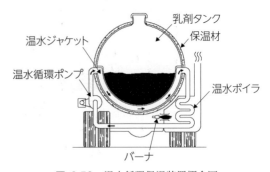

図-8.53　温水循環保温装置概念図

8-4-2　マイクロサーフェシングペーバ

　マイクロサーフェシング工法は我が国では本格的に普及するには至っていないが，舗装の維持工法として，スピーディーに多量の面積を施工することができ，路面性状の改善効果を付加することも可能である．省エネルギー工法であり，ライフサイクルを伸ばす効果があるとして，海外での普及も報告されている．同工法で用いるマイクロサーフェシングペーバを紹介する．

1）基本的構造

　搭載した使用材料を定められた比率で連続計量し，車両後部に搭載した連続式二軸パグミルミキサによって混合しスラリーを製造する．製造されたスラリーはミキサから路面上を牽引されるラバースカートで囲まれたスプレッダボックスに直接落とされ，路面上に敷き広げられる（**図-8.54**）．スプレッダボックスにはスラリーの敷き広げ機能と混合物の反応促進機能を持たせるため，横断方向にパグミルが組み込まれている機種もある．敷きならしの操作は車両後部にあるパグミルミキサ上部のデッキからスプレッダボックス内のスラリーの過不足を操作員が監視し，供給量を調整しながら行う（**写真-8.38**）．前述したアスファルトディストリビュータ

第8章
維持修繕用機械

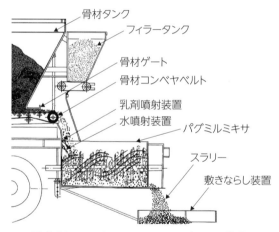

図-8.54　マイクロサーフェシングペーバ構造図

骨材タンク
フィラータンク
骨材ゲート
骨材コンベヤベルト
乳剤噴射装置
水噴射装置
パグミルミキサ
スラリー
敷きならし装置

①乳剤ポンプ，水ポンプユニット
②材料タンク
③材料排出フィーダ
④コントロールパネル
⑤運転操作台
⑥乳剤タンク
⑦スクリード
⑧仕上げ用第2スクリード

図-8.55　マイクロサーフェシングペーバ

での散布とは異なり，直接路面に混合物を敷きならすので，対象となる路面形状によって使用量が多少異なってくる．そこでスプレッダボックス内のストックにバッファ機能を持たせる必要がある．装置の構造を**図-8.55**に示す．

―メカコラム―

ギアポンプ

　油圧システムのポンプとして，あるいは加熱アスファルトの搬送，圧送，各種乳剤の搬送などに，ギアポンプが使用されている．用途によって細部の仕様は異なるが，基本的な構造は同じである．基本構造を**図-8.56**に示し，一般的なギアポンプを**写真-8.39**に示す．ギアポンプは2個の歯車を1組として噛み合わせて回転する一種のロータリポンプである．一見，対象液は2つの歯車に挟まれて送られるように思われるかもしれないが，実際には歯の窪みとケースの間にできる空間に入り込み，回転によって出口に運ばれる．ゆえに多少の固形物が含まれていても歯とケースの空間に納まるものであれば搬送が可能である（ただし，液中に異物が混入すると噛み合わせた歯車に固形物が噛み込まれポンプ破損の原因となる場合がある）．一般の渦巻きポンプのようにケーシング内でのリーク（漏れ）がほとんどないので，比較的，吐出圧力を高めることができ，油圧駆動装置の圧力ポンプとしても使用される．また，往復運動によって圧力を発生させるプランジャポンプのような吐出時の脈動も発生しない．更なる特徴として，汎用タイプは片方の歯車を回すことによるギアの噛合わせによりもう一方のギアを回転させ，液体を搬送する合理的な構造になっている．ただし，硬度の高い細粒固形物が混入している液体を搬送する場合には，噛込みによる磨耗を防ぐため，おのおのの歯車をポンプ外側に取り付けた回転同調歯車（タイミングギア）を介して回転させる特殊な機種を使用することもある．また構造が比較的簡単であるため，ポンプ部材の熱対応にも優れており，二重構造としたポンプケーシングで加熱媒体液を循環させる方法や電極ヒータを用いる方法で，加熱アスファルトの搬送にも使用されている．

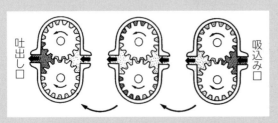

図-8.56　ギアポンプの機構図

写真-8.39　安全弁付き多用途ギアポンプ

〔参考資料および文献〕
1) HANTA アスファルトディストリビュータ油圧駆動・空圧式 DSA-24DT(H)型，パンフレット
2) HANTA アスファルトスプレイヤ，総合カタログ
3) ScanRoad HD Slurry Paving Machines，パンフレット
4) FAYAT GROUP Product Line Road Building Equipment Guide (2007-2008)，カタログ
5) スプレーイングシステムスジャパン（株）工業用スプレーノズル，総合カタログ，60A-MJ
6) 大月 寛：最近のアスファルト乳剤ディストリビュータ，あすふぁるとにゅうざい，No.160，2005. 7
7) THE ASPHALT HANDBOOK, ASPHALT INSTITUTE, MANUAL SERIES No.4 (MS-4), 1989 EDITION

第9章

鋼床版舗装用機械

グースアスファルトフィニッシャとクッカ車
鋼床版上のアスファルト舗装の基層にはグースアスファルトという
流動性が高く，床版との接着性が良好な特殊混合物を使用すること
が一般的である．ここでは，この特殊混合物の製造，運搬，敷きな
らしの各段階における機械の特徴を解説する．さらに舗装補修時の
鋼床版舗装ならではの剝ぎ取り方法についても紹介している．

　鋼床版上の舗装の施工に使用されるグースアスファルト舗装用の機械を紹介します．グースアスファルト混合物は鋼床版という特殊な条件に対応するため，流動性が高く，製造や施工に一般の加熱アスファルト混合物とは異なる方法と留意点があります．そこでここでは，グースアスファルト舗装用の機械とともに，製造・施工上の留意点について紹介します．

9-1　アスファルトクッカ車，グースフィニッシャ

はじめに

　ここでは主に鋼床版上の舗装に使用されるグースアスファルト舗装用の機械を紹介する．鋼床版上の舗装には，鋼床版を防錆するための不透水性，鋼床版との接着性，鋼床版の膨張・収縮，あるいはたわみに対する追従性，リベットやスプライスプレートなどの凹凸を充填する流動性など多くの性状を持ち合わせるグースアスファルト混合物を適用する場合が多い．グースアスファルト混合物は，流動性を確保するために210〜260℃の高温域で十分な混練りを行う必要がある．しかし，通常のアスファルトプラントでは，骨材の昇温加熱の際に集塵用バグフィルタの耐熱温度限界がある．そこでアスファルトプラントで180〜220℃にまで加熱した混合物をトラックシャーシに搭載されたクッカに投入し，骨材が分離しないように210〜260℃まで加熱・攪拌しながら現場まで運搬し，グースフィニッシャに供給して施工する．

9-1-1　アスファルトプラントにおける混合時の留意点

　加熱アスファルト混合物には，一般に針入度60〜80のストレートアスファルトが多く用いられるが，グースアスファルト混合物には一般に針入度20〜40のものを使用する．このため専用のストレージタンクを設置するか，通常使用するタンクを空にしてそこに貯蔵する．混合時に添加する固形状の天然アスファルト（TLA：トリニダッドレイクアスファルト）は混合性を良くするために小割りし，1バッチごとにミキサに直接投入（クッカに入れる場合もある）する．

　石粉は添加量が多いので（20〜30％），通常のアスファルトプラントの計量装置では一度に計量できず，1バッチ当たり2回の計量設定が必要である（または，最大計量値に合わせて骨材の計量値を設定する）．さらに，石粉は常温で添加されるため，ミキシング時に混合物の温度を低下させる要因ともなる．そこで多量にグースアスファルトを製造する場合には，製造能力を増すために，専用の石粉加熱装置を設置する場合もある．

　前述の骨材の乾燥および加熱に用いるドライヤの温度設定は，一般の加熱混合物に比べ40〜50℃高く練り上がるようにしたいが，排気温度とバグフィルタの耐熱温度の関係で限界がある．一方，後工程となるクッカでの混練り時にクッカへ過大な負荷をかけない状態の混合物を製造するためには，加熱とともにミキシングタイムを長くとる必要があり，その分出荷能力が40〜50％に抑えられる．出荷能力に合わせて骨材の供給量を少なくするとドライヤの設定を絞り込

む必要がある．しかし，通常のプラントでは大幅な絞り込みはできないので，骨材加熱後の排ガス温度もそれに伴い高くなり，バグフィルタの耐熱温度の限界に達してしまう．そこで出荷量に見合う量よりも多く骨材を供給し，排気温度の上昇を調整する場合もある．なお，加熱された余剰骨材はオーバーシュートから排出される．

練り上がった混合物をプラントミキサゲートからクッカへ積み込むのに際しては，クッカの投入口が一般の混合物を運搬するダンプトラックの荷台（ベッセル）より高い位置にあるため，高さ関係を事前にチェックする必要がある．

9-1-2　アスファルトクッカ車

アスファルトクッカ車は，グースアスファルト混合物が所定の流動性になるよう加熱し，混練りする機能と混合物を施工現場まで運搬する機能を併せ持たせるために，トラックのシャーシにクッカを搭載させたものである．クッカの形状にはミキシングパドルの回転軸が縦になっている縦型クッカ（**写真-9.1**）と回転軸が水平になっている横型クッカ（**写真-9.2, 3**）とがある．また，トラック積載クッカ車と牽引タイプのクッカを組み合わせたものも海外では使用されている（**写真-9.4**）．クッカの運用時には加熱保温用バーナによるきめ細かい温度管理が必要である．

写真-9.1　縦型クッカ車

写真-9.2　横型クッカ車

写真-9.3　ケットルをトレーラに積載した横型クッカ車

写真-9.4　トラック積載クッカ車と牽引タイプのクッカを組み合わせたタイプ

1）縦型クッカ車

縦型クッカ（**図-9.1, 2**）は加熱ケットルの底板がレンズ状の凸面になっており，材料による加圧変形と加熱による熱膨張ひずみに対応している．加熱はケットル下部に配置された多数の

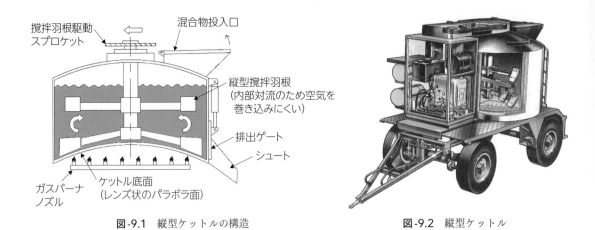

図-9.1　縦型ケットルの構造

図-9.2　縦型ケットル

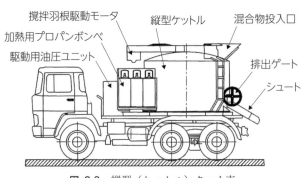

図-9.3　縦型（ケットル）クッカ車

ノズルが取り付けられたプロパンバーナによって底板からなされる．なお，最近はプロパン加熱方式に替わって，ボンベ交換手間が不要で，加熱温度管理が容易な発電機を搭載した電気加熱方式の採用が増している．ケットル上部中央には混合用回転羽根の軸受けがあり，縦軸には底板との小さな間隙で周回するパドルを保持する下部パドルアームと，中間部には攪拌羽根を保持する上部パドルアームが取り付けられている．これらの回転羽根によってケットル内の混合物を対流させることで，効率的に加熱し，かつ材料の分離を防いでいる．縦型クッカが多く採用される要因として，内部対流攪拌であるため，混合物が露出する表面からの空気の巻込みが少なく，劣化の度合いが少ないことが挙げられる．縦軸の上部にはケットル側面に取り付けられた駆動用モータからの出力を受けるチェーンスプロケットがあり，減速機を介して大きなトルクによってパドルを回転させている．油圧モータは，搭載するサブエンジンかトラック本体のPTO（動力取出しミッション）によって駆動される．シャーシ側面には加熱用プロパンボンベを搭載するスペースがある．また，ケットル後部側面には混合物を排出するためのスライドゲートが取り付けてあり，ゲートはラックピニオンギアまたは油圧シリンダによって開閉させる．排出時には，回転羽根を高速で回し，下部パドルによって強制排出される（**図-9.3**）．

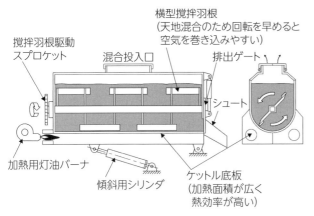

図-9.4　横型ケットルの構造

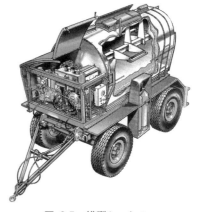

図-9.5　横型ケットル

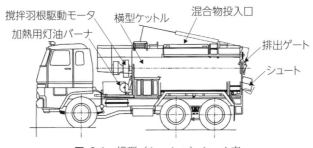

図-9.6　横型（ケットル）クッカ車

2）横型クッカ車

　攪拌用回転軸が水平に取り付けられている横型クッカは，U字状の底板を灯油バーナまたはプロパンバーナによって加熱する．横型クッカは加熱面積を広く取れるので熱効率が高い．さらに，攪拌羽根はケットルに水平に取り付けられた駆動軸によって回転するので，混合物はケットル内部で天地混合され，底板加熱面からの熱を効率的に伝達することができる（**図-9.4, 5**）．また横型クッカ車の構造的利点として，ケットルにダンプアップ機能を付加することによって，混合物の急速排出が可能である（**図-9.6**）．

9-1-3　グースアスファルト施工上の留意点

　高温で流動性に富むグースアスファルト混合物は取扱いが難しく，専用のグースフィニッシャを必要とする．グースアスファルトを施工する対象鋼床版上に水滴があると，その水滴が高温によって瞬時に気化し，混合物の下面で水蒸気が膨張して混合物を押し上げるブリスタリング現象が発生する．そして，転圧を行わないこともあり，温度が下がった後も凸部として残ってしまう（**写真-9.5**）．このため，鋼床版を施工直前に清掃する，ヒータなどを用いて水分を除去するなどの方法によりこれを予防する．また作業員の靴やクッカ車のタイヤなどに付着した泥

第9章
鋼床版舗装用機械

写真-9.5　ブリスタリング

土が落ちてブリスタリングが発生することもあるので，これらの清掃状態の点検も必要である．さらに，夏場の施工でクッカ車運転席の冷房用エアコンからの水滴やクッカに搭載しているプロパンガスボンベの気化氷結の融解水が施工床版に落ちることがあり，特に上り勾配を施工する場合には，水分，異物の巻込みに注意を払う必要がある．ブリスタリングが発生してしまった場合には，直ちに先端が針状になったピンを刺し，密閉された水蒸気を逃がし，加熱こてで凸部を修正する．付着防止に油を使用することは厳禁であり，石粉を使用する．混合物は流動性が高いので，施工面に勾配がある場合には敷きならし後の流動を予測した施工が必要となる．また勾配がきつい場合には，混合物の流動性を配合調整によって低めに管理する必要がある．

9-1-4　グースフィニッシャ

　混合物の温度が高く，流動性のあるグースアスファルト混合物を敷きならすグースフィニッシャは，海外ではコンクリート舗装に用いられるような固定スクリード形式のものが用いられている．この形式は，軌条走行輪，ソリッドタイヤ，クローラなど敷きならしブレードの外側に走行装置が取り付けられている（**写真-9.6, 7**）．また，クッカを搭載し，混合物をいったんストックすることで連続施工を容易にしている機種もある（**図-9.7**）．

写真-9.6　固定スクリード形式のグースフィニッシャ
（ホイール式）

写真-9.7　固定スクリード形式のグースフィニッシャ
（クローラ式）

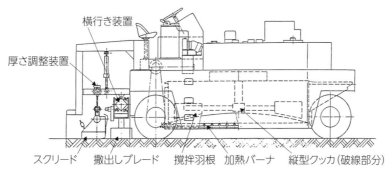

スクリード　撒出しブレード　撹拌羽根　加熱バーナ　縦型クッカ(破線部分)

図-9.7　改良してクッカを搭載し連続施工を容易にした機種

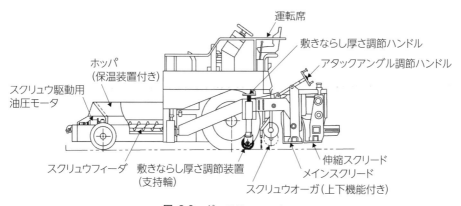

図-9.8　グースフィニッシャ

写真-9.8　グースフィニッシャ

写真-9.9　支持輪

　我が国では，アスファルトフィニッシャをベースにした敷きならし装置が後部にあり，走行部が施工幅内に収まる形式が多く用いられている．混合物を一時ストックするホッパには，温度低下を防止する断熱装置が付いている．また，後方の敷きならし装置への混合物の送り込みは，底板（ケーシング）をバーナによって加熱保温したスクリュウフィーダにより搬送される（**写真-9.8, 図-9.8**）．グースアスファルト混合物は流動性が高いため，一般のアスファルト混合物を敷きならす場合のようなスクリードのフローティング作用は働かない．そこで，敷きならし厚さに対応する型枠に敷きならしスクリードの両端部を載せて施工を行う．型枠が設置で

第9章　鋼床版舗装用機械

きない箇所や既設レーンとのジョイント部での施工においては，スクリードを牽引しているレベリングアームに取り付けた，上下に動いて敷きならし厚さを調整できる支持車輪を用いる（**写真-9.9**）．

　グースフィニッシャは高い温度領域での作業となるため，混合物が接触する作業装置自体の温度を高温に保つ必要がある．作業装置には各所に断熱処理と保温用の加熱装置が付いている．アスファルトフィニッシャのスクリードを転用した機種については，流動性の高い混合物を扱うため，スクリードヒーティングチャンバ内にアスファルトモルタル分が流入しやすく，堆積したモルタル分による断熱作用によりスクリードを加熱するバーナ機能が阻害されることがあるので，頻繁に点検することが必要になる．

9-2　既存基層グース舗装の除去作業

　鋼床版舗装の改修工事において既設グースを鋼床版から撤去する一般的な工法はハンドブレーカと平爪バケットが装着したショベル等を使用し，鋼床版より機械的に剥ぎ取る方法で，汎用機を使用した効率的な工法であるが，大きな打撃音が伴う．しかし，市街地を通過する高架橋での騒音発生を極力抑える必要がある．

　そこで，グース舗装下面の鋼床版を電磁誘導加熱によりグース舗装面上部から下層の鋼床版を直接加熱することにより，グース舗装との接着界面の接着力を低下させ，容易に剥ぎ取ることを可能にした工法が開発され，使用されている．

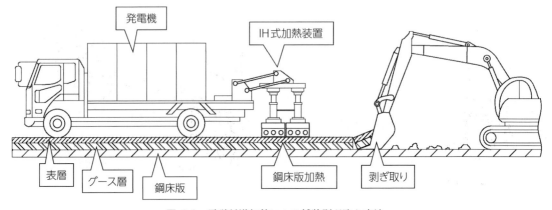

図-9.9　電磁誘導加熱による舗装剥ぎ取り方法

〔参考資料〕
　1）We set standards in Gussasphalt machinery, LT Linnhoff Maschinenbau GmbH
　2）アスファルトクッカ　パンフレット，東京工機（株）
　3）O.BENNINGHOVEN　パンフレット，日工（株）
　4）MASTIX-ASPHALT CITY PAVER Type LT50, LINTEC GmbH & Go.KG
　5）グースフィニッシャ NFB 6 WS-VG　パンフレット，（株）新潟鉄工所

―メカコラム―

動力伝達装置（歯車とチェーン・スプロケット）

　建設機械においては，原動機からの出力を直接作業装置に伝達させる場合もあるが，歯車または，チェーン・スプロケットの組合わせによって回転運動を増・減速させ，作業装置に伝達する場合が多い．出力軸と受動軸の位置が近接していれば歯車が，位置が離れている場合にはチェーン・スプロケットが適している．チェーンスプロケットには，2軸間のチェーンの張りを調整できる機構が必要であり，軸間を移動するか，調整用のアイドラ装置が必要になる．アイドラはチェーンに負荷の掛からない側に取り付けられ，比較的正逆転運動の少ない低回転箇所に適している．構造が単純なため，アスファルトプラントの各モータからの駆動部に多く使用されている．なお，このシステムは，アスファルトフィニッシャ（**図-9.10**）やタイヤローラの走行装置駆動部（**図-9.11**）にも使用されている．しかし，最近では，油圧モータが内蔵され，減速比を大きく取れる遊星歯車を直接駆動部に組み込んだ駆動装置がホイール式アスファルトフィニッシャ後輪駆動部（**図-9.12**）やタイヤローラ走行輪駆動部（**図-9.13**）に採用されるようになってきている．歯車を組み合わせた動力伝達装置は，チェーンによる動力伝達媒介がないため軸間が固定され，調整の必要がなく，取扱い，保守点検が容易になる利点がある．

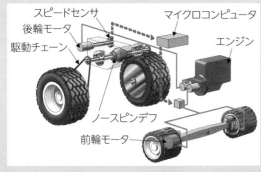

図-9.10　従来のアスファルトフィニッシャの駆動装置

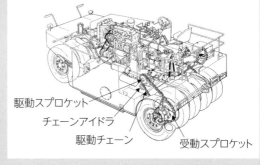

図-9.11　従来のタイヤローラの駆動装置

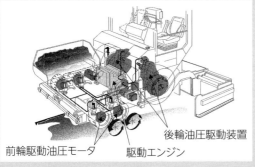

図-9.12　油圧を利用したアスファルトフィニッシャの駆動装置

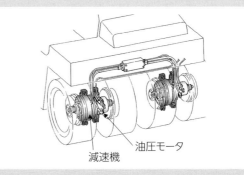

図-9.13　油圧を利用したタイヤローラの駆動装置

第9章　鋼床版舗装用機械

第10章

急勾配・斜面舗装用機械

アスファルトフェーシングの施工
アスファルトの遮水機能を使用した貯水池，水路，および三次元シームレス機能を必要とした自動車高速周回路の特殊な施工機械を解説する．また，急勾配コンクリートの施工と路面処理方法についても解説する．

　　ここでは急勾配や斜面のアスファルト舗装を施工する機械を紹介します．稀少かつ困難な施工条件を克服するための施工機械で，その施工方法には様々な工夫が凝らされており，非常に興味深い内容となっています．

10-1　アスファルト舗装の機械

はじめに

　通常のアスファルト舗装用機械はどの程度の勾配がある道路まで適用でき，更なる急勾配を舗装するためにはどのような装置が必要になるのかを以下に紹介する．また堤防の斜面等，アスファルト合材で遮水壁を構築する場合にはどのような装置が用いられているかについてもふれる．

10-1-1　傾斜角度の表し方

　施工対象面の傾斜の暖急の表し方には，その作業用途に応じて幾つかの方法が使い分けられている．通常，道路の縦断勾配や横断勾配は，水平方向100cm当たりで鉛直方向に何cm上下するかを示す％（パーセント）で表す．

表-10.1　勾配と傾斜角の関係例

パーセント（％）	5	10	20	40	66.667	80	100
傾斜角（°）	2.862	5.711	11.310	21.801	33.690	38.660	45.000
割合（割,分）	20	10	5	2.5	1.499993	1.25	1
	（20割）	（10割）	（5割）	（2割5分）	（1割5分）	（1割2分5厘）	（1割）

　一方，切土や盛土の斜面や擁壁などの勾配は，垂直方向の距離を1としたときに，水平方向の距離がその何倍あるのかで表現する．

　例えば，45°の勾配は鉛直方向1で水平方向1であるので，これを1：1勾配あるいは1割勾配と表現する．同じように水平方向の距離が1.5の場合（およそ33.69°）は，1割5分勾配となる．通常，1割5分と言えば，0.15のことであるが，切土や盛土の斜面の勾配の表し方では，1：1.5となるところに注意が必要である．

　なお，使用する機械の作用分力などの算出には，傾斜角をそのまま使用している．

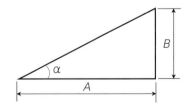

パーセント(%)＝B÷A×100
傾斜角α(°)＝tan⁻¹(B÷A)
割合(割,分)＝A÷B

10-1-2 道路設計基準

一般の道路に許される縦・横断勾配の限界は，道路構造令で定められている．道路構造令に定められている曲線部の片勾配（横断勾配）と縦断勾配を**表-10.2, 3**に示す．

表-10.2 道路構造令による曲線部の片勾配

区　分	道路の存する地域		最大片勾配（%）	傾斜角（°）
第1種 第2種 及び 第3種	積雪寒冷地域	積雪寒冷の度が はなはだしい地域	6	3.434
		その他の地域	8	4.574
	その他の地域		10	5.711
第4種	—		6	3.434

表-10.3 道路構造令による縦断勾配

設計速度（km/h）	縦断勾配（%）	傾斜角（°）
120	2	1.146
100	3	1.718
80	4	2.291
60	5	2.862
50	6	3.434
40	7	4.004
30	8	4.574
20	9	5.143

表-10.4 路面傾斜角による機械編成

	適応傾斜角	敷きならし装置	締固め装置
汎用機種	0〜12%	通常の装置で可	通常の装置で可
適応機種 （適応機構）	12〜20%	クローラフィニッシャ	両輪駆動ローラ

注）地形の状況その他の特別の理由によりやむを得ない場合においては，同欄に掲げる値に第1種，第2種または第3種の道路にあっては3%，第4種の道路にあっては2%を加えた値以下とすることができる．

10-1-3 路面傾斜角による機械編成

道路構造令の特例においても最大縦断勾配は12%が限度である．林道や特殊用途の私道の場合で25%程度の急勾配は，施工条件（敷きならし厚さ，混合物配合など），適用機種および使用方法によって選定することで施工が可能になる．

1）敷きならし装置

アスファルト合材の敷きならし作業に用いられるアスファルトフィニッシャの場合，登坂施工を行う際には，自重と抱えた合材による荷重のほかに勾配による側方に働く分力と，同じく敷きならし合材に働く側方分力および合材を敷きならす際に生ずるせん断抵抗が加わった走行抵抗を受ける．このため足回りは牽引力の高いクローラタイプの機種が適している（**図-10.1**）．さらに，勾配が大きくなった場合には，合材供給用ダンプを押し上げる力が必要になるので合材を少な目に分けて供給して荷重を減らし，ダンプはそのつど離して負荷を減じる必要がある．

合材供給ルートの制約等で下り勾配方向に施工する場合は，フィニッシャの走行抵抗は小さくなるが，スクリードへの合材ののみ込みが悪くなり，敷きならし高さの調整機能が不安定になる（**図-10.3**）．さらに，ダンプの排出シュート角が小さくなるので合材の供給が困難になるなど，それぞれの細部にわたる対策が必要になる．

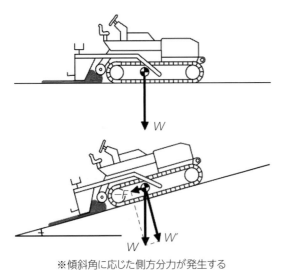

※傾斜角に応じた側方分力が発生する

図-10.1　縦引き敷きならし装置に発生する分力

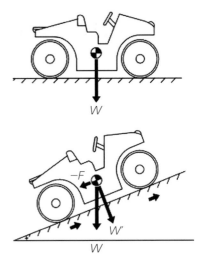

※傾斜角に応じた側方分力（F）が発生する
（基本対応）両輪駆動式のローラを用いる

図-10.2　縦引き転圧時に発生する分力

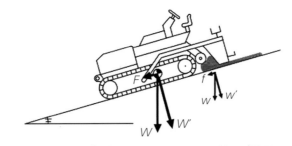

※合材にも側方分力が発生し，スクリードへののみ込みが悪くなる
（基本対応）・スクリード前の合材側方すべりを防ぎ，充填量を高める
　　　　　　・合材供給はショベル等を用いて行う

図-10.3　下り方向に敷きならす場合の分力

2）締固め装置

　締固めに用いるローラの場合は，敷きならし装置と異なり締固め機構（ロール，タイヤ）そのものに登坂機能を持たせる必要がある．ゆえに，使用材料が締め固まりやすい合材の場合，ローラの登坂反力が不均一に作用して凹凸を生じやすく，逆に，締め固まりにくい合材の場合，平たんに仕上げやすいが締固め度の確保が難しくなる．この対策としては，締固めによる合材の体積変化が大きい初期転圧では，ローラの前後輪を駆動させることで登坂力を両輪に分配してより均一な転圧となるよう心がける必要がある（**図-10.2**）．さらに，敷きならし面とのグリップ力を得るために，スチールロールとタイヤを組み合わせたコンバインドローラを採用すると効果がある．

10-1-4　特殊走行路および遮水面の傾斜角による機械編成

　アスファルト合材で遮水壁を構成する方式の水路や堤防，貯水池，ダムの斜面舗装，あるいは自動車のテスト周回路等の極端に大きな横断勾配をもつ曲線部の舗装の施工には，特殊な専用機が使用される．それぞれの用途や条件によって装置の仕様や施工方法は異なるが，ここでは幾つかの基本的な機構を述べる．

1）横引き・縦引きの定義

　水路や堤防あるいは自動車テスト用周回路等の曲線部の舗設方法は，斜面を横方向に施工するため横引きと称され，傾斜法長が長い貯水池，ダム遮水壁などの斜面を登るように縦方向に行う施工は縦引きと称されている．

2）横引き施工

①敷きならし

　横引きの場合，アスファルトフィニッシャは安定し，かつすべりにくい路盤または基層面を走行するので走行安定性を確保しやすく，機械の安定性が高いクローラタイプのフィニッシャで横断勾配が8%程度までを施工可能である．しかし，傾斜角が増すと側方分力が大きくなり，並行して走行するアンカー装置を用いて，上方より吊るか，側方より支える必要がある（**図-10.4**, **写真-10.1**）．また，トラクタ部にレベリングアームを介して牽引されている敷きならしスクリード部にも側方分力が作用するため，厚さ制御のフローティング機構に支障のないよう

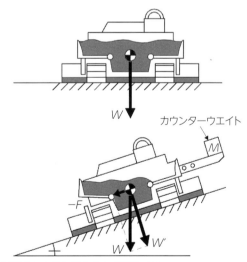

※傾斜角に応じた側方分力が発生する
（基本対応）ローラ対応と同じく山側にウエイトを積載し，
クローラ接地圧のバランスをとる

図-10.4　横引き敷きならし装置の傾斜対応

写真-10.1　横引き施工

235

な処置も必要になる．傾斜角がさらに増すと，フィニッシャの駆動用エンジンが許容角度内に収まるようにあらかじめ傾斜させておくなど，各所にわたって大幅な改造を施すことが必要になる．

②締　固　め

遮水壁の施工に用いる遮水用合材は，遮水機能を高めるためアスファルトの添加量が多く，施工時に流動しやすいためローラの接地圧が不均一に作用しやすくなる（**図-10.5**）．そこで比較的傾斜角が小さい箇所を自走で施工する場合には，山側にカウンターウエイトを積み，接地圧を均一にする必要がある（**図10.6，写真-10.2**）．さらに勾配が大きくなると，敷きならし装置と同様に支持機構を使用する．フィニッシャの支持方法と異なり均一な転圧を行うためには，縦断方向を前後に走行しながら横断方向にレーン移動させなければならない．原理的なメカニズムは"つるべ"機構（牽引物と錘が滑車でつながれた状態の構造）により側方に働く分力を支えてバランスをとり，レーン移動時の側方発生分力によって，斜面を横移動できる仕組みが使用される（**図-10.7，写真-10.3**）．なお，現在では，これを電気的に制御している．

3）縦引き施工

長大斜面の遮水壁施工等に用いられる縦引き施工の最大傾斜は，1：2≒26.6度にもなることがある（**写真-10.4**）．

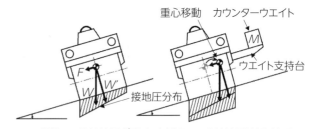

※谷側ロール接地圧が高く，山側のロール接地圧は低くなる
（基本対応）山側にカウンターウエイトを載せ，重心を移動させる

図-10.6　横引き転圧装置の傾斜角対応

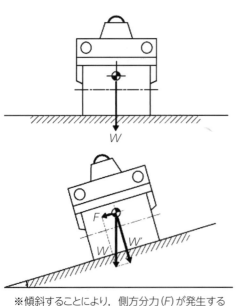

※傾斜することにより，側方分力（F）が発生する
（谷側ロール接地圧が高くなる）

図-10.5　横引き転圧に発生する分力

写真-10.2　横引き転圧（カウンターウエイト）

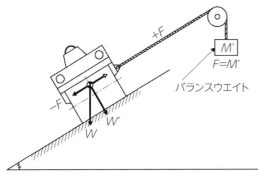

※傾斜角が大きくなると側方分力が大きくなり，ローラが斜面上に自立できなくなる
（基本対応）山側から支持することにより側方分力をキャンセルさせる

図-10.7 横引き転圧装置のレーン移動原理

写真-10.3 横引き転圧（つるべ式）

写真-10.4 遮水壁の施工

写真-10.5 縦引き転圧装置

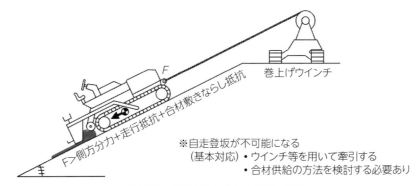

※自走登坂が不可能になる
（基本対応）・ウインチ等を用いて牽引する
・合材供給の方法を検討する必要あり

図-10.8 縦引き敷きならし装置の傾斜

①敷きならし

　傾斜角が小さい場合には傾斜路面施工と同じ形式で行われるが，更なる急勾配の施工においては，走行は天端に設置された専用のウインチなどによって巻き上げる方法が用いられている（**図-10.8**, **写真-10.5**）．レーン移動は横行き機能を持ったウインチ台車に備えられたスロープ

第10章 急勾配・斜面舗装用機械

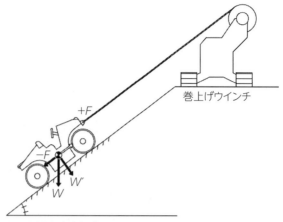

※側方分力（*F*）が大きくなり，自走登坂は不可能になる
（基本対応）ウインチ等で巻き上げる

図-10.9　縦引き転圧装置の傾斜対応

写真-10.6　ウインチ付き縦引き転圧ローラ

写真-10.7　ウインチ付き縦引き転圧ローラの施工

台上に巻き上げられて，台車ごと次のレーンにシフトさせる．そして，長大斜面の施工では，合材の供給には，斜面を巻上げウインチによって上下に走行する専用の運搬車が用いられ，斜面途中での合材供給を可能としている．

②締　固　め

　ローラの自走による登坂が不可能となる縦引き時の締固め作業にはウインチで巻き上げるアスファルトフィニッシャに転圧装置を装着するか，またはローラを別途天端に設置したウインチによって巻き上げる（**図-10.9, 写真-10.6, 7**）．その際，登坂時にローラの振動機構を働かせ，下降時には転圧箇所を無振動で戻り，合材への側方分力を抑える．

〔参考資料および文献〕
1）Slope Compaction Rollers, BOMAG Bopparder Maschinenbaugesellschaft mbH
2）道路構造令の解説と運用，（社）日本道路協会（1983. 2）
3）傾斜面舗装システム　テストコース，鹿島道路（株）パンフレット
4）水工アスファルト，鹿島道路（株）パンフレット

―メカコラム―

ローラの登坂能力

　傾斜面を自走で登坂しながら，締固め作業を行う斜面転圧の場合は，転圧面の性状によって登坂能力が異なってくる．土工においては，登坂力に優れたブルドーザを登坂走行させた履帯による締固めが一般的に行われるほか，締固めを行うための土工用振動ローラには，後輪にグリップ力を高めたリグパターンを持った幅広タイヤが用いられている．また，高い締固め機能を持つ前輪の振動スチールドラムも駆動させることによって登坂力を高めている．ただし，形状の異なることによる駆動反力を持つロールとタイヤを同調させるには，単に，おのおのの駆動用油圧モータの油量を分配させた差動機能のみでは，ロールがスリップしたときの対応ができない．そこで，強制的に油量を分配させる特殊な分配器を用いたり，駆動用油圧ポンプ，モータの組合わせをそれぞれ用いた2ポンプ，2モータを組み込んだ機種もある．さらに，回転センサを組み込んで，両輪駆動力を電気的に制御するシステムも実用化されている（**図-10.10**）．さらに，後輪を履帯形状にして，登坂能力を高めた，斜面専用の機種も開発されている（**写真-10.8, 9**）．

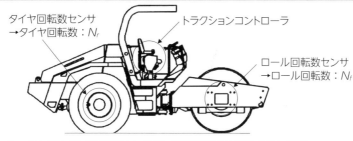

- ロール，およびタイヤの回転数センサで，前後両輪の回転数を常に監視
- 通常走行時，両輪の回転数のバランスが崩れたとき，スリップと判断
  例えば，次のようなパラメータを設定する
  　N_f/N_r=1.5：ロールスリップ
  　N_f/N_r=1.0：通常走行時
  　N_f/N_r=0.5：タイヤスリップ
- スリップが発生したとき，スリップ発生側のモータ容積を小さく（トルクを小さく）し，走行路面の状態に合致した駆動力になるよう，自動的にコントローラが油圧モータを制御

図-10.10　トラクションコントロール装置

写真-10.8　斜面の基盤専用転圧ローラ

写真-10.9　斜面の基盤専用転圧ローラの施工

　この節では，急勾配・斜面舗装用機械のうちでセメントコンクリート舗装の斜面の施工に用いられている機械とその機構について紹介します．立体駐車場のアプローチ等で見かける丸型パターンのセメントコンクリート舗装等，身近な疑問が解決するかもしれません．

10-2　セメントコンクリート舗装の機械

は じ め に

　セメントコンクリートを使用した構造物の斜面の施工は，型枠を使用しないアスファルト混合物の場合と同様に施工時の作業性を得るために混合物の流動性を高めると，水和反応による硬化時間が必要であることから，敷きならした混合物が下方に流動し，変形を生じやすくなる．一方，下方流動を抑えるために流動性の低い混合物にすると敷きならし作業が困難になる．したがって，この矛盾点を克服して施工することが必要になる．

　ここでは国内での施工事例は少ないが，海外で大規模な水路構築に使用されている大規模施工向け機械や，国内で駐車場等へのアプローチ路として急勾配施工によく採用されている小規模施工向けの用具などを紹介する．一部，5-2（その他の装置と小規模工事機械）の内容と重複する箇所もあるが，斜面用施工装置として改めて紹介するものとする．

10-2-1　斜面敷きならし装置

1）一軸ロールフィニッシャ（回転パイプ機構）

　鋼製の丸パイプを法下方向へ回転させながら，パイプ両端の牽引部分を，法下から上方へ型枠に沿って引き上げることによって，型枠内にコンクリートを充填させる（**図-10.11**）．一般的な振動ビームによる簡易敷きならし装置と異なり，敷きならし済み舗設面への振動伝搬エネルギーが小さいので，流動変形を起こしにくいという利点がある．小規模工事では，人力によ

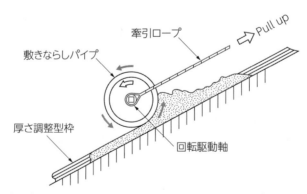

パイプの両端を型枠の上に載せ，法面方向に回転させながら牽引することによって，セメントコンクリートを充填しながら敷きならしが行われる

図-10.11　一軸ロールフィニッシャの機構

写真-10.10 一軸ロールフィニッシャの斜面施工

油圧ポンプユニット

油圧ホース

コントロール装置
（操作装置）

ストライカチューブ（打込みパイプ）

写真-10.11 一軸ロールフィニッシャの構成

写真-10.12 水路の両面施工

写真-10.13 水路の片面施工

り，装置を引き上げて施工を行う（**写真-10.10**）．パイプの駆動方法は，別置きのエンジン駆動による油圧ポンプユニットから油圧ホースで牽引フレームに取り付けられたモータを介して回転させる機構となっている（**写真-10.11**）．

2）シリンダフィニッシャ（回転パイプと移動フレームを組み合わせた機構）

　欧米では，大規模な水路の施工に用いられている（**写真-10.12, 13**）．斜面部の敷きならし装置の基本的な機構は，上記，ロールフィニッシャと同じであり，ロール部分をその形状からシリンダと呼んでいる．このシリンダユニットを縦断方向に移動可能なフレームに沿って，斜面を横断方向に移動させることによって，フレームのセット高さ（厚さ）で敷きならしが行われる．動力機構を用いて斜面を引き上げるので，1：1（45°）の急勾配でも施工ができる．また，フレームの形状を変えることにより，底部から斜面部の接合曲線部を含めた施工（**写真-10.12, 13**）や越流堤のような上に膨らんだ曲線の施工も可能であり（**写真-10.14**），さらに，湾曲したフレームを使用することにより，自動車テストコースの高速周回路部分の施工も可能としている（**写真-10.15**）．

写真-10.14　曲線部（越流堤）の施工

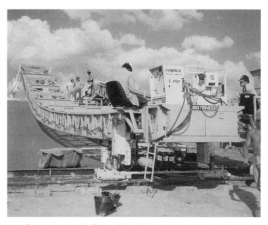
写真-10.15　湾曲部（自動車テストコース）の施工

10-2-2　混合物斜面供給機構

　特に勾配が急な場合には，斜面施工時のセメントコンクリートの流動を防ぐために，スランプの小さい固練りのセメントコンクリートを使用する．しかし，このような材料ではコンクリートポンプによる圧送は不可能であるので，他の方法で斜面上に供給される．

1）ショベル・バケット
　最も単純な方法はパワーショベルによるバケット供給である．バッチ供給となるため，人力による粗ならし作業が必要になる．また，ショベルのアームリーチによる距離制約が伴い，施工法長が制限される．

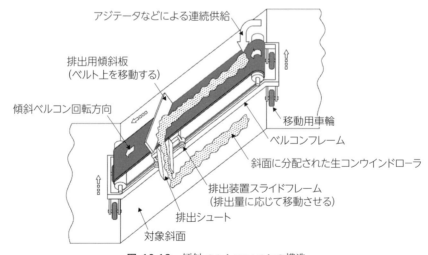
図-10.12　傾斜ベルトコンベヤの構造

写真-10.16　移動シュート付き傾斜ベルトコンベヤ

2）移動シュート付き傾斜ベルトコンベヤ

　斜面用シリンダフィニッシャと対で用いられる場合が多い．斜面を縦断方向に移動可能なフレームに傾斜ベルトコンベヤを懸架させ，法尻，または天場側ベルトコンベヤ端部よりセメントコンクリートを供給する．ベルトにより登坂，または降下する材料をフレームに取り付けられた横断方向にベルト上を移動する排出用斜め遮蔽板によって，斜面に分配させる（**図-10.12**，**写真-10.16**）．

10-2-3　強制養生機構

　セメントコンクリートはセメントと水の水和反応によって強度を発現するが，施工段階での整形作業を容易にするために，水和反応に必要な水分のほかに流動性を確保するための水分が必要となる．斜面の施工においても流動性確保のための水分が必要となるが，整形後には，流動性により整形形状が崩れ，ダレが発生する．そこで，施工直後の表面に，機密性のあるシートまたは，パネルを接触させて設置し，その内部を真空ポンプで減圧する工法として真空コンクリートが用いられる．この工法は，水和反応に不必要な余剰水分5〜10％を吸引脱水させ，流動性を低減させる．同時に，この行為は，水セメント比を小さくすることで強度を上げる．またシートおよびパネルとの接触面（内側）が負圧になることによって，外面（外側）からの大気圧による締固め作用が働く．この2つの作用により，ダレが防止されるばかりではなく，初期強度が著しく増大し，長期強度，磨耗抵抗，凍結抵抗性が向上し，硬化収縮量が減少する．ゆえに，斜面施工にはこの工法が採用されており，たとえ20〜25％の勾配でも施工を可能にしている．

1）真空養生機構

　主な装置の構成は，打設養生面を負圧にする真空ポンプと，余剰水分を吸引させるシートまたはパネルで構成される．真空コンクリートパネル工法での装置を**写真-10.17**に示すとともに

写真-10.17　パネル工法の真空養生装置

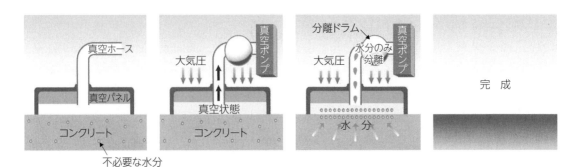

図-10.13　真空養生の作業工程

写真-10.18　ゴム製リングの埋込み

写真-10.19　完成した真空コンクリート舗装

装置の使用方法と作業工程を**図-10.13**に示す.

2）O型すべり止め工法

　この真空コンクリート工法を用いて，傾斜打設面にリング状の凹面をパターン状に画き，車両タイヤのグリップ力を高めることによって，ビル内駐車場へのアプローチ路として用いられている．打設直後にゴム製のリングを決められたパターンで配置し，路面に埋め込み（**写真-10.18**），真空養生後にゴムリングを抜き取って作る（**写真-10.19**）.

―メカコラム―

転がり軸受けの用途と形状

　建設機械には多数の動力伝達用の回転軸受けが組み込まれている．一般的な軸受けは転がり摩擦にする軸受けとすべり摩擦にする軸受けに分けられ，前者を転がり軸受け，後者をすべり軸受けと呼んでいる．すべり軸受けに対して転がり軸受けの摩擦係数は小さく，機械効率を高めることが可能である．以前は，建設機械は，衝撃荷重や大きな動荷重を受ける箇所が多いため，接触面積の多く取れるすべり軸受けが採用されていた．しかし，摩擦面への給油の手間がかかることや，防塵機能も劣るため，現在ではほとんどの箇所で転がり軸受けが採用されている．回転軸受けは，用途によって，受ける荷重の方向によりラジアル（径方向）軸受けとスラスト（軸方向）軸受けに分類され，また，荷重の大きさ，回転数によって，玉軸受け（点接触）とコロ軸受け（線接触）に分類でき，さらに，負荷方向が変化，複合する場合には，それらに対応した幾つもの形状の軸受けが使用されている（**図-10.14**）．

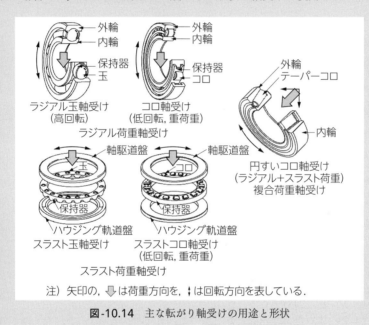

図-10.14　主な転がり軸受けの用途と形状

〔参 考 資 料〕
1）Bunyan striker tube, Bunyan Industries
2）Canal Equipment for the World, GOMACO
3）450 Cylinder Finisher, GOMACO
4）SL-450 Slope Paver/Slope Conveyor, GOMACO
5）真空コンクリートパネル工法，太平洋プレコン工業（株）パンフレット
6）転がり軸受，NTN（株）総合カタログ

第10章　急勾配・斜面舗装用機械

第11章

環境対策機械

後部にバッテリを搭載した電動バックホウ
建設機械搭載エンジンの排ガス規制対応システムの概要説明，将来
動力源としての電動モータの特性と可能性についても紹介する．舗
装用アスファルトプラントの省エネ対策のポイント，アスファルト
リサイクルプラントの省エネ脱臭装置の概要，骨材加熱乾燥工程が
不要な常温アスファルト混合物として，アスファルト乳剤工法と加
熱液状アスファルトの自己熱エネルギーを利用したフォームドアス
ファルト混合物の製造原理概要説明と使用機械について解説する．

11-1　動力機構（内燃機関）における
　　　排気ガス対策
11-2　加熱機構（アスファルトプラント）の
　　　排気ガス対策

　CO₂の削減は時代の要請であり，舗装事業についてもその例外ではありません．ここでは，施工現場やプラントに求められるCO₂をはじめとする各種の排気ガスの数量規制の経緯と，それらを満足するために行われている機械面の対策を中心に紹介します．

はじめに

　舗装に関する作業は，一般市民の生活圏内で行うことが多い．特に現在のような道路の補修時代を迎え，その状況が顕著になってきている．このため第三者の環境保全はもちろんのこと，地球規模での大気汚染対策として，燃焼排気ガスの排出規制が逐次施行されてきている．我が国において土木関連分野での燃焼排気ガスの排出割合は全産業の10％程度である．道路構築工事においては，アスファルト合材の製造時の骨材乾燥用熱源として燃料を燃焼させており，施工現場では，建設機械の動力源としてディーゼルエンジン等の内燃機関で石油等が燃焼する際のエネルギーを回転エネルギーに変換させて使用している．いずれにおいても，石油，石炭などの化石燃料を使用していることにより，燃焼ガスとして，二酸化炭素（CO_2），窒素酸化物（NO, NO_2, N_2O_4），硫黄酸化物（SO_2）などが発生する．さらに，不燃焼分や化石燃料であるための残留不純物が粒状固形物として排気ガスとして排出される（**図-11.1**）．近年の高度化された排気ガスの清浄化技術により，作業環境が大幅に改善されてきてはいる．ただし，複雑で高度なメカニズムを組み合わせた排気ガスの浄化装置はエンジン製造コストを引き上げ，複雑にコンピュータライズされた機構は専門的かつ繊細な維持管理体制が必要になる．年々増加する傾向にある排気ガス対策として有効な装置の開発状況を見極めながら，規制の対象範囲を広げ，規制値を厳しくする対策がとられていくことであろう．ここでは動力機構と材料加熱装置の排気ガス対策について述べる．

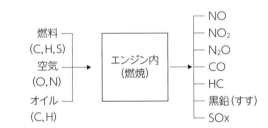

注）NOx（窒素酸化物），N₂O（亜酸化窒素），CO（一酸化炭素），
　　HC（未然炭化物），SOx（硫黄酸化物），

図-11.1　排気ガスの成分

11-1　動力機構（内燃機関）における排気ガス対策

1）ディーゼルエンジンの排気ガス規制と対策

　我々のように舗装関連の施工に携わる者は，作業環境として直接排気ガスの影響を受ける場

合も多く，対策を理解し活用する必要がある．例えば，トンネル内の舗装工事において，作業用建設機械，材料運搬ダンプトラックなどからの排気ガスは作業に従事する者に著しい影響を与えている（我が国は山岳割合が多いため，事例も多い）．操作方法によって，排気ガスによる大気汚染状況をわずかに抑えることは可能であるが，それには限界がある．また，操作員の意識に委ねるだけでは，定量的な効果が期待できない．ゆえに，動力源の内燃機関を有害ガスを排出しないシステムとするか，有害ガスを排出しない燃料を使用するか，といった対策が考えられるが，現実にはまだ実用性の高い技術が開発されていない．そこで，現実的な対策として，従来の化石燃料を使用する内燃機関の排気ガス処理技術の高度化が求められている．ここでは排気ガス処理技術の概要と経緯を述べ，今後の規制の方向性と装置運用の際に留意する点を記すこととする．

　化石燃料を使用するエンジンからの排気ガスには，窒素酸化物や微粒固形物として粒状物質が含まれている．ディーゼルエンジンはガソリンエンジンより燃料に対して空気の割合が多い燃焼であるため，COやHCの発生は少なくなるが，PM（浮遊粒状物質）とNOx（窒素酸化物）の排出量が多くなり，これらが規制の対象とされている．アスファルトプラントのような工場設備においては，製造工程において比較的負荷変動が小さいので，理想的な燃焼条件を設定しやすいが，施工用建設機械は負荷変動が大きいため理想的な燃焼条件を瞬時に設定することは極めて困難なことである．さらに，厄介なことには，ディーゼルエンジンでは燃料を完全燃焼させると排気ガス中のPMは減少する一方で，燃焼室の温度が上昇することによりNOxが逆に増えてしまう．このように両者には二律背反的な関係があり，高度な要素技術を組み合わせた処理が必要となる．

2）対象排気ガス項目と処理技術

①浮遊粒状物質（Suspended Particulate Matter-SPM）（PM）

　可燃物を燃焼させる際には含有している不純物や未燃焼分が灰（硫黄酸化物）や煤（すす）（可溶性炭化水素）として発生し，微粒固形物（10μm以下が多い）として燃焼ガスに含まれて排出される．完全燃焼をさせるとその量は減少するが，完全燃焼（酸化）に伴い排気ガス温度は高くなる．このため，完全燃焼（爆燃）を促進させ，未燃焼ガスや有害ガスの発生を極力抑える事前対策と，排気された燃焼ガスを処理する事後対策を組み合わせて用いられている．さらに，燃料自体の改質による更なる対策も検討されている．代表的な対策例を以下に紹介する．

a．過給器（Turbocharger）による流入空気の加圧

　ディーゼルエンジンは，ガソリンエンジンのように燃料と燃焼用空気との混合気体を燃焼室へ入れずに，燃焼用空気のみを入れるので，加圧された燃焼用空気を入れることが可能であり，完全燃焼を促進して，より多くの燃料を燃焼させることができる．燃焼用空気を加圧する方法として，排気ガスの噴出力を利用して風車（タービン）を高速回転（10万rpm）させ，フィンブレード（タービン）を回転させて燃焼用空気を加圧し，強制流入させる過給装置（ターボチャージャ）が用いられる．ターボチャージャを装着することで完全燃焼が促進されPMの発生を抑

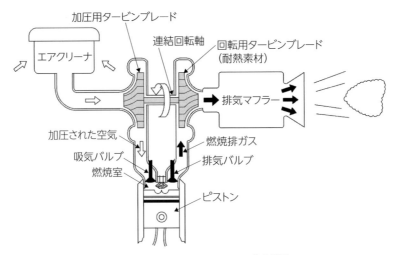

図-11.2　ターボチャージャの基本構造

制する効果（**図-11.2**）がある．さらに，加圧された燃焼用空気は昇圧時に昇温されて空気密度が小さくなり燃焼効率が落ちるので，ターボによって圧縮された空気を熱交換器（インタークーラ）を通して冷却し，空気密度を高めるインタークーラターボが普及している．PM対策として効果があり，初期の段階から採用されているシステムである．ただし，機構上，急激な負荷変動に即座に対応するにはレスポンスが劣るという課題がある．

b．電子燃料噴射制御システム（コモンレール方式）の採用

　負荷変動に対応する燃焼促進機構として最も優れたシステムであり，最近の排気ガス規制対応の主流となっている．1990年代前半に開発され後半に実用化した．ディーゼルエンジンは燃料を高圧でシリンダ内に噴射させ自然着火させる仕組みである．従来の方法は高圧燃料ポンプで燃料の加圧（70～100MPa）と噴出量，タイミングなどの制御の両方を行う仕組みであった．この方法では，急激な負荷変動などに追従して微妙な制御を行うには限界がある．そこで，燃料の加圧は専用の加圧ポンプ（180～200MPa）で行い，燃料を蓄圧タンクに貯蔵し，各噴射ノズルには，高圧パイプで分配させ，噴射制御はノズルの電磁弁を電子的制御で行わせる分業となった．このシステムの採用により，従来の方法と比べ噴射制御の自由度が飛躍的に向上し，噴射量，噴射時期，噴射率など1工程中に複数回のパターン化した噴射が可能となり，PMの発生を減じる完全燃焼とともに，後工程でのNOx処理の効率を高める排気ガス温度制御も可能にした．従来方式との基本機構の比較を**図-11.3**に示す．蓄圧タンクの形状が機能を共有する横棒に似ているためCOMMON-RAIL方式と呼ばれている．また，燃焼効率をより高めるため，各噴射ノズルでさらに噴射圧力を高める（250MPa）機構を付加したシステムも開発されている．

②窒素酸化物（NOx）

　燃焼室の温度が高くなると窒素酸化物の排出量が増すので，低温で燃焼させる．前述したように，単に低温で燃焼させると今度はPMが多くなるので，排気後処理技術による還元処理装置との組合わせも必要となる．

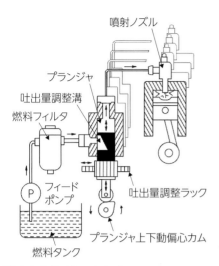

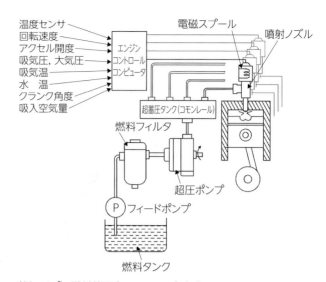

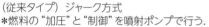

（従来タイプ）ジャーク方式
＊燃料の"加圧"と"制御"を噴射ポンプで行う.

（新タイプ）燃料蓄圧（コモンレール）方式
＊燃料の"加圧"はポンプで，"制御"はコンピュータで別制御を行う.

図-11.3 燃料噴霧時の加圧制御方法

a. 燃焼温度調整によるNOx抑制対策

排気ガス再循環方式（EGR＝Exhaust Gas Re-circulation）

酸素濃度の下がった排気ガスの一部を吸気側に還流させることにより，燃焼温度を下げ，NOxの発生を減ずるシステムである．また，熱交換器を通過させ循環する排気ガスを冷却し，密度を高める方法も採用されている．

③排気処理によるNOx還元＋PM酸化対策

初期の規制段階では，排出側のみで触媒やフィルタを使用した対策がとられていた．前述したようにPMとNOxの発生メカニズムにはTrade-Offの関係があるため，燃焼行程での処理には限界があり，更なる規制に対応しきれない．そこで現在では，後工程において排気ガスを処理する方法も組み合わせて採用されている．

a. 尿素反応法

高温・高圧で燃焼させCO，HCの生成を抑え，NOxは尿素により窒素と水に還元する方法である．

b. フィルタ・触媒方式

低温・低圧で燃焼させNOxの発生を抑え，PMをセラミックフィルタで捕捉し，酸化触媒によりさらに微粒のPMとCO，HCを処理する．

④低有害燃料使用による発生抑制対策

燃料側からのアプローチとして鉱物油燃料に代わり，次世代のディーゼル燃料として，液化ガスや石炭，植物に由来する燃料を単体混合して使用していくことが模索され始めている．しかし，供給体制の整備などの課題も多く，大規模な実用化は進んでいない．

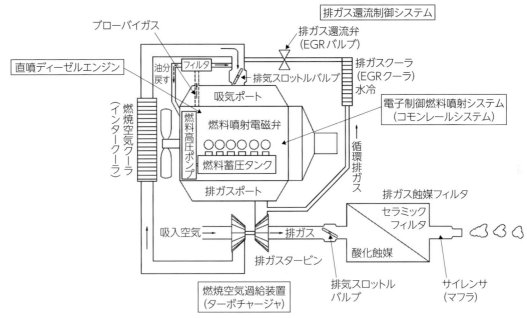

ブローバイガス

排ガス還流制御システム

排ガス還流弁
（EGRバルブ）

直噴ディーゼルエンジン

油分
戻す　フィルタ

排気スロットルバルブ

排ガスクーラ
（EGRクーラ）
水冷

吸気ポート

燃焼空気クーラ
（インタークーラ）

燃料高圧ポンプ

燃料噴射電磁弁

電子制御燃料噴射システム
（コモンレールシステム）

燃料蓄圧タンク

循環排ガス

排ガスポート

排ガス蝕媒フィルタ

セラミックフィルタ

吸入空気　→　　排ガス

排ガスタービン

酸化蝕媒

サイレンサ
（マフラ）

燃焼空気過給装置
（ターボチャージャ）

排気スロットルバルブ

図-11.4　ディーゼルエンジンのシステム

3）今後の排気ガス規制と方向性

　建設機械の排気ガス規制が平成18年10月より改正され，公道を走らない特殊自動車（オフロード特殊自動車＝ほとんどの建設機械）にも一般の車両と同様の規制が開始されている．その対応として前述のような改善対策がとられており，概略をまとめると**図-11.4**のようになる．建設機械は舗装会社自らが保有している機械も多く，直接業務に関連する事項となっている．時折，新しいモデルであるのにもかかわらずエンジントラブルを起こして現場で立ち往生したという話を耳にすることがある．ディーゼルエンジンは排気ガス対策のため複雑化，精密化，そしてコンピュータライズされてきている．このため，トラブルを想定した素早いサービス体制を確立しておく必要がある．また，従来の圧力とは比べものにならないほどの超高圧で燃料を噴射させる機構となっており，使用する燃料の品質的選択と日常での給油時における基本的な配慮が必要となる．特に，作業終了後の現場内での燃料タンクへの給油時には塵埃の混入を避け，燃料を満タンにしておく．また，休止時には急激な外気温降下によるタンク内の結露を防止することが重要である．

4）電動化への試み

　一方，作業箇所において排気ガスを排出しない手段としては，電動機による駆動方式がある．理想的な環境対策ではあるが，電力を供給するために送電ケーブルが必要になり，移動性が著しく制約されてしまう．例えば，トンネルや鉱山での掘削作業には電動ショベルが使用されている．また，近年，化石燃料の枯渇化，CO_2排出問題の深刻な顕在化に伴い，自動車用原動機として，内燃機関（エンジン）とのハイブリッド化，バッテリ搭載による電動化が推進され，

建設機械においてもその導入が進められている．電動機の特性として，動力発生箇所で燃焼エネルギーを確保する必要がなく排気ガスが全く発生せず，爆燃現象を伴わないので，大きな振動，騒音も発生しない．また，磁力により駆動力を発生させるため，ピストンの往復運動を回転力に変えるレシプロエンジンと異なり，回転数を上げなくても大きな起動トルクを得ることができるという利点がある．例えば，実際に慶応義塾大学で開発された，リチュームイオン電池を搭載した電気自動車エリーカ（**写真-11.1, 2**）が高速スポーツカーのポルシェ911 TURBOより加速性に優れていることが実証されたという最近のエピソードもある．このように，優れた機能を持つ電動機であるが，最大の課題はエネルギー源である‘電力’の貯蔵がはなはだ難しく，内燃機関のようにエネルギー源を安定した液状（液化ガスを含む）で容易に保管（燃料タンクなどに）することができない点にある．電気エネルギー（源）を貯蔵する方法としてバッテリがあるが，鉛電池は蓄電容量の割に重量がかさみ，一方，効率の高いリチューム電池の場合はまだ高価であり，大きな蓄電容量を必要とする建設機械には実用性が低い．しかし，電気エネルギーの消費側の機能効率を高めることにより，少ない蓄電容量のバッテリでの実用化も試みられている．なお，バッテリは蓄電容量が減るとそれに伴い電圧も降下し仕事効率を下げてしまうので，大容量のコンデンサ（昇圧器）を用いて使用電圧を制御させている（**図-11.5**）．

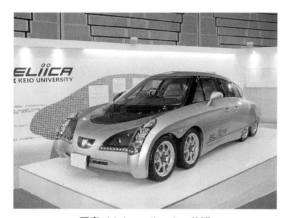

写真-11.1 　エリーカの外観

写真-11.2 　エリーカの構造

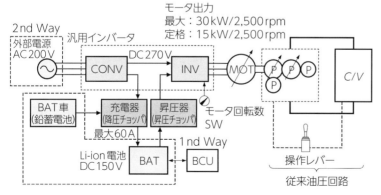

図-11.5 　電動機械の電源

また単に，駆動用内燃機関（エンジン）を取り外して，電動モータに載せ替えても，作業装置と駆動油圧装置の変換効率，回転駆動部減速装置の伝達効率などによる出力損失が大きく，大きな余裕出力が必要になる．そこで，減速装置を省き出力損失を小さくした，ダイレクト駆動の高トルク作業用モータ（インホイールモータなど）や従来の作業機構と異なり出力損失を大幅に小さくした新しい作業用機構の開発が望まれている．

11-2　加熱機構（アスファルトプラント）の排気ガス対策

アスファルト混合物を生産する際に骨材の乾燥，加熱工程で直接的に熱源を使用して排気ガスを発生させる舗装業からのCO_2の排出量は，我が国のアスファルト合材の年間生産量を5,500万t/年とするとCO_2原単位発生量は2.77 kg/l（A重油換算値），アスファルトプラント燃費10 l/tの場合，年間5,500万t/年×10 l/t×2.77 kg/l＝152万3,500 t/年となる．これは決して，小さい数値とはいえない．

また，アスファルトプラントの燃費は装置の改良とともに年々小さくなってきてはいるものの，リサイクル合材の生産割合が多くなり，再生骨材を再加熱工程での臭気処理に排煙中の臭気ミストを高温で（700～800℃）酸化分解させるために再燃焼させるのでトータルの燃費がかさんでいる（約3 l程度，**6-4-4**参照）．

このような作業環境下において，CO_2の削減を環境面からとらえて燃費削減を実施することは，生産コストを減ずることとなり，直接的な経済効果につながる．

1) 骨材乾燥設備の省エネルギー対策

アスファルトプラントでは，骨材乾燥設備としてロータリキルン（ドライヤ）が用いられており，オイルバーナで燃焼ガスを発生させ，骨材を加熱し昇温させる（このメカニズムは**図-6.14**参照）．この工程でバーナから発生されるエネルギーのほとんどは骨材の水分を蒸発させるために費やされる（およそ50％以上）．ゆえに，投入骨材の含水比をいかに小さくするかが重要である．

2) 脱臭炉の省エネルギー対策

前記したように，リサイクル合材の生産割合が増すことによる臭気対策として，効率的な省エネルギー技術をとり入れたシステムが開発されている（前述の**6-4**を参照）．

さらに，高効率で省エネルギーな脱臭システムとして，一般製造業で採用されている脱臭処理技術を応用した事例を述べる．この方式は，塗装工場のような有機溶剤の脱臭装置として，'蓄熱燃焼式' と呼ばれ，熱効率が95％以上と高効率で省エネルギー効果が極めて高いシステムである．システムの基本的な構造は，セラミック蓄熱体を使用して，脱臭後の高温ガスの熱をセラミック製でハニカム状の蓄熱体に熱吸収させ，そこに臭気濃度の高い未処理（被）排気

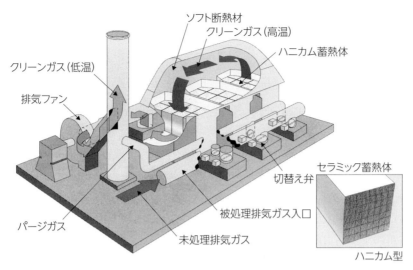

図-11.6　蓄熱燃焼式脱臭装置

ガスを通し，熱交換させ高温になった臭気ガスを追加燃焼室でさらに追加加熱させることにより臭気成分を酸化して分解させる．これは複数のセラミック蓄熱室を交互に通すことによって連続的な脱臭処理を可能としている（**図-11.6**）．このシステムをアスファルトリサイクルプラントの脱臭装置に改良して適用し，脱臭効果を確認した事例もある．しかし，アスファルトプラントは排気ガスの発生量が多く，大容量のプラントには多大な投資費用がかかるため，今後，普及していくためには大幅なコストダウンが必要になる．このシステムでは高温になった処理後のガスは蓄熱体に熱吸収されることにより，低温のクリーンガスとなって排出できる．そのため，ダイオキシンが含まれている場合にはその再合成を抑制する効果もあり，将来的には特殊なバインダを使用した混合物の再生には更なる環境負荷低減の観点から，この技術が生かされる場合も想定される．

3）脱加熱混合物（常温合材）

アスファルト舗装とコンクリート舗装を比較すると，コンクリート舗装は施工現場における加熱工程がないものの，セメントを製造する過程で多量の加熱作業を伴い，一概に省エネルギー工法とは言いにくい．一方，アスファルト舗装もアスファルト合材を製造する過程においては骨材の加熱工程を省くことができない．また，アスファルトを乳化させることにより乳化水分を蒸発させた後のアスファルトバインダ機能を使用したアスファルト乳剤舗装は乳剤の製造過程でのエネルギーと工場生産のための取扱いの面で効果の大きい省エネルギー工法とはならない．

近年アスファルトバインダ機能を使用した常温混合物としてフォームドアスファルト混合物が環境にやさしい省エネルギー合材として注目されている．フォームドアスファルトは加熱された液状アスファルトに少量（2％程度）の水を注入するとアスファルトの含有熱によって急激に膨張する水蒸気爆発が起こる（**図-11.7**）．このエネルギーを利用して狭い空間で加熱アスファルトと水を混合させるとアスファルトは泡状となり約15倍に膨張し，粘度が低下するので

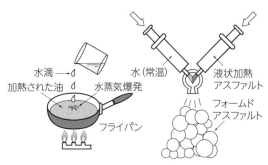

水滴 → 🌢　水（常温）　液状加熱アスファルト
加熱された油 🌢　水蒸気爆発　フォームドアスファルト
フライパン

加熱された天ぷら油に水滴を落とすと，落とした水滴はパチパチと音をたてて気体になる．これは水が加熱されて急激に気化し，その際に発生したエネルギー（体積が急膨張する爆発現象）によって水滴が瞬時に分散させられるためである．

狭い空間に液状加熱アスファルトと少量の水を同時に注入すると加熱アスファルトの熱により水が急激に気化する．そして開放穴（ノズル）よりアスファルトが泡状になって噴出する．

図-11.7　フォームドアスファルトの発泡原理

写真-11.3　コンパクトなフォームドアスファルトプラント

水
⇩
⇧
エア

アスファルト（150℃程度）

体積膨張（10〜20倍）

粘度低下（表面張力の減少）

フォーム化したアスファルト

湿潤骨材

混合後
表面積の大きな細粒分の方がフォームドアスファルトと接触する機会が多いため，細粒分により多くのアスファルトが被覆される．

転圧後
転圧されると細粒分を被覆しているアスファルトが潰され，接着剤として粗骨材同士を結合させる．

図-11.8　フォームド混合物の模式図

　常温の湿潤骨材にも均一に混合できるようになり，混合物内部に細粒分を含んだアスファルトモルタル分として湿潤骨材と混在した状態となる（**図-11.8**）．この混合物を敷きならし，締め固めることによりアスファルトモルタル分が粗骨材同士を強く結合・固着させることができる．圧縮強度は加熱混合物に比べ小さくなるが，強化路盤として基層部分への利用による省エネルギー効果は大きい．そのほか強度発現が極めて早く，また，繰り返しリサイクルが可能な点が用途を広げている．詳細は参考文献7）および8）を参照されたい．参考までに加熱装置排煙用の煙突がないコンパクトなフォームドアスファルトプラントを**写真-11.3**に示す．

―メカコラム―

　なぜ，建設機械にはディーゼルエンジンが搭載されているのか？と考えたことはないだろうか．

　ディーゼルエンジンの基本的なメカニズムは，シリンダ内でピストンが空気を圧縮（4〜6MPa）して高温（600℃以上）になり，その中に燃料を高圧（10MPa以上）で噴射させて，自然着火による爆燃が起こり，急激な気化膨張により，ピストンを押し下げることにある．このためガソリンエンジンのようにシリンダに燃料と空気を事前に混合した混合気体を入れ，着火装置によって燃焼させる方法とは異なっている（最近ではガソリンエンジンでも燃焼用空気と燃料を別々に入れる直噴方式も採用されている）．空気圧縮比が高いためエネルギー効率が高く，出力当たりの燃料消費量が少ない．このため，低回転領域での回転トルクが大きく，負荷変動の大きい建設作業には適している．しかし，高い圧縮率であるため爆発エネルギーも大きく，構成部材の耐荷強度を高くする必要があり，出力当たりのエンジン重量もかさむ．また，ガソリンエンジンと比べ振動，騒音も大きくなる．燃料の取扱い面ではガソリンは揮発性が高く，着火の危険性が高いため，特別な管理が要求され敬遠されている．最大の要因はガソリンの購入単価がディーゼル用の軽油に比べ高いことである．ディーゼルエンジンとガソリンエンジンの特徴を比較して**表-11.1**に示す．

表-11.1　ディーゼルエンジンとガソリンエンジンの特徴比較

項　　目	ガソリンエンジン	ディーゼルエンジン
使 用 燃 料	ガソリン	ディーゼル軽油
燃料供給方法	低圧での吸気ポート噴射	噴射ポンプによる高圧直接噴射
混　合　気	予混合均一混合	不均一混合
着 火 方 法	点火プラグにより着火	圧縮により自己着火
圧　縮　比	10〜11	16〜23
出力制御方法	スロットルバルブによる吸入混合気量制御	燃料噴射量のみの制御

〔参考資料および文献〕
1）建設機械施工ハンドブック（改訂3版），（社）日本建設機械化協会（2006.2）
2）建設施工における地球温暖化対策の手引き，（社）日本建設機械化協会（2003.7）
3）GP企画センター編，自動車メカ入門　エンジン編，グランプリ出版（2006.12）
4）3塔式蓄熱脱臭装置，中外炉工業（株）パンフレット
5）Mobile cold recycling mixing plant KMA200，Wirtgen パンフレット
6）http://response.jp/
7）岩原廣考ほか：フォームドスタビ混合物の性状および適用事例，舗装，Vol.33，No.10，pp.9〜10（1998）
8）久保和幸：米国カリフォルニア州におけるCFA工法の現状，舗装，Vol.42，No.11，pp.22〜24（2007）

第11章

環境対策機械

第12章

情報化施工

3D–MCブルドーザの施工
丁張りを重機の操作目安としていた目視による従来の手動操作に対
し，測位データと設計デジタルデータを照合させ，直接重機の作業
装置を数値制御する画期的なシステムが開発された．この慣性制御
システムを搭載した機種について解説する．

　現在，土木・建設作業においても，情報化（ICT）施工への移行が飛躍的に進められています．土木・建設作業は機械が対象物上を移動することで相対的な座標が常に変動するため，その自動制御には移動位置に関する正確な情報をリアルタイムに提供するシステムが必要となります．ここでは，舗装における情報化技術のうち，位置情報にかかわる測位技術について紹介します．

12-1　情報化施工と測位技術

はじめに

　コンピュータ機能と測量技術の飛躍的な発達は従来の土木・建設技術を大幅に改革しつつある．製造業における工作機械のように建設機械のロボット化はできないのであろうか？ 油圧ショベルと産業用ロボットの作業装置部分を改めて比較すると，**図-12.1**に示すように似ている．**第1章**で紹介したとおり土木・建設作業においては，一般製造業のように作業対象物が移動せず，作業装置自体が対象物上を移動する．例えば，一般製造業では作業対象物が移動して，加工用ロボットとの相対座標を正確に設定でき，ロボットアームを数値制御することにより，定められた位置への部品の取付け，溶接，加工などが可能となる．この作業方法とは異なる従来の建設機械作業から，産業用ロボットと同様の数値制御システムへのシフトは，各分野の発達した要素機能のコラボレーションにより可能となった（**図-12.2**）．2-4（操作制御と自動化）でも若干は紹介したが，改めて整理したいと思う．

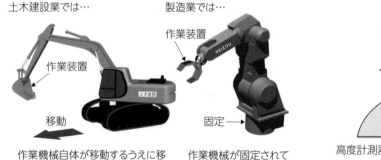

図-12.1　油圧ショベルと産業用ロボット

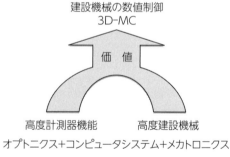

図-12.2　要素機能のコラボレーション

12-1-1　建設機械の（人的）操作方法

　それでは建設機械においてはどのように操作がなされているのであろうか？ ブルドーザの場合，オペレータは油圧バルブのレバーを操作することにより，排土板の高さ，傾斜を調整する．そこで，作業（進行）方向前方に作業用の基準高さの指標（丁張り）を設置し，その指標と計画高さとの偏差を目測し，操作レバーを動かして敷きならし（掘削）作業を行う（**図-12.3**）．

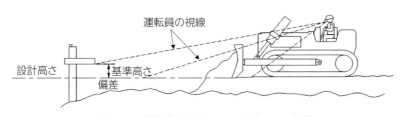

図-12.3　測量杭を基準とする目視による作業

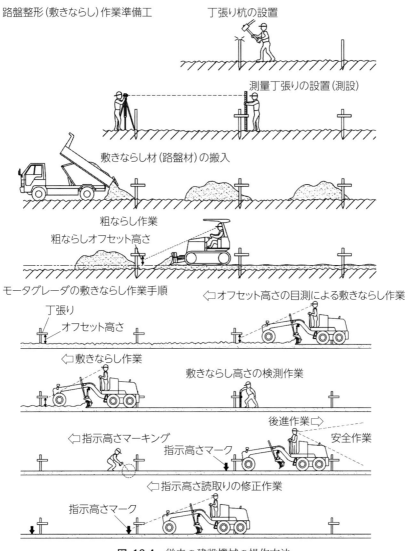

路盤整形（敷きならし）作業準備工　　丁張り杭の設置

測量丁張りの設置（測設）

敷きならし材（路盤材）の搬入

粗ならし作業
粗ならしオフセット高さ

モータグレーダの敷きならし作業手順　　◁オフセット高さの目測による敷きならし作業
丁張り
オフセット高さ

◁敷きならし作業　　　　敷きならし高さの検測作業

後進作業▷
◁指示高さマーキング　　　　　　　　　　安全作業
指示高さマーク

◁指示高さ読取りの修正作業
指示高さマーク

図-12.4　従来の建設機械の操作方法

　したがって，作業の精度を高めるためには熟練した技能をもつオペレータが必要になる．さらに，モータグレーダなどを用いるような高い施工精度が要求される路盤材の敷きならし作業においては，丁張り間に水糸を張り，頻繁に施工高さの検測を行い，修正作業を繰り返しながら作業を進める必要がある（**図-12.4, 5**，前述の**2-4**参照）.

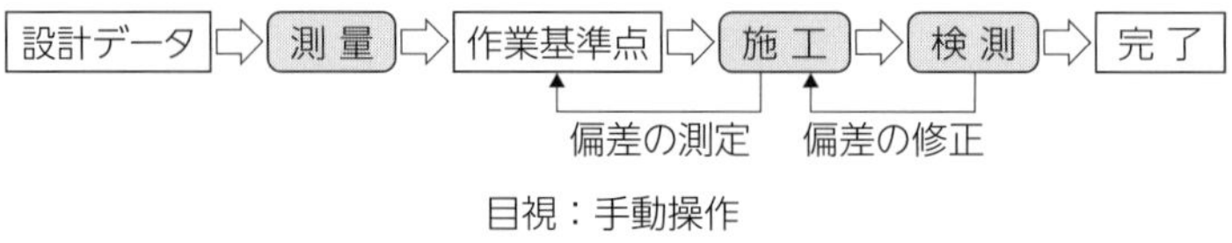

設計データ ⇨ 測量 ⇨ 作業基準点 ⇨ 施工 ⇨ 検測 ⇨ 完了

偏差の測定 　　偏差の修正

目視：手動操作

図-12.5 建設機械（人的操作）の施工手順

12-1-2 従来の建設機械の自動化（倣^{なら}い制御）

舗装の施工においては各種センサを用いた敷きならし装置の自動化が進んでいるが，これは定規を用いて線を描く作業と同じ倣い制御であり（**図-12.6**），施工に当たっては施工用定規（ガイド）の役割をするセンサワイヤを測量作業によって設置することが必要となる．

1) 倣い基準を設置する方法

センサワイヤによる倣い基準は建設機械の完成度の高い自動化装置としてアスファルトフィニッシャでの敷きならし高さの制御に使用されている（**写真-12.1**および**3-3**に記載）．このシステムはセンサで感知した変位情報を電気的信号に変換し，その信号を使用して作業装置駆動用の油圧電磁弁を制御させるものである（**図12.7**）．しかし，施工用の基準ガイドを設置する

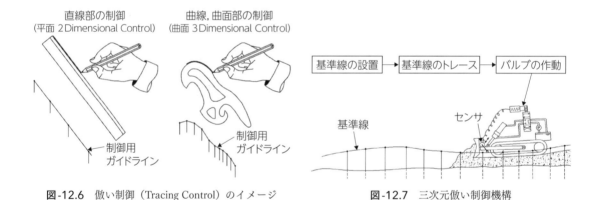

図-12.6 倣い制御（Tracing Control）のイメージ

図-12.7 三次元倣い制御機構

写真-12.1 機械制御のための杭とストリングワイヤ

写真-12.2　曲線制御のセンサ用ピンの設置例

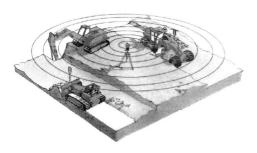

図-12.8　回転レーザによる重機の水平面制御
　　　　イメージ

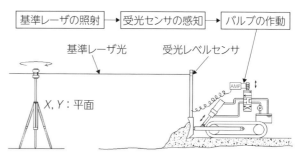

図-12.9　平面レーザ倣い制御（2D–MC）機構

には非常に手間のかかる準備作業が必要であり，人的介在箇所も多く，設置ミスの可能性もある．また，ダンプトラックや施工時の作業者の行動可能範囲には規制が伴う．

　アスファルトフィニッシャ同様，連続コンクリート構造物を打設する装置の自動制御においては，曲線部で多数のセンサ用ピンを設置する必要がある（**写真-12.2**）．

2）レーザ光を倣い基準とする方法

　施工用基準ガイドにレーザ光を使用して受光センサによってセンシングさせ，施工高さを制御させるシステムも採用されている．発光レーザを回転させると，円盤状のエリアが構成されるので，この面をセンシングすることにより平面制御が可能になり，ビーム発射角度を付ければ傘状の制御も可能になる（**図-12.8**）．高い精度での制御が可能なため，アスファルトフィニッシャだけでなく各種の機械の平面制御機構にも使用されている（**図-12.9**）．例えば，我が国では農業分野で水田の圃場整備にも使用されている（**写真-12.3**）．

第12章

情報化施工

263

写真-12.3　水田の圃場整備状況

12-1-3　指標設置のための測位技術

　土木作業を行うためには作業用指標が必要であり，指標を設置するためには測位作業が必須となる．測位作業は，従来光学的な機構による測量機器によって行われていたが，近年，人工衛星の機能を用いた測位システムが開発され使用されるようになった．以下に2つの最新の測位システムの概要について述べる．

1）人工衛星機能（GNSS）を用いた測位

　人工衛星による測位機能を用いた身近なシステムとしてはカーナビゲーションシステム（カーナビ）が知られている．カーナビの測位精度は数十mであるが，地図情報とのマッチングにより車両の走行誘導には支障のない実用精度に補正されている．この程度の精度では土木作業の位置決めには使用できないが，土木作業用には種々の補正機能を駆使したシステムにより，数cmレベルに測位精度を高めて使用されている．GPS測位システムは我が国では1960年代後半に海上工事の浚渫（しゅんせつ）船や地盤改良船などの位置決めに使用され始めた（**写真-12.4**）.

写真-12.4　GPSを利用した海上工事の測位状況

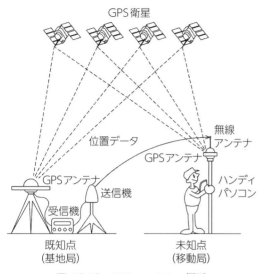

GPS衛星

位置データ

無線
アンテナ

GPSアンテナ

GPSアンテナ

ハンディ
パソコン

送信機

受信機

既知点
(基地局)

未知点
(移動局)

図-12.10　RTKシステムの概要

写真-12.5　RTKシステムの利用状況

人工衛星は総称してGPSと呼ばれているが，正式にはGlobal Positioning Systemと言い，本来は米国の軍事衛星である．24個の衛星は地表から18,000 km上空に位置する．測位用受信機は衛星からの信号の到達時間から距離を測定するが，大気圏にある電離層の状態によって到達時間が乱れる．そこで4つ以上の衛星からの信号を地上の既知点に設置した基地局と移動局とで同時に受信して基地局において算出した補正データを移動局に無線で送り，実用に適した測位精度を瞬時に得ることを可能にしている．このシステムはRTK（Real Time Kinematic）と呼ばれ，土木施工現場での測位作業に使用されている（**図-12.10**, **写真-12.5**）．光学的な測量機器による測位方法と異なり，天空が開放された現場で，衛星からの電波信号が受信可能な状態であれば，雨天や霧，暗闇であっても測位が可能である．また，補正情報が伝達可能な状態であれば1つの基準局で複数の測位，制御装置を運用できる．ただし，時間帯によっては都合よく5個以上の信号を受信することができない場合があり，実用に即した測位精度を確保できないことも起こりうる．そこで，最近はロシアの人工衛星GLONASS，欧州の人工衛星Galileo，そして日本の準天頂衛星システムQZSSを利用して測位データを補足する精度確保システムが運用されている．また，最近では中国のBeiDouも運用が開始されており，対応するシステムも増えてきている．

　また，RTKには，制御局が一般通信回線を用いて入手した“電子基準点”（国土地理院が日本全国に設置しているもので約20 km間隔で1,200点ほどある）データを整理し，GNSSの基準点網として利用することで仮想基準面を設ける方法もある．このような仮想基準面を利用することで，あたかも観測者の近くにRTK用の電子基準点があるかのように補正を行うことができ，これを仮想基準点方式（VRS；Virtual Reference Station）と呼んでいる．そのつど独自にRTK基地局を設置する必要がないという利点があり，建設分野での基準点測量，出来形測量に利用されはじめている（**図-12.11**）．

第12章

情報化施工

265

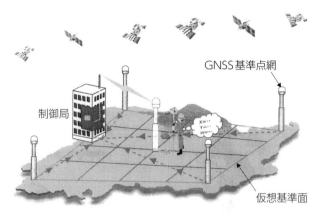

図 12.11　VRS による RTK システム

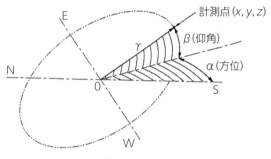

α: 方位＝エンコーダ情報
β: 仰角＝エンコーダ情報 ⎫ 三次元座標 (x, y, z) の設定
γ: 距離＝光波計測 ⎭

図 -12.12　三次元座標遠隔測位に必要な要素

　なお，人工衛星の代名詞として使用されてきた GPS は，これに代わる呼び方として GNSS（Global Network Satellite System）を使用するようになった．

2）測量機器（トータルステーション）の自動化測位

　道路構築現場において，路盤から上層部分の施工においてはさらに精度の高い測位性が求められる．GNSS 測位では，高さ（Z）方向の精度が平面（X, Y）方向の精度より劣ることは避けられない．このため，舗装などの精密性を求められる施工においては，光学測量機能を用いた測位作業によって，mm 単位での作業指標の設置や出来形検測が行われる．最近の測量機器の機能にはレーザ光による測距機能が付加されたことにより，測位作業が飛躍的に合理化されている（**図 -12.12**）．この装置は，測距，測角，演算の Total 的な機能を備えた測量装置であるため Total Station＝TS と呼ばれている．その後，移動する測位点のターゲットを追いかけて測位する Robotec Total Station＝RTS が開発され測位データをターゲット側に電送し，保持してある設計データとの偏差を確認できるワンマン測量を可能とした（**図 -12.13, 写真 -12.6**）．さらに，この機能を活用した精度の高い建設機械の作業装置の数値制御システムが開発され，舗装の施工における機械制御に使用されている．ただし，レーザ測距システムを使用しているため，

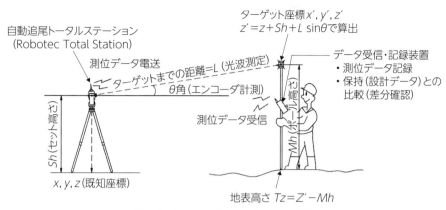

図-12.13 RTSによる三次元測位機構

写真-12.6 トータルステーション方式のナビシステム

実用制御範囲は半径200m（直径300〜400m）以内に制限され，また既知座標からターゲット座標が見通せる必要もあるため，降雨，濃霧状況下では使用できない．しかし，暗闇でもターゲットを追尾することが可能であるため，照明の乏しい夜間工事での測位作業は可能である．また，GNSS測位のように天空が開けている必要がないため，天空がふさがれているトンネル内でも測位作業ができる．このように精度の高いシステムではあるが，1台のTSで同時に複数の測位ターゲットを追尾することはできない．そこで，最近，GNSS測位システムとTS測位システム双方の機能を補完したシステムが開発され，複数の測位ターゲットを高精度で同時に測位することを可能としている．

〔参考資料および文献〕
1) 土屋淳・辻宏道：GNSS測量の基礎，（社）日本測量協会
2) これからの測量技術GPS Q&A―汎地球測位システム―，（社）日本測量協会
3) GNSS（GPS/GLONASS/QZSS）受信機HiperHR，（株）トプコン
4) 日本国内の電子基準点の活用に関して，（株）トプコンソキアポジショニングジャパン
5) 第5回情報化施工研修会資料，（社）日本建設機械化協会
6) 海上GPS測位システム，特定非営利活動法人海上GPS利用推進機構

第12章 情報化施工

―メカコラム―

システム別によるGNSS測位精度比較

　人工衛星の機能を用いた測位システム（GNSS）は前述したように，移動体の測位方法としてカーナビゲーション，船舶ナビゲーション，航空機のフライトナビゲーションに使用され，高い信頼性を誇っている．また，静止座標位置に複数台の受信機を設置して長時間測位データを受信させるスタティック測位法が，地殻変動の観測などに用いられている．本文中で説明したRTKやVRSは，土木・建設工事では問題とならない程度にやや精度を落とすことで移動局の測位を可能としている．これらの各測位システムの大まかな測位精度をイメージで比較すると**図-12.14**のようになる．

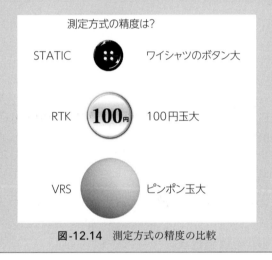

図-12.14　測定方式の精度の比較

> 　情報化施工の締めくくりとなるこの項では，建設機械の3D-MCについて紹介します．よく耳にするトータルステーションやGPS（GNSS）を使った制御等，ICTの実践に役立つ基礎知識をまとめましたので，今後の実務の参考にしてください．

12-2　建設機械の三次元数値制御

はじめに

　前節の**12-1**でも述べたように，移動する物体の測位ができる技術があれば，移動する建設機械の作業装置を遠隔制御することが可能になる．建設ロボットに対する一般的なイメージとして，全自動で，直接的な人為的操作なしで動くと思われがちである．しかし，現在，最も一般的な建設機械の自動制御システムは，人為的操作に不向きな作業装置部分の制御のみを支援する機構である．例えば，ブルドーザやモータグレーダを用いた整形作業において，基本操作および粗ならしは人為的操作で行い，仕上げならしはこの機能を付加した制御機構が使用されている．これにより，基準となる指標との差を人為的な作業によって確認しながら行っていた従来の操作と比べ，生産性を飛躍的に向上させることができる．

12-2-1　建設機械の数値制御システムの概要

　建設機械の数値制御システムの基本メカニズムは，まず，人工衛星からの情報を用いるGNSS（Global Navigation Satellite System）や，光波測量を応用したTS（Total Station）を用いて，動き回る建設機械の位置情報を瞬時に三次元の座標データに変換する．次に，この位置データと，前もって記憶させた設計座標値との差を抽出し，操作情報として明示する（操作情報表示方式）か，装置を自動制御（自動操作制御方式）する．

12-2-2　数値制御情報のアウトプット

　得られた位置情報を用いて建設機械の制御を支援する方法には次の2つの方式がある．

1）操作情報表示方式（AMG：Automated Machine Guidance）

　制御情報のアウトプットとして操作情報を分かりやすく明示する方法であり，カーナビゲーションシステムのように，運転席に設けた専用画面，または，指示パネル（矢印信号）などに沿って操作レバーを動かせば，的確な操作が可能になる（**図-12.15**）．建設機械用の装置は，米国ではAMG（Automated Machine Guidance）と呼ばれている．締固め作業におけるローラの転圧管理にもこの方式が用いられている（**図-12.16**）．また，土工作業における大型のブル

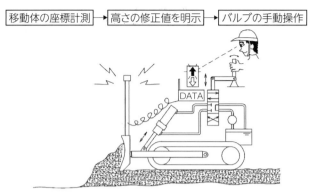

図-12.15　操作情報制御方式（AMG）の概念

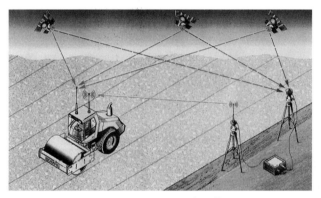

図-12.16　GNSSによるローラの転圧管理のイメージ

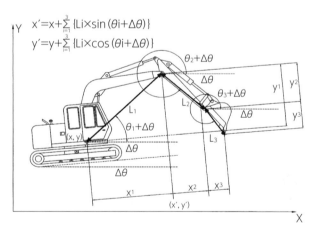

写真-12.7　操作情報表示方式の一例　　　　図-12.17　ショベル位置の座標から刃先座標を算出する原理

ドーザやスクレーパ等の作業装置の制御にも操作のガイダンス（**写真-12.7**）として用いられ
ている．一方，産業用ロボットと同様に複雑な動きを制御する必要がある油圧ショベルでは，
バケット部分が土中に埋没され直接刃先の位置を測位することができないので，別途基準点を
設定して測位し，アームやブームの作業角を計測して，バケット先端の位置を算出する（**図
-12.17**）．しかし，関節となる部分が多く，作業負荷による変動も大きく，また，動的な慣性

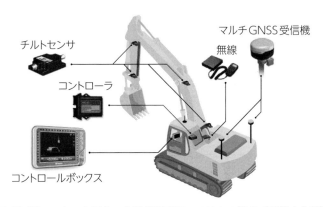

図-12.18　バケット刃先の位置情報表示システムの構成（重機本体部）

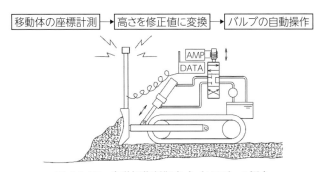

図-12.19　自動操作制御方式（AMC）の概念

が働くため，複雑な制御機構の開発が機械側に必要だが，刃先の位置情報を表示するガイダンスシステムはすでに実用化されており（**図-12.18**），さらに，自動操作制御システムも開発されてきている．ガイダンスシステムでは，作業装置は人為的に操作されるので，指示情報による操作の的確性はオペレータの操作技量が大きく影響してくる．しかし，作業装置の作動部分を電気的な信号で制御するための電気，油圧回路が不要で，従来の操作装置をそのまま使用できる利点がある．

2）自動操作制御方式（AMC：Automated Machine Control）

　建設ロボットに近い機構であり，操作情報を電気信号に変換して，機械の操作装置を自動操作する機構である．オペレータの操作技量に左右されずに所定の制御を可能とする（ただし，オペレータの機械に対する基本的操作技量の影響はある）．米国ではAMC（Automated Machine Control）と呼ばれているが，我が国では，三次元マシンコントロールシステム：3D-MC（Three Dimension-Machine Control）が一般的な呼称として使用されている．従来の人為的操作では，油圧システム（アクチュエータ）の制御弁開閉レバーをオペレータが操作するが，3D-MCでは，変換された電気信号によって作業装置の駆動用油圧電磁弁を作動させる（**図-12.19**）．駆動用油圧電磁弁を作動させる機構は，モータグレーダやブルドーザのほか，アスファルトフィニッシャの制御システムでも活用されており，最近では，自動操作制御用のオプション装備に

組み込まれて販売されている機種もある．3D-MCを機能させるためには前記したように測位情報が必要となるが，GNSSによるものとTSによるものではシステム構成が若干異なる．

12-2-3　測位方法による施工機械制御システム

TSによるシステムとGNSSによるシステムを以下に説明する．

1）TS（光学式測量器）測位機能を用いたシステム概要

測量器機能を用いるため高精度なmm単位の測位が可能であり，高い施工精度が要求される道路構築での路盤整形作業におけるモータグレーダのブレードの制御などに使用されている．

TSを用いたシステムの概要をブルドーザの制御機構で説明する（**図-12.20**）．

まず①作業基準点に設置したTSにより，制御対象機械の作業装置に必要計測位置のブレード刃先から測位可能な高さにオフセットして取り付けた測位用のターゲットミラー（プリズム）を追尾する．②その位置を三次元座標で測定する．③測定した位置情報を機械側の制御装置に電送する．その際，ブレードの傾きは，装置に取り付けられたスロープセンサによって制御される．④測定位置情報と制御装置に記憶してある設計データ（三次元座標）を照合する．⑤X，Y座標（平面位置）におけるZ座標（高さ）の差を算出する．⑥その差分だけアクチュエータ（作動装置）を作動させ作業装置（排土板等）を所定の高さに動かす．このシステムは施工機械側に測位機能がないので，1台の施工機械に1台のTSが必要となる．また，システムを稼働させるのに光波を使用しているため，測位ターゲットを見通せることが必須で有効範囲が限定される（半径200m以内，作業範囲を延ばす場合には，そのつどTSの盛替え作業が必要）．一方，トンネル等人工衛星からの情報をキャッチできない場所にも適用でき，暗闇でも作業が可能になるという利点もある．同様のメカニズムによりモータグレーダの制御も可能である．そのシ

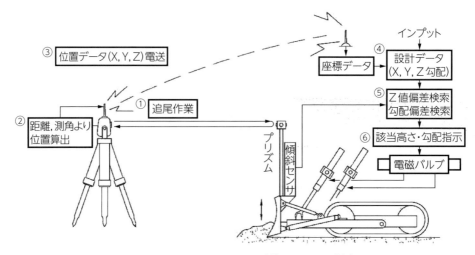

図-12.20　TSによる3D-MC制御システムの概念

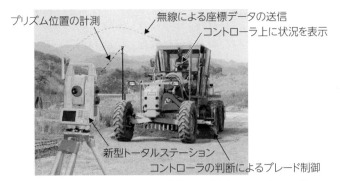

図-12.21　TSによる3D-MC制御の一例（モータグレーダ）

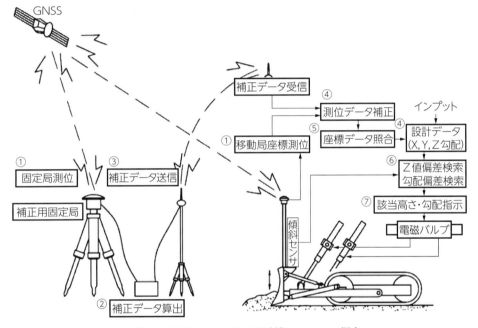

図-12.22　GNSSによる3D-MC制御システムの概念

ステム構成を**図-12.21**に示す．

2）GNSS（人工衛星）測位機能を用いたシステム概要

　基本的なシステム構成はTSを用いたものと同じであるが，最も異なる点は，施工機械側に測位機能が搭載されていることである．複数の移動局（施工機械，測量器）に補正情報を配信することができ，1つの固定局で複数の装置を同時に制御することが可能である．ただし，基本的に整形作業に必要な高さの精度を得るためには，別途高さ方向の情報を補完する装置が必要となる．ブルドーザ，パワーショベルの操作制御のほか，ローラの締固め度の管理などにも使用されている．GNSSシステムによるブルドーザの制御機構の概要を**図-12.22**で説明する．また，一例としてブルドーザのGNSS測位システムの構成を**図-12.23**に示す．

　前述したGNSS-RTK測位法によって，①固定局と移動局（施工機械）で位置情報を得る．②

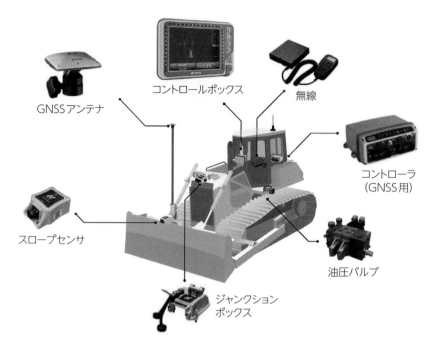

図-12.23　ブルドーザのGNSS測位システムの構成例（出典：(株)トプコン）

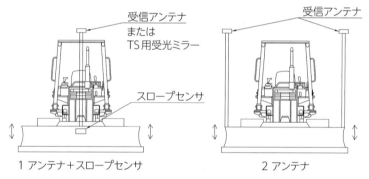

図-12.24　ブレード制御の傾斜角制御機構

固定局で算出した補正情報を移動局に電送する．③そのデータによって移動局（施工機械）の正確な座標（三次元座標）を算出する．ここからはTSの制御システムと同じで，④測定位置情報と機械側の制御装置に記憶させてある設計データ（三次元座標）を照合する．⑤X，Y座標（平面位置）におけるZ座標（高さ）の差を算出する．⑥その差分だけアクチュエータを作動させて作業装置（排土板）を所定の高さに動かす．その際，ブレードの傾きは，TSを用いたシステムと同様にスロープセンサを用いる方法と，左右個別に受信機を設け傾斜角を制御する方法がある（**図-12.23**）．このシステムを稼働させるには，固定局や移動局から複数の人工衛星がおのおの見通せる位置にあることが必要であり，衛星の周回位置や施工箇所の地形，遮断障害構築物（ビル，トンネル内），樹木などの影響を受ける．しかし，光波を使用したTSによるシステムと異なり有効範囲が広く，電波障害がなければシステムを稼働させることができる．一

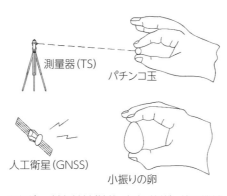

測量器 (TS)
パチンコ玉

人工衛星 (GNSS)
小振りの卵

＊ただし, 対象材料(性状, 密度, 状態), 使用機械,
施工状況によって制御精度は異なる.

図12.25　測量器とGNSS機能を用いた制御精度のイメージ

例としてブルドーザのGNSS測位システムの構成を**図-12.24**に示す.

　3D–MCは, オペレータの技量の影響は小さいが, アクチュエータの応答性, 機械本体の安定性などが施工精度に影響を与え, 制御の幅が測位値より若干広くなることは避けられない. 測位方式による施工精度のイメージを**図-12.25**に示す.

12-2-4　新たな制御システムへの移行

1）姿勢制御機構を用いた施工制御の高速・高精度化

　情報化施工システム3D–MCの運用に当たって移動体の高速測位および高精度測位に適応する設計データに基づく正確な制御駆動部の高速応答が求められる. しかし, 不規則な負荷変動, 対象作業面形状を要因とした対象制御箇所の挙動が制御外乱として発生するため応答遅延を起こしやすく, 必然的に作業速度制約を受ける. 特に, 作業進行方向左右の傾斜角（ローリング）制御は前述した傾斜計データや左右両端の高さ測位差によって制御され, ブレードを支持するトラクタ部は直線形状の刃先によって敷きならされた後を通過するため, 作業中の負荷変動による影響も少ないが, 作業進行方向のピッチング挙動に対しては作業負荷変動の影響を受けやすく, 特に, ブルドーザは機体先端にブレードが位置するため, この影響は著しく現れる. また, TS測位ミラー, GNSS受信アンテナは刃先位置より高さ方向にオフセット取付けされているので, 傾斜面では測点にズレが生じる. このため制御遅延などを起こす場合がある（**図-12.26, 27**）.

　したがって, 従来の測位情報のみでの電気回路を用いた油圧制御機構では, 挙動予測制御が不可能なため, 追従応答に限界が生じる. そこで, ブレード等の不規則な挙動を加速度計とジャイロセンサを組み合わせた慣性計測ユニット（IMU＝Inertial Measurement Unit）をスロープセンサに代わってブレードに取り付け, ユニットによる内部計測により三次元変位量と方向量から予測挙動データを算出し, 外部からの測位データと予め制御コントローラにインプットされた設計データとを高速で同期させ, 従来の制御システムより制御対象駆動部の応答速度を

第12章 情報化施工

275

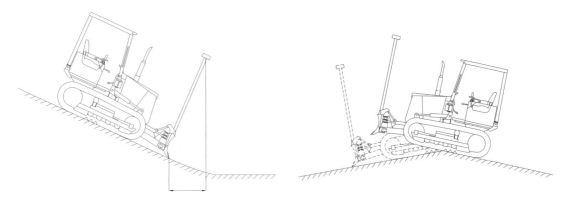

図-12.26　刃先位置と計測位置がオフセットされているため縦断傾斜面ではズレを生じる

図-12.27　トラクタ本体の急激な縦断方向の揺動は制御遅延を起こす

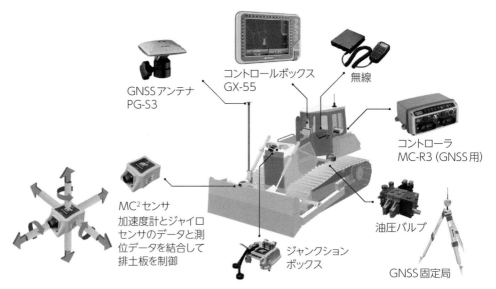

GNSSアンテナ
PG-S3

コントロールボックス
GX-55

無線

コントローラ
MC-R3 (GNSS用)

MC²センサ
加速度計とジャイロ
センサのデータと測
位データを結合して
排土板を制御

ジャンクション
ボックス

油圧バルブ

GNSS固定局

図-12.28　慣性計測ユニットを用いた高速制御システムの構成

10 Hzから100 Hzに高速化することが可能となり，ブルドーザ形状であってもホイルベースの長いモータグレーダに匹敵する，高速・高精度施工を実現した．慣性計測ユニットを用いた制御システム構成を**図-12.28**に示す．また，従来の測位情報のみの制御と挙動慣性処理制御との制御比較例を**図-12.29**に示す．

2）マストレスタイプへの移行と機構説明

従来のシステムでは，情報化施工のシンボル的存在である排土板に取り付けられたマストに作業中の土砂飛散を避けるためにGNSS受信アンテナは高さ方向にオフセットされ取り付けられている．しかし，装置を使用するためには脚立を使用して，受信アンテナの脱着作業（盗難防止などのため），事前のブレード刃先とオフセット寸法のチェックなどの作業が必要となる．また，作業時視界の妨げや，接続コード類の破損要因にも繋がる．そこで，トラクタキャビン

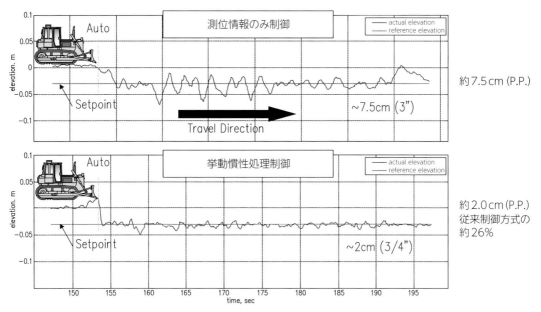

図-12.29　従来の測位情報のみの制御と挙動慣性処理制御との制御比較例（出典：(株)トプコン）

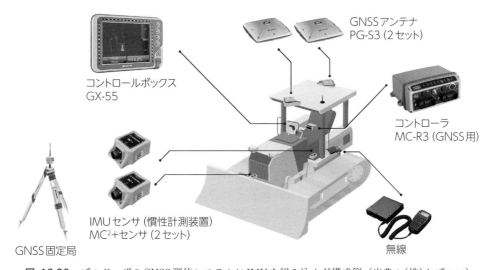

図-12.30　ブルドーザのGNSS測位システムにIMUを組み込んだ構成例（出典：(株)トプコン）

上部前後両端に固定したGNSS受信アンテナとブレード刃先との各々の挙動との相関位置を前述したIMUセンサをブレードとトラクタ本体に各々取り付け，予め計測した機器の取付け位置をインプットしておけば自動的に縦横断の姿勢位置が算出でき，測位データに則した位置制御をマストレスにて可能とした．このことにより，制御機器保守管理作業を大幅に簡素化することができた．また，縦列に取り付けられた受信アンテナの配置により，素早い進行方向予測制御も可能にしている．**図-12.30**に機器の構成図を示す．今後，GNSS3D–MCはマストレスタイプへのますますの移行が予測される．

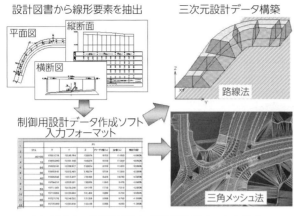

設計図書から線形要素を抽出　　三次元設計データ構築

平面図　縦断面

横断図

路線法

制御用設計データ作成ソフト
入力フォーマット

三角メッシュ法

図-12.31　設計図面から制御用数値データを作成

図-12.32　制御用数値データのインプット

12-2-5　操作データの作成方法

　施工機械を人為的に操作する場合には作業指標（丁張り）が必要で，また従来の自動制御の場合にはセンサガイドの設置が必要であり，それぞれ別途設置のための測量作業を要した．これに対して，施工機械を直接数値制御させるためには，制御用の数値データが必要になる．そこで，従来の設計図面から制御用数値データを作成するためには，次の手順（**図-12.31**）が必要になる．

イ．設計図書（平面図，縦断図，横断図，線形計算書など）から必要な情報（センター座標，縦横断勾配変化点座標，横断形状，幅員など）を抽出する．

　　※三次元設計データの構築方法は大きく分けて「路線法」と「三角メッシュ法」の2種類があり，現場形状により使い分けられている．その構築方法により設計図書から抽出すべき情報が異なる．

ロ．抽出したデータを制御用設計データ構築ソフトへの入力用フォーマットにまとめる．

ハ．制御用設計データ構築ソフトを用いて，三次元設計データを構築する．

　　※「路線法」では，線形や幅員，縦横断勾配の変化点などすべての線形要素座標（センター座標）を基に路線形状を作成し，これに幅員，横断勾配情報を付加させることで三次元設計データを構築する．「三角メッシュ法」では，施工対象となる現場（区域）内のすべての変化点（平面形状，勾配）の三次元座標情報を基に，三角メッシュ（不定三角形が集合した多角形）を描いて三次元設計データを構築する．

〔参考資料および文献〕
1）森下博之：米国における情報化施工の動向調査報告，建設の施工企画，No.709，pp.11～17（2009. 3）
2）福川光男：実証された数値制御施工の効果と更なる機能・普及展開，建設の施工企画，No.705，pp.26～31（2008. 11）
3）フェーゲル社カタログ：VÖGELE NAVITRONIC® Plus
4）コンストラクションシステム総合カタログ，（株）ニコン・トリングル

―メカコラム―

慣性計測装置＝IMU（Inertial Measurement Unit）について

　物体の運動を知るには，3軸の角度（または角速度）と加速度を検出装置で3軸のジャイロと3方向の加速度計によって三次元の角速度と加速度を求める必要がある（**図-12.33**）．この2つの計測演算機能を1つのユニットにしたものが慣性計測装置・IMU（Inertial Measurement Unit）であり，主に，ロボットや自動車などの運動体の挙動を計測・制御する用途に使用されている．超小型化されたIMUの機能を**図-12.34**に示す．高機能・高精度のものはロケットや飛行機の慣性航法装置にも使用されているが，近年（2000年当初から）信頼性の高い高機能・超小型化されたIMU（**図-12.35**）が開発され，位置座標計測装置，周辺駆動装置類の機能の高機能化に伴って，産業用ロボット，大型工作機械からカーナビゲーションシステム，デジタルカメラ，ドローンの姿勢制御システム，建設機械の操作支援システム（油圧ショベルの操作支援制御でも従来の傾斜計やポテンショメータの代替品として機能を高めている），さらにゲームコントローラなど我々の生活に密着した広い分野に活用されている．今後，介護ロボットへの応用など我々の生活を支援するIoTに則した技術要素としてますます活用されるであろう．

図-12.33　慣性計測方法とそのイメージ

3軸6方向の重力
加速度を加速度計
で測定

3軸の機体回転率を
ジャイロスコープで
同時測定

測位データと結合
して制御

図-12.34　超小型化されたIMUの機能

サイズ：24×24×10mm
重　量：10g

図-12.35　超小型化されたIMUの例
（上記3図の出典：セイコーエプソン(株)）

第13章

舗装施工機械のあり方
ものづくり（舗装）と道具（施工機械）

舗装施工機械を指揮する
道路構築作業においても補修，修繕工事が増す環境下，今後予測される道路舗装施工に対する要求機能の多様化が求められている．反面，ますます困難となる適正労働力の確保ゆえに，更なる作業の合理化，省人化をどのように進めていくか著者の考えを紹介する．

13-1　施工合理化の必要性

> 　最終章は，「ものづくりと道具」という副題を付けて，舗装施工機械のあり方を全般的に振り返りながら，今後，舗装工事の仕方をどのように進歩させていくべきか，改めて考えたいと思います．**第13章**をご覧になってから，本書を読み直していただくと，新しい発見があるのではないかと思います．

13-1　施工合理化の必要性

は じ め に

　'ものづくり'において品質と生産性を高めるためには，高い機能を持つ道具をうまく用いることが必要となる．工業立国である我が国では，一般製造業において世界に誇るべき製造システムを駆使して高品質の製品が生産されている．優れた生産システムを活用することが厳しくグローバル化する市場での過当競争に打ち勝つ要因となる．一方，生産システムは異なるものの，舗装工事を含む土木建設業においても，「施工＝'ものづくり'」の観点から同様のことが言える．施工は飛躍的に合理化されてきており，本書が少しでも舗装工事の施工の合理化に役立てばと願ってまとめとしたい．

1）なぜ施工の合理化が困難なのか

①作業対象物が不動

　なぜ，土木建設業の生産性は一般製造業と比べて劣るのか？　本書の冒頭（**第1章**）で記述したように，最も大きな要因は，土木建設業では作業対象物である地表をベルトコンベヤに載った製品のように移動させることができず，合理的な加工条件を得ることが極めて困難なためである．反面，大がかりな工場設備を設置することなく製造設備・加工装置（建設機械）を容易に移動し，直ちに作業に取りかかることができるという利点はある．

②一品生産品

　道路線形が単純な直線であり，付帯設備が不必要であるなら，工場生産品を敷き詰めることも可能であるが，実際の舗装工事では複雑な三次元線形が不規則に続き，橋やトンネル，排水設備に通信管路など，多種多様な付帯設備の設置が必要となる．特に，我が国は島国であり，山国でもあるため，高地と山岳地帯が国土の73％を占めており，地形に適用するための多種多様な工法が用いられている．

③野外作業が主体

　舗装工事は土木建設業であるため，野外作業が主体となる．特に加熱混合物やセメントコンクリートを用いた舗装作業においては，降雨時の作業は不可能になる．たとえ大型で移動も可能な養生テントを用いても，強風が発生した場合には対応は困難である（セメントコンクリート打設後の養生のみに用いることはあるが）．

2）合理化施工が必要となる時代背景

①道路（舗装）構造の多様化と施工環境への対応

交通量の増大，舗装機能の多様化，施工時の環境負荷低減など，時代の要請（図-13.1）に応えるためには，従来工法では対応が困難になり，ますます施工の機械化による対応が必要となってきている．

②適正労働力不足

さらに，多様化する要求機能に対応できる熟練した機械操作員（オペレータ）は年々減少する傾向にある（図-13.2）．一般製造業の場合のように，加工のための適正労働力の確保に作業対象物を移動させることはできない．また，生産コスト削減のための人件費の削減が労働力不足の要因にもなっている．それゆえに，生産性を高める対策として，施工の機械化，自動化により施工を合理化することが必要になる（図-13.3）．

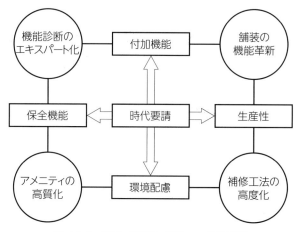

図-13.1　道路（舗装）構造への時代要請

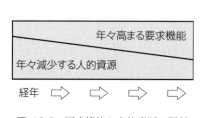

図-13.2　要求機能と人的資源の関係

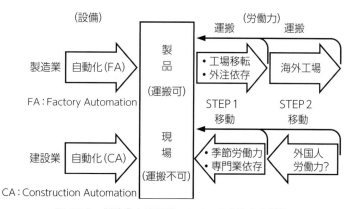

図-13.3　製造業と建設業における生産性向上対策

第13章　舗装施工機械のあり方

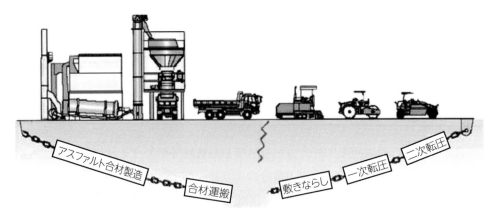

後戻り（修正）できない経過時間制約を受ける施工形態

図-13.4　舗装工事はチェーンプロセス

3）施工機械運用の要

①施工はチェーンプロセス（Chain Process）＝局所破断が全体停止

　舗装工事は一般的な土工工事と異なり，連続的な生産プロセスによって行われる（1-2参照）．一例として，道路舗装作業において，アスファルト混合物を生産するところから敷きならし作業を終了するところまで連続的な工程の中で各作業はチェーン状に連結されている．ミキサより一定容積で混合物が搬出され，ダンプトラックで運搬された混合物をフィニッシャで連続的に敷きならしていく．このように施工はバッチ作業と連続作業を組み合わせることによって行われている．特に，舗装用混合物は一定時間内という作業時間の制約を受けるため作業の連続性は不可欠で，連続性を維持するためには，連続的な使用資材の供給（Chain Supply）と連続的な施工機械の稼働が不可欠になる．これは機械土工作業における単独かつ並列の作業形態とは異なり，直列の作業形態では，いずれの作業工程，使用資材の入手が滞っても作業が中断してしまう（図-13.4）．このことは，一般製造業における生産ラインと同様な製造管理形態が必要であることを意味する．

②道路構造は多層体＝上層から下層の修正は困難

　土木構造物の施工において，基礎工事を後から手直しする困難さと同様に，多層構造で構成されている各層の補修を上部の層を経由して（撤去せず）既設の下層を修正することはきわめて困難になる．例えば，下層の転圧不足を上層からの強力な転圧力で補うことは上層部の締固め密度が増すだけで，下層への締固め力はますます分散されるため作用しにくくなる（図-13.5）．

③使用資材の運搬手段と連続供給＝バッファ機能の必要性

　連続的な使用資材の供給には，アスファルトプラントのような製造施設では骨材ストックヤード，大容量アスファルトタンクなどのバッファ機能を備えることが可能であり，必要な機能でもある．しかし，製造装置が対象路面を移動する形態の舗装工事においては，連続的な使用資材供給の調整のために，バッファ機能を備えることは，スペース面においても困難なことがある．特に，加熱混合物を使用する場合には，プラント側にホットサイロを設置させることは可能であるものの，敷きならし側のアスファルトフィニッシャのホッパ容量は小さくバッファ機

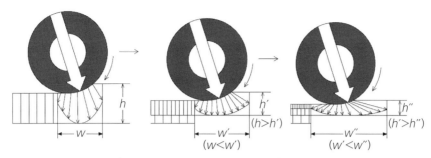

図-13.5 転圧回数における締固め応力の伝達深さと分布イメージ

写真-13.1 走行可能で供給もできる自走式ホットサイロ

写真-13.2 ウインドロー状の混合物をフィニッシャに供給できる装置（ウインドローエレベータ）

能を備えることは難しい.

　しかし，走行可能なホットサイロを連結して，ダンプからの受入れと，フィニッシャへのチャージを可能とするバッファ装置（**写真-13.1**）や，対象路面にウインドロー状に混合物を下ろし，フィニッシャに取り付けた積込み装置でホッパにチャージさせる装置（**写真-13.2**）などが，海外での大規模施工現場では使用されている（**3-3**参照）. 施工対象路面を資材の一時ストック場所ととらえる考え方は，作業時間の制約の無い路盤材の敷きならし作業においては，使用する砕石をあらかじめ対象路面に使用量だけダンプアップさせ，モータグレーダによる連続的な施工を可能とすることができる（**図-13.6**）. しかし，通常使用されている施工機械では，施工時における使用資材の供給タイミングのズレはどうしても発生する. 特に都市部の施工ではどのようにして，施工のラインにバッファ機能を備えるかということが，合理的な連続施工の際の要となる.

④適材（機械）適所＝機能の把握と活用

　たとえミクロ的な理論を拡大したとしても，マクロ的観点では整合性が取れなくなる場合が多々存在する. アスファルトプラントでは品質の高い混合物が生産され，高度な制御機構を搭載したアスファルトフィニッシャによって精度の高い敷きならし作業が行われるものの，最終

• ベースペーバでの敷きならしはダンプより直接材料を受けるため荷下ろしのタイミングが拘束される

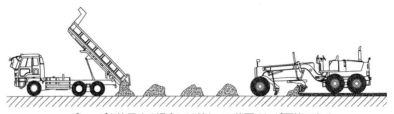

• グレーダを使用する場合には前もって荷下ろしが可能である

図-13.6　路盤材の荷下ろしタイミング

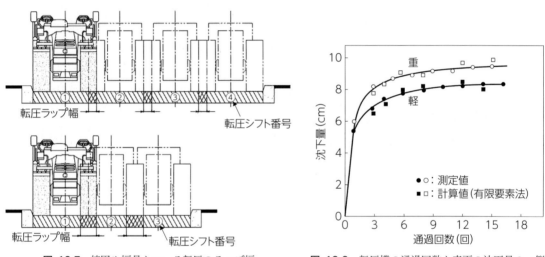

図-13.7　締固め幅員とローラ転圧のラップ幅　　　　**図-13.8**　転圧機の通過回数と表面の沈下量の一例

工程であるローラの転圧作業は人為的な操作によって行われるため，施工品質のバラツキの発生が懸念される．そこで，ローラの転圧管理装置の開発が行われ，正確な転圧回数の管理や転圧パターンの管理を行うことを可能にしている．しかし，締固め作業ではシフトおよび，前後進作業に伴う転圧ラップ箇所の発生は避けることができない．また，ラップ幅もローラ幅は一定であるが，施工幅は不定であり，施工幅に合わせて転圧レーンのシフト回数を定めるため，そのつど異なってしまう（**図-13.7**）．施工品質を高めるためには，何を管理するべきかを判断し，（例えば，転圧回数やラップパターンのチェックは管理手段であり，敷きならされた混合物のすべてを最適な締固め温度であるうちに転圧できるかどうかが管理目的である．参考として**図-13.8**に転圧回数と表面沈下量の関係例を示すが，密度は数回程度の転圧初期の段階で高くなり，回数の多い所では回転数による差は小さくなる）それによって，適正な（転圧能力を見定めたうえで）使用機械の選択を行うべきである．

写真-13.3 ローラの台数を増やして施工品質を確保している例

⑤バランスのとれた組合わせ

　施工はチェーンプロセスであるため，施工機械の組合わせにおいても施工能力を合わせる必要がある．一例として，時間内制約を受けるアスファルト舗装の施工においては，混合物の温度降下状況にも配慮する必要があり，締固めローラの選定時には，混合物の種類によって外気温，風速，敷きならし厚，施工速度や幅員などを踏まえて機種，使用台数の検討をすることが必要になる．しかし，一方で高度な管理装置を使用するよりもローラの使用台数を増やすことによって余裕をもった転圧作業が可能になる場合もある．例えば，特に感温性の高い特殊混合物の締固め作業においては，その方が施工品質を高めることができる場合も多い（**写真-13.3**）．

⑥情報化施工の導入と活用

　施工機械の作業装置を工作機械のように数値制御することによって，従来の目視による機械操作時に必要であった作業指標（丁張り等）が不要となり，大幅な施工の合理化が図られ，高品質かつ安全な作業が可能となった．かつては機械化施工の主役は，ベテランオペレータであったが，情報化施工においては数値データの管理者が主役になる．今後，土木建設工事において設計，施工，検査，維持管理の項目すべての面が数値化されたデータによって管理される時代の到来は近いものと思われる．

4）更なる施工の合理化を求めて

　技術の発達により，車や携帯電話などといった使用しやすくて高機能な生活を支援する製品が開発されてきている．それは，その製品に携わる開発，製造，販売，使用者のすべてがかかわって，製品に対する具体的な要求機能を持ち合わせ，その機能を評価することができるからであると思う．一方，建設機械においては，操作技能を持ち合わせた一部の取扱者のみが機能を評価することしかできない（**表-13.1**）．かつては，企業内の組織に機能を評価する部門が存在していたが，現在では一部の企業に存在するのみである．今後，ますます求められる施工の合理化を推進する手段の一つとして，また，多様化する構造物機能に対応するために高機能Toolの開発は必要不可欠であるが，機械開発側に製品へ要求される機能や製品の評価に関する情報が十分にフィードバックされていないように思う．特に，舗装材の敷きならし作業に関連する機械には，複雑な作業工程が伴うため，更なる施工技術の高度化を実現させていくためにも，

表-13.1　担当者とその商品に対する知識の比較

乗用車				商品知識	建設機械			
使用者	販売担当	製造担当	設計担当		設計担当	製造担当	販売担当	使用者
○	○	○	◎	装置・構造の知識は？		△	△	○
◎	◎	◎	◎	使用方法は？	△	△	△	◎
◎	◎	◎	◎	操作はできますか？	×	×	×	◎
▼	▼	▼	◎	改善情報のフィードバック	△ ←			

機械開発側は要求される機能の把握と評価に関する情報の獲得，使用者側は価値の高い機能の要求提案と機能に対する正しい評価情報を提供するという両者のコラボレーションがあってはじめて高い施工機能を持ち，かつ実用性の高い装置が開発され，更なる施工の合理化が推進されるものと思う．

お わ り に

　今後，適正労力の減少，厳しさを増す施工環境，各作業項目の分業化による知識，経験の分散化の中で新設工事の減少に代わって維持修繕工事が増していきます．しかし，このような状況であるからこそ，施工の合理化には新たな施工技術が求められます．このため舗装関連技術者の方々には，発想豊かな創意工夫による更なる施工の合理化が必要となります．

　執筆に当たっては書込み不足，説明不足箇所もあったと思いますが，本書が少しでも舗装技術者の皆様のお役に立てれば幸いです．

　今回の発刊に当たっては立命館大学　建山　和由教授からのお薦めと，日本建設機械施工協会の協賛，並びに舗装機械製造各社，販売商社からのご協力をいただきました．また，発刊の実作業においては，建設図書，私の元勤務先の鹿島道路（株）機械部・技術部の担当者の方々のご協力がありました．ここに深く感謝申し上げます．

〔参 考 文 献〕
1）CONSTRUCTION EQUIPMENT, Vol.105, No.2, February 2002
2）（社）土質工学会：土質基礎工学ライブラリー　36　土の締固めと管理，p.76（1991.8）
3）FIAT, A story on a human scale

索　引

福川 光男　略歴
ふくかわ　みつお

東京都出身

〈職歴〉
- 1965年 3月　芝浦工業大学　機械工学科　卒業
- 1965年 4月　鹿島道路株式会社　入社
- 1972年 8月　仙台支店機械主任
- 1978年 9月　栗橋機械センター　所長
- 1986年10月　アリゾナ州自動車高速周回路工事従事
- 1997年 6月　本店機械部長
- 1999年 6月　取締役機械部長
- 2004年 6月　専務取締役
- 2008年 6月　常任顧問
- 2011年 6月　退社

　入社以来機械技術者として，自社保有機械の補修及び管理業務時代を経て，施工合理化対策の一環としての機械装置改造，特殊工事対応システム，装置の開発に従事．特に従来工法を画期的に改革した情報化施工システムの実用化・普及に努めた．

〈資格〉
- 1級土木施工管理技士
- 1級建設機械施工技士

〈協会・団体〉
- 国立研究開発法人 土木研究所　技術推進本部　先端技術チーム　招聘研究員
　　　　　　　　　　　　　　　　　　　　　　　　　　　（2011年4月～現在）
- 一般社団法人 日本建設機械施工協会　理事　　　　（2011年6月～2012年5月）

〈社会活動〉
- 建設省総合技術開発プロジェクト「建設事業における施工合理化技術の開発」
　（舗装における合理化施工技術）に参加　　　　　　（1990年10月～1997年3月）
- （一社）日本建設機械施工協会　機械部会　路盤舗装委員会　委員長
　　　　　　　　　　　　　　　　　　　　　　　　　　（2002年4月～2008年3月）
- （一社）日本建設機械施工協会　施工部会　情報化施工委員会　委員長
　　　　　　　　　　　　　　　　　　　　　　　　　　（2004年4月～2009年3月）

舗装技術者のための建設機械の知識

令和2年8月1日　初版第1刷発行

著　者　福川 光男
監　修　（一社）日本建設機械施工協会
発行者　高橋 一彦
発行所　株式会社 建設図書
　　　　〒101-0021　東京都千代田区外神田2-2-17
　　　　TEL:03-3255-6684／FAX:03-3253-7967
　　　　http/www.kensetutosho.com

協　力：はたらくじどうしゃ博物館　館長　土田健一郎
製　作：株式会社シナノパブリッシングプレス

ISBN978-4-87459-000-3　　　　　22081500　　　　　Printed in Japan